江苏省医药类院校信息技术系列教材
江苏省卓越医师药师（工程师）系列教材

U0162896

新编大学计算机
信息技术实践教程

（第 4 版）

主　编　翟双灿　金玉琴
主　审　周金海
副主编　印志鸿　白云璐　高治国
　　　　张幸华　耿丽娟　王深造
　　　　吴中杰　陈晓红

南京大学出版社

内容提要

本书是在教育部高等学校医药类计算机基础课程教学指导分委员会的指导下,以《高等学校医药类计算机基础课程教学基本要求及实施方案》为依据,结合医药类院校的实际教学情况而组织编写的。

全书共分6个章节,包括 Office 三大软件 Word、Excel、PowerPoint 的基础和高级应用,以及 Excel VBA 编程基础拓展学习数字阅读。全书概念清晰,理论简明,知识新颖,案例实用,自成体系。

本书编写参考了《全国计算机等级考试大纲》及《江苏省高等学校非计算机专业学生计算机知识与应用能力等级考试大纲》规定的一级考试的有关要求,重点匹配了最新版的《全国计算机等级考试二级 MS Office 高级应用考试大纲》和《江苏省计算机等级考试二级 MS Office 高级应用考试大纲》的基本要求,特别适合作为高等院校非计算机相关专业的大学计算机信息技术课程的实验教材,也可作为非计算机相关专业研究生学习计算机应用或 Office 初高级应用课程的参考教材,还可供医药行业成人教育进行计算机知识能力培训时使用。

图书在版编目(CIP)数据

新编大学计算机信息技术实践教程/翟双灿,金玉琴主编.—4 版.—南京:南京大学出版社,2021.1(2024.8 重印)

江苏省医药类院校信息技术系列教材

ISBN 978-7-305-23917-5

Ⅰ.①新…　Ⅱ.①翟…②金…　Ⅲ.①电子计算机—医学院校—教材　Ⅳ.①TP3

中国版本图书馆 CIP 数据核字(2020)第 217597 号

出版发行　南京大学出版社
社　　址　南京市汉口路 22 号　　　　邮　编　210093
书　　名　**新编大学计算机信息技术实践教程**
　　　　　XINBIAN DAXUE JISUANJI XINXI JISHU SHIJIAN JIAOCHENG
主　　编　翟双灿　金玉琴
责任编辑　苗庆松　　　　　　　　　编辑热线　025-83592655
照　　排　南京开卷文化传媒有限公司
印　　刷　南京京新印刷有限公司
开　　本　787 mm×1092 mm　1/16　印张 19　字数 493 千
版　　次　2021 年 1 月第 4 版　　2024 年 8 月第 4 次印刷
ISBN　978-7-305-23917-5
定　　价　49.80 元

网　　址:http://www.njupco.com
官方微博:http://weibo.com/njupco
官方微信号:NJUyuexue
销售咨询热线:(025)83594756

前　言

　　随着信息技术的飞速发展,高等院校计算机信息技术课程改革必须与时俱进。计算机信息技术课程在大学开设已经有较长的时间,相关教材也比较多。但是,综合了全国和江苏省两大类计算机等级考试中 Office 基础应用和高级应用的优秀教材仍相对欠缺。

　　本书是在教育部高等学校医药类计算机基础课程教学指导分委员会指导下,以《高等学校医药类计算机基础课程教学基本要求及实施方案》为蓝本,同时按照《全国计算机等级考试大纲》及《江苏省高等学校非计算机专业学生计算机知识与应用能力等级考试大纲》规定的一级考试的有关要求,融合了最新版的《全国计算机等级考试二级 MS Office 高级应用考试大纲》和《江苏省计算机等级考试二级 MS Office 高级应用考试大纲》的基本要求而组织编写的实验教材。本书注重实践,强化应用,全面培养和提高学生应用 Office 办公系统处理信息、解决实际问题的能力,为大学阶段学习及日后的工作打好坚实的基础。

　　本书包含了 Office 三大软件 Word、Excel、PowerPoint 的基础和高级应用,以及 Excel VBA 的使用,提供了大量实用新颖的案例,便于教学的开展。本书共分 6 章,分别是 Word 2016 基础应用、Excel 2016 基础应用、PowerPoint 2016基础应用、Word 2016 高级应用、Excel 2016 高级应用和 PowerPoint 2016 高级应用,以及 VBA 编程基础拓展学习数字阅读。

　　本书在前一个版本的基础上进行了修订,对内容做了大量调整,所有案例应用于 Office 2016 版本,主要增加了二级 MS Office 高级应用案例和习题的篇幅和 Office 2016 对的新功能。本书由翟双灿、金玉琴主编,负责整体策划及统稿,印志鸿、白云璐、高治国、张幸华、耿丽娟、王深造、吴中杰等任副主编。本套教材由周金海教授担任顾问并主审。

　　本书编写得到了各级领导及专家的大力支持和帮助,编写过程中也参阅了大量的书籍,包括网络资源,书后仅列出主要参考资料,在此一并表示感谢。由于时间仓促,加上编者水平所限,教材中难免有不当之处,敬请读者批评指正。编者 zscdd@163.com。

编　者

2020 年 9 月 30 日于南京

目　录

第1章

Word 2016 基础应用

Word 2016 是 Microsoft 公司开发的 Office 2016 办公组件之一,是目前最常用的文字编辑软件之一,是一种集文字处理、表格处理、图文排版和打印于一体的办公软件。利用 Word 2016 的文档格式设置工具,可轻松、高效地组织和编写具有专业水准的文档。

实验一 Word 基本操作

一、实验目的

1. 掌握 Word 文档的创建、保存及打开等基本操作方法。
2. 掌握文本与段落的编辑的基本方法。
3. 掌握简单的表格编辑与应用。
4. 掌握艺术字和图片的编辑。
5. 掌握简单的引用功能。

二、实验内容与步骤

1. Word 的启动

启动 Word 有多种方法,常用下列两种方法之一。

(1) 在桌面通过双击"Microsoft Word 2016"的图标启动,或是打开【开始】菜单,点击【所有程序】→【Microsoft Office】→【Microsoft Word 2016】图标。如果【开始】菜单左侧的最近使用的程序区中出现 Microsoft Word 2016,则可直接选择它打开程序。

(2) 通过双击某个 Word 文档启动 Word。系统首先会先启动 Word 程序,然后装入该 Word 文档。

2. Word 窗口的组成

启动 Word 程序就会打开 Word 窗口,窗口由下面几部分组成,如图 1.1 所示。

(1) 标题栏

标题栏显示正在编辑的文档的文件名以及所使用的软件名。

（2）快速访问工具栏

快速访问工具栏是一个可自义的工具栏,它包含一组独立于当前显示功能区上的命令。常用命令例如【保存】、【撤销】等可以设置于此处,便于用户使用。用户也可以根据个人需要添加其他命令,单击右侧的 ⁊【自定义快速访问工具栏】按钮,在列表中选择要显示的命令;若列表中没有所需命令,可以选择【其他命令】。

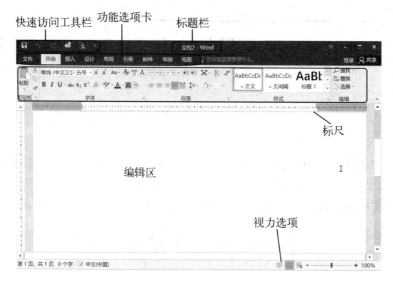

图 1.1　Word 2016 初始窗口

（3）功能选项卡

Word 2016 中,所有的操作和功能按照类别进行划分并以选项卡的形式显示。具体有【文件】、【开始】、【插入】、【页面布局】、【引用】、【邮件】、【审阅】和【视图】选项卡,单击选项卡名称可切换到对应的选项卡,如图 1.2 所示。在选定图片、表格或页眉页脚等特定对象编辑时,选项卡最右侧会出现针对该对象的功能选项卡。例如,选中图片对象会出现【图片工具/格式】选项卡,表格会出现【表格工具/设计(布局)】选项卡。

图 1.2　Word 程序窗口

（4）功能区

编辑时需要用到的功能命令位于功能区中,每个功能区根据功能的不同又分为若干个组,绝大多数的命令均可在功能区中找到对应的操作按钮或选项,部分高级选项和操作可以在其附近的 ▼ 下拉菜单或是通过功能组右下角的对话框启动器打开的对话框中实现。具体如图 1.3 所示。

对于功能区所出现的所有命令,用户如果不清楚命令的具体含义,可以将鼠标悬停在命令按钮上一段时间,Office 会自动提示命令的名称与功能。

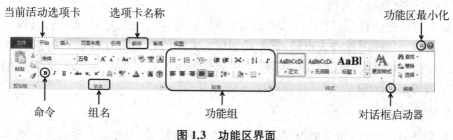

图 1.3　功能区界面

（5）文档编辑区

窗口中部白色大面积的区域为文档编辑区，用户输入和编辑的文本、表格、图形都在文档编辑区中进行，排版后的结果也在编辑区中显示。文档编辑区中，不断闪烁的竖线"｜"是插入点的光标，输入的文本将出现在该处。

（6）状态栏

状态栏显示当前编辑的文档窗口和插入点所在页的信息，以及某些操作的简明提示。

① 页面：显示插入点所在的页、节及"当前所在页码/当前文档总页数"的分数。

② 字数：统计的字数。单击可打开"字数统计"对话框。

③ 拼写和语法检查：单击可进行校对。

④ 语言（国家/地区）：注明文本字符所属语言。

⑤ 插入：日常的编辑状态默认为"插入"，单击可把状态更改为"改写"，改写与插入不同，属于覆盖操作，即将原有的内容替换成新输入的内容。

（7）视图选项

状态栏右侧有 5 个视图按钮，它们是改变视图模式的按钮，分别为：页面视图、阅读板式视图、Web 版式视图、大纲视图和草稿。

（8）视图缩放

状态栏右侧有一组显示比例按钮和滑块，可改变编辑区域的显示比例。数字百分比为"缩放级别"（如 120%），单击可打开"显示比例"对话框。

（9）浏览方式

Word 提供的浏览方式包括"前一页"、"下一页"和"选择浏览对象"，其中可选择的对象有：按页浏览、按节浏览、按表格浏览、按图形浏览、按标题浏览、按编辑位置浏览、定位、查找等。

3. 文档的创建，打开与保存

（1）新建文档

创建一篇新的空白文档的方法有多种，可以根据需要来选择，常见的方式有以下三种：

① 启动 Word 后自动创建文档

在启动 Word 后 Word 会自动新建一个空白文档，并命名为"文档 1"。

② 创建空白文档

如果正在编辑文档或者已经启动 Word 程序，还需新建文档，可以单击【文件】选项卡，选择【新建】命令，在"可用模板"下双击【空白文档】。

③ 新建一个 Word 文档

可以右键单击选择"新建"一个"Microsoft Word 文档"，完成之后，双击打开即为一个全新的空白文档。与前两种方式不同，该方式创建的文档已有文件名和文件类型，而前两种方式创建的空白文档则没有任何文件类型，文件名也是系统临时生成，在保存时需要用户重新编辑文件名与文件类型。

（2）文档保存

保存文档时，一定要注意文档三要素，即保存的位置、名字、类型。平时要注意养成良好的保存习惯，目前 Office 默认已经设置启用了自动恢复功能，但也应该在处理文件时经常保存该文件，以避免因意外断电或其他问题而丢失数据。

① 直接保存文档

在"快速访问工具栏"上，单击 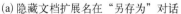【保存】按钮，或者按 Ctrl＋S 键。直接保存文档会保持原有的文件名、文档格式类型和保存位置，以当前内容代替原来内容，并且编辑状态保持不变，可继续编辑文档。

② 另存为新文档

若要想既保留原始的文档，同时又保存编辑后的文档，则可以通过使用【另存为】将当前编辑过的文档保存为一个新文件。单击【文件】选项卡，选择【另存为】命令，或是按下键盘F12，显示"另存为"对话框，根据是否显示文件扩展名，对话框会出现不同的状态，具体如图1.4 所示。如何显示文件扩展名详见第 2 章实验四。根据需求选择保存位置，或更改不同的文件名。在"保存类型"列表中，单击选择保存文件时所使用的文件格式。

"另存为"时的注意事项：

A. Word 2016 默认保存的文档格式即"Word 文档"，其文件扩展名为".docx"，早期的Word 97－2003 文档使用的扩展名为".doc"，因此可以选择保存类型为"Word 97－2003文档"。

(a) 隐藏文档扩展名在"另存为"对话　　　　　(b) 带文档扩展名的"另存为"对话框

图 1.4　"另存为"对话框

B. 在隐藏文档扩展名的状态下，编辑文件名时无需添加文档扩展名，当前系统只是隐藏了扩展名，而并非没有，因此有可能造成 Word 将扩展名认为是文件名的一部分，从而导致命名失误。

C. 对于在新建文档中使用①、②两种方式构建的空白文档在编辑过后的第一次保存操作时，同样也会弹出"另存为"对话框。

（3）打开文档

文档以文件形式存放后，使用时要重新打开。可以在"Windows 资源管理器"窗口中，双击要打开的 Word 文档；若是 Word 程序已经启动，单击【文件】选项卡，选择【打开】命令，在【打开】对话框中选取文档所在的位置，选中文档后单击【打开】按钮，或者直接双击文档文件名，即可把该文档装入编辑窗口。

如果要打开其他类型的文件，先单击【所有 Word 文档】框后面的▼，打开列表框，选择打开文件的类型，然后再打开文档。

4. 文档编辑操作

在编辑区内可以看到不断闪烁的竖线"|"，称之为插入点光标。它标记新对象的编辑位置，单击某位置，或使用方向键，可以改变插入点的位置。在进行文档编辑时，一条必须遵从的原则是：先选中，再操作。每次操作都针对一个对象，例如文字、段落、页面、图片、表格、艺术字等。因此，规范的操作是，先确认并选定好对象是谁，然后再进行相应的操作。

（1）文本格式编辑

设置文本格式的方法有两种：一种是在光标处设置（即不选中任何文本），该设置方式会对其后输入的字符有效；二是先选定文本块，然后再设置，它只对该文本块起作用，该方式应用于已输入的文本。

① 设置字体：可以用下面三种方法设置字体格式。

A. 使用浮动工具栏设置

选定要更改的文本后，浮动工具栏会自动出现，并且呈现出半透明状态，如图 1.5(a)所示。然后将鼠标移到浮动工具栏上，工具栏便会正常显示，如图 1.5(b)所示。当选中文本并右击时，它还会随快捷菜单一起出现。然后，根据需要进行设置即可。

(a) 半透明浮动工具栏　　　　　　(b) 浮动工具栏正常显示

图 1.5　浮动工具栏

B. 使用"开始"选项卡中"字体"功能组进行设置

选定要更改的文本后，单击【开始】选项卡的【字体】组中的相应命令按钮。如图 1.6 所示，常用功能已标出。

C. 使用"字体"对话框设置

选定要更改的文本，方法一：单击【开始】选项卡的【字体】功能组右下角的对话框启动器按钮，或者 🖫 ；方法二：右键菜单中选择【字体】，均可弹出"字体"对话框，如图 1.7 所示。若需要清除文本的所有编辑格式，恢复至默认文本状态，单击【开始】选项卡上的【字体】组中的【清除格式】命令，将清除所选内容的所有格式。

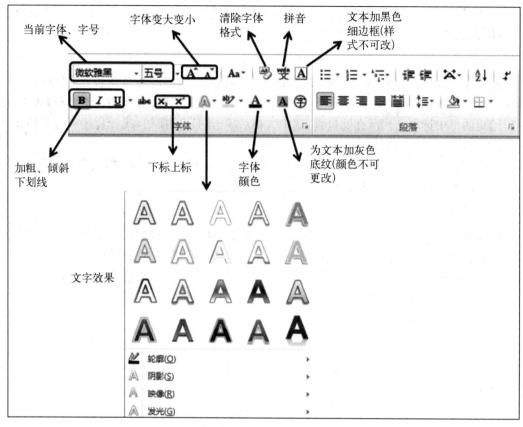

图 1.6　字体功能组

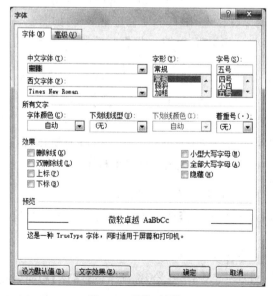

图 1.7　字体对话框

② 文本高级编辑

A. 更改字符的间距（缩放比例）

字符间距和缩放比例是字体编辑的常见操作。字符间距调整的是任意两字符间的间隔距离,有标准、加宽和紧缩三种选择,缩放比例调整的是文本的水平拉伸效果。字符间距与缩放效果如图 1.8 所示。

文本　　　　　　　　文本　　　　　　　　文本

(a) 字体原始效果　　　　(b) 字符间距加宽2磅　　　　(c) 字体缩放200%

图 1.8　字符间距与缩放效果

　　调整字符间距,首先选定要更改的文本,打开【字体】对话框,切换至【高级】选项卡,如图 1.9 所示。在【间距】下拉列表框中选择【加宽】或【紧缩】选项,然后在【磅值】微调框中指定所需的间距。如果要对大于特定磅值的字符调整字距,选中【为字体调整字间距】复选框,然后在【磅或更大】微调框中输入磅值。

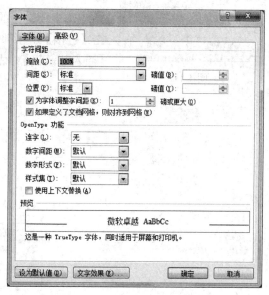

　　调整字体缩放则在【缩放】下拉列表框中输入所需的百分比。

　　B. 首字下沉

　　首字下沉就是加大突出的首字符。虽然形式上看是针对首字符字体的编辑,但首字下沉是相对于段落出现的,而且实际效果相当于创建一个新的对象。因此,首字下沉的命令位于【插入】选项卡中的【文本】功能组中。

图 1.9　字体对话框【高级选项卡】

　　光标置于需首字下的沉段落中即可(无需置于段首或选中首字符),单击【首字下沉】按钮,即出现如图 1.10 所示效果。

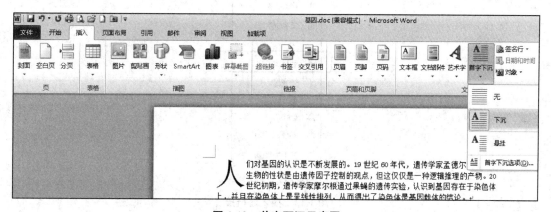

图 1.10　首字下沉示意图

　　如需要对首字下沉的细节再做详细设定,可以通过选择【首字下沉选项】打开首字下沉对话框,如图 1.11 所示。

图 1.11

若要取消首字下沉,只需在【首字下沉】列表中选择【无】选项即可。

C. 设置超链接

Word 中的超链接可以链接到文件、网页、电子邮件地址。虽然也是针对文本的操作,但并不是调整文本的字体格式,而且本质是一种插入动作,因此,超链接命令同样也是位于【插入】选项卡中。

选中要链接的文字内容,方法一:切换至【插入】选项卡,单击【链接】功能组中的【超链接】按钮;方法二:直接右键直接弹出【插入超链接】对话框。两种方法如图 1.12 所示。

(a) 【插入】选项卡超链接命令按钮

(b) 右键快捷菜单超链接命令

图 1.12 插入超链接

弹出的超链接对话框具体如图 1.13 所示。链接对象可以是"现有文件或网页"、"本文档中的位置"、"新建文档"以及"电子邮件地址"。每一类对象在对话框右侧区域有各自不同的设置。例如链接对象为【现有文件或网页】,则可以选择【当前文件夹】中的文件对象,也可以是【浏览过的网页】,再或者是【最近使用过的文件】,甚至可以直接将文件路径或网址填入下方的地址栏中,完成之后单击【确认】即可。

(a) 链接到【现有文件或网页】

(b) 链接到【本文档中的位置】

(c) 链接到【新建文档】

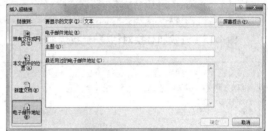

(d) 链接到【电子邮件地址】

图 1.13　弹出超链接对话框

D. 文本查找和替换

在【开始】选项卡【编辑】功能组中,单击【查找】按钮,弹出【导航】任务窗格,如图 1.14 所示。在【搜索文档】文本框内输入要查找的文本。

若要查找带有特定格式的文本,可点击【替换】命令,在弹出对话框中切换至【查找】选项卡,如图 1.15 所示。在查找内容输入框中输出查找文本,同时在下方【格式】命令中设置字体格式信息等。若仅查找格式,则此文本框保留空白,再单击【格式】按钮,选择要查找的格式。

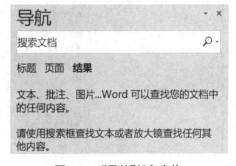

图 1.14　"导航"任务窗格

文本替换操作可以实现对文本的批量替换和处理操作。在【开始】选项卡【编辑】功能组中,单击【替换】按钮,弹出【查找和替换】对话框,切换至【替换】选项卡。在【查找内容】文本框中输入要搜索的文本,例如"电脑"。在【替换为】文本框中输入替换之后的文本,例如"计算机"。对话框如图 1.16 所示。

要查找文本的下一次出现位置,单击【查找下一处】按钮。

要替换文本的某一个出现位置,单击【替换】按钮,完成一次替换后插入点将移至该文本出现的下一个位置。

要替换文本的所有出现位置,单击【全部替换】按钮。

Word 还可以替换字符格式。例如,可以搜索特定的单词或短语并更改字体颜色,或搜索特定的格式(如加粗)并进行更改。首先选定需要替换的文本区域,单击【替换】按钮,打开【查找和替换】对话框的【替换】选项卡。输入查找文本与替换文本,单击【更多】按钮,可看到格式要求。过程见图 1.17 所示。

图 1.15　查找和替换对话框-查找选项卡

图 1.16 查找和替换对话框-替换选项卡

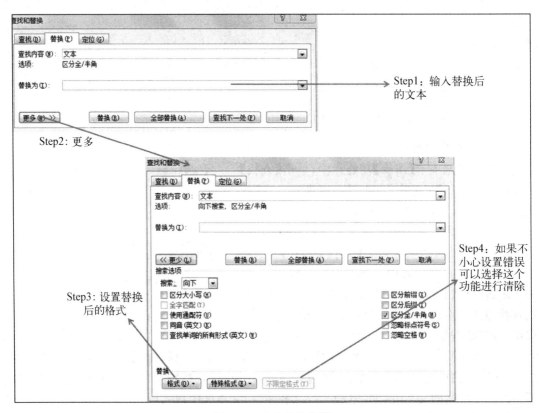
图 1.17　文本替换步骤

　　注意：由于查找内容和替换内容均可以设定格式，因此在设定内容格式时需要注意光标所处的输入框。若是设定查找内容的格式，则光标必须处于【查找内容】的输入框中，若是设定替换内容的格式，则光标必须处于【替换为】输入框内。如果不小心设定错误，可以使用下方的【不限定格式】清除。

　　（2）设置段落格式

　　段落，在汉语词汇中指的是文章的基本单位。内容上具有相对完整的含义，同时具有换行标志。在 Word 里，段落以回车符进行区分，回车符代表段落的结束。没有文本但有回车符的是空段落,也是一种段落。不同的段落可以设置不同的格式。

段落基本格式与常用命令在段落功能组中,如图 1.18 所示。功能组常用功能已标出。

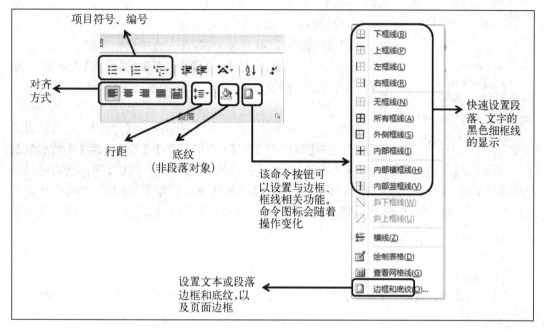

图 1.18　段落功能组

注意: 底纹命令只能针对文本添加底纹,而无法对整个段落对象,段落文本与段落对象底纹的区别见下文介绍;框线命令按钮图标会显示最近一次使用的框线功能图标,即随着操作而变化,并不固定。

① 段落的基本格式编辑

由于 Word 对段落的识别是基于回车符,因此对于段落对象的选定可以是选中整个段落,或者将光标至于段落中任意位置。

A. 段落对齐

选中要编辑的段落,在【开始】选项卡上的【段落】组中,选择对齐方式:【文本左对齐】、【居中】、【文本右对齐】、【两端对齐】或【分散对齐】按钮。

B. 段落缩进

选中要编辑的段落,单击【段落】功能组中的对话框启动器,或是右键菜单【段落】,打开【段落】对话框的【缩进和间距】选项卡,如图 1.19 所示,可以直接在左侧、右侧缩进微调框中设置。对于首行缩进、悬挂缩进则可在特殊格式中进行选择,并设定缩进量。

图 1.19　段落对话框【缩进和间距】选项卡

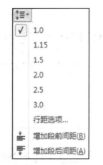

图 1.20　段落功能组【行距】命令按钮

对于中文段落，最常用的段落缩进是首行缩进 2 字符，选择【首行缩进】选项，然后在【磅值】微调框中设置首行的缩进量，如输入【2 字符】。

C. 段落行距与间距

行距的设定可以有两种方式，首先选中要编辑段落。

方法一：快速设定。在【开始】选项卡上的【段落】功能组中，单击【行距和段落间距】按钮，打开列表，在列表中选择合适的行距，如图 1.20 所示。

方法二：详细设定。打开段落对话框，在【间距】设定区域设定行距，内置有【单倍行距】、【1.5 倍行距】、【2 倍行距】、【最小值】、【固定值】以及【多倍行距】。其中【最小值】指的是适应每一行中最大字体或图形所需的最小行距，【固定值】指的是固定行距且 Word 不能自动调整，【多倍行距】指按指定的百分比增大或减少行距。例如，若需要 1.2 倍行距，即可设定为【多倍行距】，然后在设置值输入框内手动输入 1.2 即可。

D. 段前、段后间距

同样也有两种方式，首先选中要编辑段落。

方法一：快速设定。在【布局】选项卡上的【段落】组中，在【间距】选项组中进行设置，如图 1.21 所示。

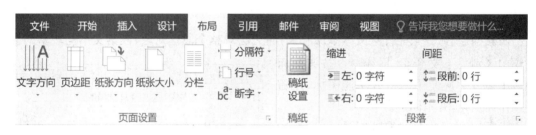

图 1.21　【页面布局】选项卡【段落功能组】

方法二：详细设定。与行距设定一样，在【段落】对话框中【间距】设定区域，如图 1.19 所示。

② 段落的高级格式编辑

A. 添加项目符号列表或编号列表

项目符号与编号是段落文本前的一个标志，可以使文本显示具有排列性，设定后能够自动添加，便于操作。项目符号与编号效果演示如图 1.22 所示。

step1.	打开连接计算机的外部电源开
step2.	按下主机上的电源开关，稍
	统开始自检。↵
step3.	稍后将出现如图 1-1 所示的

★	打开连接计算机的外部电源开关，再按
★	按下主机上的电源开关，稍候显示器屏
	始自检。↵
★	稍后将出现如图 1-1 所示的引导界面

(a) 编号示意图　　　　　　　　　　　(b) 项目符号示意图

图 1.22　项目符号与编号效果演示

　　选择要向其添加项目符号或编号的一个或多个段落。不连续的段落可以在选中的同时按下 Ctrl 键实现。在【开始】选项卡上的【段落】功能组中,单击【项目符号】按钮或【编号】按钮添加默认形式的符号与编号,或是在右边▼下拉菜单中选择项目符号库或编号库中的其他格式,如图 1.23 所示。

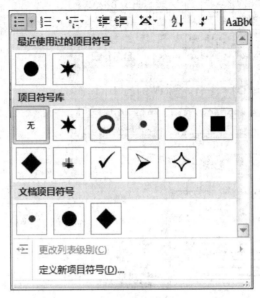

图 1.23　项目符号下拉菜单选项

　　如 Word 提供的项目符号不能满足需要,则用户可以根据自己的喜好定义新的项目符号或者编号。以项目符号为例,首先选中待编辑段落,在项目符号下拉菜单中选择【定义新项目符号】,用户可以选择使用符号库中任意符号甚至是图片作为项目符号。选定好符号后,还可以在【字体】命令中设定符号的字体格式,也可以设定符号的对齐方式。用户自定义项目符号选项如图 1.24 所示。定义新的编号格式与此完全类似。

　　再次单击【项目符号】按钮或【编号】按钮即可取消项目符号或编号时,或者在下拉菜单的【编号库】中选择【无】选项,也可以通过【字体】功能组中的【清除格式】命令。

　　B. 边框与底纹

　　边框和底纹是对于文字或段落非常基本的编辑操作,添加边框或底纹的文本与段落可以突出显示,是可以与其他文本形成直观对比的一种方式。但是边框或底纹应用于文字和段落的效果是完全不一样的。对比效果如图 1.25 所示。

　　在设定底纹与边框时尤其要注意应用对象。这也就是为什么我们在之前介绍段落功能组时提到底纹命令并不是应用于段落对象。因此,我们在设定边框、底纹时,无论对象是文字还是段落,我们都通过段落功能组中框线命令下拉菜单的最后一项【边框与底纹】,在弹出的对话框中进行设定。框线命令一般初始状态可能会显示为 ⊞ ▼【下框线】或其他框线命令。

　　边框设定:选定待编辑文本,打开【边框与底纹】对话框,切换至【边框】选项卡,见图 1.26所示。根据需求选择框线类型“方框”、“阴影”、“三维”或是“自定义”,注意初始时框线类型为“无”,添加框线时一定要切换至其他类型;然后选择线条样式、颜色与宽度,最后选择“应用于”文字还是段落,设定完成后点击确定。

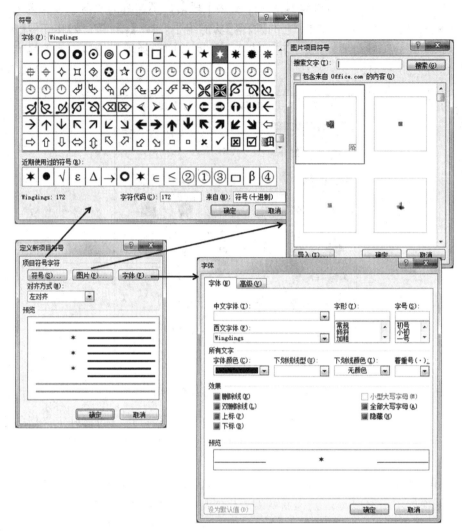

图 1.24　自定义新的项目符号

底纹和边框是对于文字或段落非常基本的编辑操作，添加底纹或边框的文本与段落可以突出显示，是可以与其他文本形成直观对比的一种方式。

(a) 边框应用于文字

底纹和边框是对于文字或段落非常基本的编辑操作，添加底纹或边框的文本与段落可以突出显示，是可以与其他文本形成直观对比的一种方式。

(b) 边框应用于段落

底纹和边框是对于文字或段落非常基本的编辑操作，添加底纹或边框的文本与段落可以突出显示，是可以与其他文本形成直观对比的一种方式。

(c) 底纹应用于文字

底纹和边框是对于文字或段落非常基本的编辑操作，添加底纹或边框的文本与段落可以突出显示，是可以与其他文本形成直观对比的一种方式。

(d) 底纹应用于段落

图 1.25　边框和底纹

底纹设定：选定待编辑文本，打开【边框与底纹】对话框，切换至【底纹】选项卡，如图 1.27 所示。根据需求选择底纹类型是"填充"还是"图案"，最后选择"应用于"文字还是段落，设定完成后点击确定。

图 1.26　边框和底纹对话框-边框设定　　　　图 1.27　边框和底纹对话框-底纹设定

（3）布局编辑

① 页面设置

页面设置包括文字方向、页边距、纸张方向、纸张大小以及文档网络，操作命令均位于【布局】选项卡中，如图 1.28 所示。

图 1.28　【布局】选项卡

A. 纸张大小

在【页面设置】功能组中，单击【纸张大小】按钮，如图 1.29 所示。从下拉列表中选择需要的纸张大小（默认为 A4）。

如果要自定义页面，选择列表中【其他页面大小】选项，显示【页面设置】对话框的【纸张】选项卡，在【宽度】和【高度】微调框中输入纸张大小。

B. 纸张方向

在【页面设置】功能组中，单击【纸张方向】按钮，从下拉列表中选择横向或纵向。

C. 文字方向

该操作可以更改页面中段落、文本框、图形、标注或表格单元格中的文字方向，以使文字可以垂直或水平显示。

选定要更改文字方向的文本，或者单击包含要更改的文本的图形对象或表格单元格。在【页面设置】功能组中，单击【文字方向】按钮，从列表中选择需要的文字方向。如图 1.30 所示。

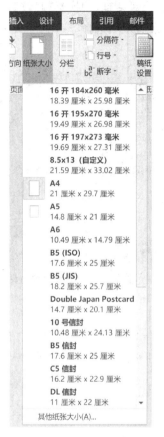

图 1.29　纸张大小选项　　　　图 1.30　【文字方向】命令选项

D. 设置页边距

在【页面设置】功能组中，单击【页边距】按钮，从下拉列表中选择所需的页边距类型。如果要自定义页边距，从下拉列表中选择【自定义边距】选项，或者点击【页面设置】右下角对话框启动器打开对话框，切换至【页边距】选项卡，如图 1.31 所示。

在【上】【下】【左】【右】框中，输入新的页边距值。可以通过【预览】框查看设置后的效果。

E. 每行字数和每页行数（文档网格）

在【页面布局】选项卡上，单击【页面设置】组中的对话框启动器，弹出【页面设置】对话框，然后切换至【文档网格】选项卡，如图 1.32 所示。网格类型有 4 种：无网格、指定行和字符网格、指定行网格、文字对齐字符网格。例如，若需同时调整每行字数与行数，则可以选择指定行和字符网格，然后在下方【字符数】与【行数】区域进行设置。

F. 分栏

选定分栏段落，在【页面布局】选项卡上的【页面布置】组中，单击【分栏】按钮从下拉列表中选择【一栏】【两栏】【三栏】【偏左】或【偏右】选项，如果选择【更多分栏】选项，则弹出【分栏】对话框，如图 1.33 所示。

在【预设】选项组选定分栏，或者在【栏数】文本框中输入分栏数，在【宽度和间距】选项组中设置【宽度】和【间距】。如果需要各栏之间的分隔线，选中【分隔线】复选框。

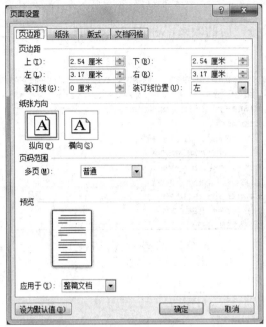

图 1.31 页面设置/页边距

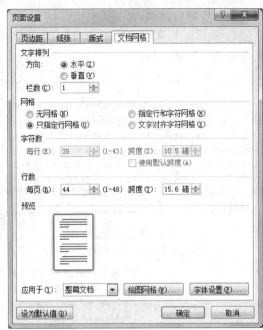

图 1.32 页面设置/文档网络

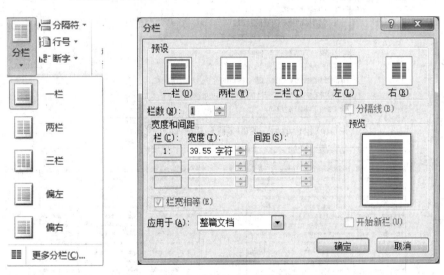

(a) 分栏下拉菜单　　　　　　　(b) 分栏对话框

图 1.33 分栏

　　需要注意的是,虽然日常分栏操作通常作用于段落,但分栏实质是针对页面对象,因此在分栏的实现会出现一些"意外情况",尤其是当分栏文本包含最后一个段落时(最后一个回车符所在段落)。简单的说,可以分成 4 种情况分析:

　　a) 首先是普通段落(非最后一段)的分栏,根据上述操作分栏如图 1.34(a)所示,效果正常;

　　b) 第二是单独最后一段分栏,出现的分栏效果如图 1.34(b)所示,分栏出现了内容分布一边偏的情况;

　　c) 第三是多段分栏,且包含最后一段的分栏效果,如图 1.34(c)所示,分栏依然出现了内容分布一边偏的情况；

d）最后是将文本内容不断增加，进行多段分栏后的效果，从图1.34（d）可以看出，分栏文本逐渐填充整个页面。

在"页面布局"选项卡上，单击"页面
设置"组中的对话框启动器，弹出"页面设
置"对话框，然后切换至"文档网格"选项
卡，如图4.29所示。网格类型有四种。例如，若需同时调整每行字数与行数，则可以选择
指定行和字符网格，然后在下方"字符数"与"行数"区域进行设置即可。

在"页面布局"选项卡上，单击"页面设置"组中的对话框启动器，弹出"页面设置"
对话框，然后切换至"文档网格"选项卡，如图4.29所示。网格类型有四种。例如，若需
同时调整每行字数与行数，则可以选择指定行和字符网格，然后在下方"字符数"与"行数"
区域进行设置即可。

(a) 普通段落分栏效果(两栏)

在"页面布局"选项卡上，单击"页面设置"组中的对话框启动器，弹出"页面设置"
对话框，然后切换至"文档网格"选项卡，如图4.29所示。网格类型有四种。例如，若需
同时调整每行字数与行数，则可以选择指定行和字符网格，然后在下方"字符数"与"行数"
区域进行设置即可。

在"页面布局"选项卡上，单击"页面
设置"组中的对话框启动器，弹出"页面设
置"对话框，然后切换至"文档网格"选项
卡，如图4.29所示。网格类型有四种。例如，
若需同时调整每行字数与行数，则可以选择
指定行和字符网格，然后在下方"字符数"
与"行数"区域进行设置即可。

(b) 最后一段落分栏效果(两栏)

在"页面布局"选项卡上，单击"页面
设置"组中的对话框启动器，弹出"页面设
置"对话框，然后切换至"文档网格"选项
卡，如图4.29所示。网格类型有四种。例如，
若需同时调整每行字数与行数，则可以选择
指定行和字符网格，然后在下方"字符数"
与"行数"区域进行设置即可。

在"页面布局"选项卡上，单击"页面
设置"组中的对话框启动器，弹出"页面设
置"对话框，然后切换至"文档网格"选项
卡，如图4.29所示。网格类型有四种。例如，
若需同时调整每行字数与行数，则可以选择
指定行和字符网格，然后在下方"字符数"
与"行数"区域进行设置即可。

(c) 包含最后一段的多段分栏效果(两栏)

(d) 分栏内容达到一定数量，包含最后一段的多段分栏效果(三栏)

图1.34　分栏

　　出现上述原因的结果就是分栏的真正对象是页面而不是段落。对于最后一段引发的问题可以通过一个小技巧解决，在最后一段文本内容选择的时候，把最后一段的回车符排除在外即可。如何不选定段末回车符？将鼠标往回拖一点。如图 1.35 所示。

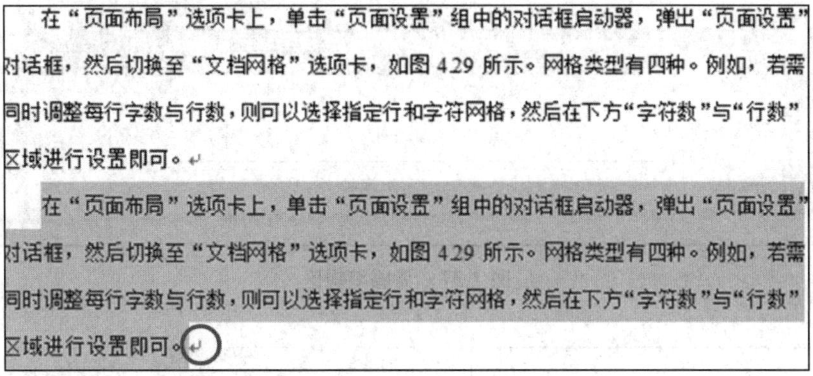

在"页面布局"选项卡上，单击"页面设置"组中的对话框启动器，弹出"页面设置"对话框，然后切换至"文档网格"选项卡，如图 4.29 所示。网格类型有四种。例如，若需同时调整每行字数与行数，则可以选择指定行和字符网格，然后在下方"字符数"与"行数"区域进行设置即可。↵

在"页面布局"选项卡上，单击"页面设置"组中的对话框启动器，弹出"页面设置"对话框，然后切换至"文档网格"选项卡，如图 4.29 所示。网格类型有四种。例如，若需同时调整每行字数与行数，则可以选择指定行和字符网格，然后在下方"字符数"与"行数"区域进行设置即可。↵

图 1.35　最后一段文本不选中回车符

② 页眉与页脚

A. 插入页眉或页脚

　　在【插入】选项卡上的【页眉和页脚】组中，单击【页眉】或【页脚】按钮，从下拉列表中，选择所需的页眉或页脚样式，如图 1.36 所示。将切换到【页眉和页脚】视图，且功能区新增【页眉和页脚工具】。在【键入文字】处输入文字，页眉或页脚即被插入到文档的每一页中，如图 1.37 所示。编辑完成后点击【关闭页眉和页脚】。

　　注意，页眉、页脚以及页码编辑状态与界面完全相同，如图 1.38 所示。

B. 奇偶页使用不同的页眉或页脚

设置奇偶页不同有两种方法：

方法一：打开【页面设置】对话框，切换至【版式】选项卡，选中【页眉和页脚】选项组中的【奇偶页不同】复选框即可，如图 1.39 所示。

方法二：进入页眉页脚编辑状态中，在【选项】功能组中，勾选【奇偶页不同】复选框即可，如图1.37 所示。

C. 更改页眉或页脚的内容

　　在【插入】选项卡上的【页眉和页脚】组中，单击【页眉】或【页脚】命令，选择【编辑页眉】或【编辑页脚】，如图 1.38 所示。选择文本并进行更改即可。

　　若想要在页眉页脚视图与文档页面视图间快速切换，只要双击灰色的页眉页脚或灰显的文本即可。

图 1.36　页眉命令下拉菜单

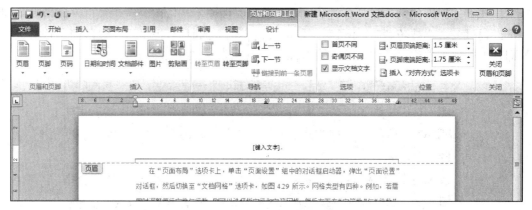

图 1.37 页眉编辑区

图 1.38 页眉页脚编辑视图

图 1.39 【页面设置】对话框设置奇偶页不同

D. 删除页眉或页脚

单击文档中的任何位置。在【插入】选项卡上的【页眉和页脚】组中，单击【页眉】或【页脚】按钮，从下拉列表中选择【删除页眉】或【删除页脚】选项，如图 1.36 所示，页眉或页脚即被从整个文档中删除。

③ 设置页码

A. 插入页码

在【插入】选项卡【页眉和页脚】功能组中，单击【页码】按钮，打开下拉列表。根据页码在文档中希望显示的位置，选择【页面顶端】【页面底端】【页边距】或【当前位置】，然后再选择需要的页码样式。接着进入到【页眉和页脚】视图，插入点在页码编辑区域闪烁，可以输入或修改页码。

若文档已设置了奇偶页不同，则在插入页码时需要注意奇数页与偶数页均要插入页码。

单击选项卡上的【关闭页眉和页脚】按钮返回到文档编辑视图。

B. 设置页码格式

双击文档中某页的页眉或页脚区域,进入【页眉和页脚】视图,在【页眉和页脚工具】下【设计】选项卡上的【页眉和页脚】组中,单击【页码】按钮,从下拉列表中选择【设置页码格式】,弹出【页码格式】对话框,如图 1.40 所示。选择合适的编号格式,然后单击【确定】按钮。

或者在【插入】选项卡【页眉和页码】工作组中,单击【页码】命令,从下拉列表中选择【设置页码格式】,同样弹出【页码格式】对话框。

图 1.40　"页码格式"对话框

C. 修改页码的字体和字号

首先,进入【页眉和页脚】视图,选中页码,在所选页码上方显示的浮动工具栏上,用该工具栏更改字体和设置字体等。也可以在【开始】选项卡的【字体】组中设置字体大小等。

D. 设置起始页码

有的时候,文章的起始页码不一定是从【1】开始,例如有封面并且希望文档的第一页编号从"0"开始,此时则需要设置其实页码。进入页眉和页脚视图,打开【页码格式】对话框,在【页码编号】区域选中【起始页码】单选按钮,在其后的文本框中输入设定值即可。

E. 删除页码

在【插入】选项卡上的【页眉和页脚】组中,单击【页码】按钮,从下拉列表中选择【删除页码】命令;如果【删除页码】为灰色,则需要在【页眉和页脚】视图中手工删除页码。无论是单击【删除页码】还是手动删除文档中单个页面的页码时,都将自动删除所有页码。

如果文档首页页码不同,或者奇偶页的页眉或页脚不同,就必须从每个不同的页眉或页脚中删除页码。

④ 设置页面边框

页面边框与段落边框底纹添加方式相同,【开始】选项卡中【段落】功能组【边框命令】下拉菜单,打开【边框与底纹】对话框,切换至【页面边框】选项卡;或是【页面布局】选项卡【页面背景】功能组中点击【页面边框】,打开【边框与底纹】对话框,并自动切换至【页面边框】选项卡。

(4) 图形对象:图片、形状、文本框以及艺术字

① 图片或剪贴画

A. 插入图片或剪贴画

若要插入图片,首先将光标置于文档中要插入图片的位置,在【插入】选项卡的【插图】功能组中,单击【图片】按钮,弹出【插入图片】对话框,如图 1.41 所示。然后找到要插入的图片并双击,此时图片将被插入。

若要插入剪贴画,则在【插入】选项卡上的【插图】组中,单击【联机图片】按钮,会弹出【插入图片】任务窗格,如图 1.42 所示。搜索需要的剪贴画,单击剪贴画将其插入。

B. 选中图片

单击文档中的图片,图片边框会出现 8 个尺寸控点,表示该图形已被选中,同时将出现【图片工具】选项卡。利用图片的尺寸控点和【图片工具】选项卡,可以设置图片的格式。

图 1.41　插入图片对话框

图 1.42　【插入图片】任务窗格

C. 更改图片的环绕方式

插入的图片一般默认为"嵌入型"，若要改变图片的环绕方式，首先选中图片，然后在【格式】选项卡中的【环绕文字】，或是右上角快捷菜单中选择其他环绕方式，如图 1.43 所示。

单击【其他布局选项】，将弹出【布局】对话框的【文字环绕】选项卡，如图 1.44 所示。

图 1.43　自动换行命令

图 1.44　【布局】对话框-【文字环绕】选项卡

注意,后面介绍的形状、文本框以及艺术字其实均属于图片对象的一种,均可以通过以上方式更改图片环绕方式操作。

D. 调整图片大小与位置

图片大小调整有两种方式粗略调整和精确调整。

a) 粗略调整。选中图片,将指针置于其中的一个控点上,直至鼠标指针变为双箭头,左键拖动控制点即可。待图片大小合适后,松开左键。

b) 精确调整。选中图片,在【图片工具】下【格式】选项卡【大小】功能组中,通过【高度】和【宽度】命令调整图片的大小。或者,单击【大小】功能组的对话框启动器,再或者,从右键快捷菜单中单击【大小和位置】按钮,将弹出【布局】对话框的【大小】选项卡,如图 1.45(a) 所示。选择【锁定纵横比】命令可保持图片不变形,【相对原始图片大小】可以设定缩放图片的基准。单击【重置】按钮则图片复原。

图片位置也可以在【布局】对话框中进行设定,切换至【位置】选项卡,可以设定图片在文档中的固定位置,如图 1.45(b)所示。

 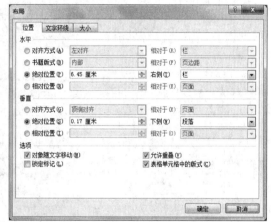

(a)【布局】对话框−【大小】选项卡　　　　(b)【布局】对话框−【位置】选项卡

图 1.45 【布局】对话框

② 形状

形状是早期 Word 版本中的自选图形。

A. 插入形状

单击【插入】选项卡【插图】工作组内【形状】按钮,弹出的形状列表中提供了 6 种类型形状:线条、基本形状、箭头总汇、流程图、标注和星与旗帜,如图 1.46 所示。单击选中所需形状,在文档中的任意位置,按住左键拖动以放置形状。

如果要创建规范的正方形或圆形,则在拖动的同时按住 Shift 键。

B. 向形状添加文字

选中要添加文字的形状,右键菜单中选择【添加文字】命令。插入点出现在形状中,然后输入文字。添加的文字将成为形状的一部分。同时,也可以为形状中的文字添加项目符号或列表。右击选定的文字,在弹出的快捷菜单上,选择【项目符号】或【编号】命令。

C. 设置形状线条与填充

选中要添加文字的形状,右键菜单【设置形状格式】,或是在【绘图工具】功能区【格式选项卡】中单击【形状样式】对话框启动器，弹出【设置形状格式】对话框，如图1.47所示，在左侧菜单中选择【填充】【线条颜色】与【线型】进行设置。或者，在【绘图工具】功能区【格式】选项卡中单击【形状样式】功能组中，设定【形状填充】与【形状轮廓】。【形状轮廓】即调整形状的线条效果。

D. 形状的大小与环绕方式

形状大小与环绕方式的设置方法与图片相同。

E. 形状的效果

在【绘图工具】功能区【格式】选项卡中单击【形状样式】功能组中，可以设定【形状效果】。如图1.48所示。

图1.46　形状下拉菜单　　　　图1.47　【设置形状格式】对话框　　　图1.48　形状效果下拉菜单

③ 文本框

A. 绘制文本框

在【插入】选项卡上的【文本】组中，单击【文本框】按钮，弹出文本框列表。单击列表下部的【绘制文本框】【绘制竖排文本框】按钮，指针变为：【✛】，在文档中需要插入文本框的位置左键拖动所需大小的文本框。文本框是形状的一种，因此也可在形状中选择文本框并绘制。

向文本框中添加文本，则可单击文本框，然后输入文本。若要设置文本框中文本的格式，请选择文本，然后使用【开始】选项卡上【字体】功能组中的格式设置选项。

B. 更改文本框的边框与填充

操作方法与设置形状相同。

④ 艺术字

A. 插入艺术字

在文档中要插入艺术字的位置单击。在【插入】选项卡上的【文本】功能组中，单击【艺术字】按钮，从弹出的下拉列表中单击任一艺术字样式，如图 1.49 所示。然后出现艺术字编辑文本框，如图 1.50 所示。

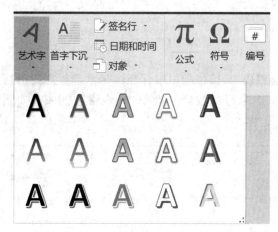

图 1.49　艺术字命令下拉菜单 　　　　　　　图 1.50　艺术字文本框

在艺术字文本框中，用户可以编辑文本，并重新设置字体格式等。

B. 艺术字文本填充、文本线条以及外观效果设置

对于文本字符的填充效果、线条设置和外观效果可以在【绘图工具】功能区【格式】选项卡中单击【艺术字样式】功能组，设定【文本填充】【文本轮廓】以及【文本效果】，如图 1.51 所示。

图 1.51　艺术字样式功能组

艺术字设置后的效果显示如图 1.52 所示。

请在此放置您的文字　　　　　　请在此放置您的文字

(a) 艺术字默认效果 　　　　　　　　(b) 艺术字【文本填充】效果

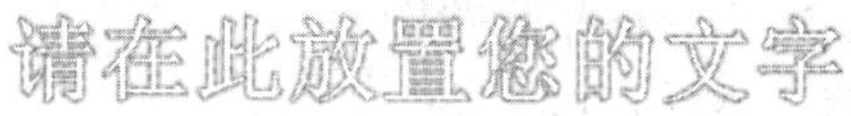

请在此放置您的文字　　　　　　请在此放置您的文字

(c) 艺术字【文本轮廓】效果 　　　　　(d) 艺术字【倒V形转换】文本效果

图 1.52　艺术字效果

C. 艺术字文本框效果设置以及环绕方式

不同于艺术字文本样式设置，文本框效果设定如图 1.53 所示。

图 1.53　艺术字文本框设置填充与线条样式效果

艺术字属于文本框，因此文本框效果设定方式与普通文本框相同，详见前文。同时艺术字也属于图片，因此环绕方式等设置与图片相同。

（5）表格

① 插入表格

在【插入】选项卡的【表格】组中，单击【表格】按钮，按住利用鼠标在网格上选择需要的行数和列数（无需点击，只需在网格上方划过），确定行列数后左键单击，表格被插入。如图 1.54 所示。

图 1.54　鼠标选定行列数插入表格

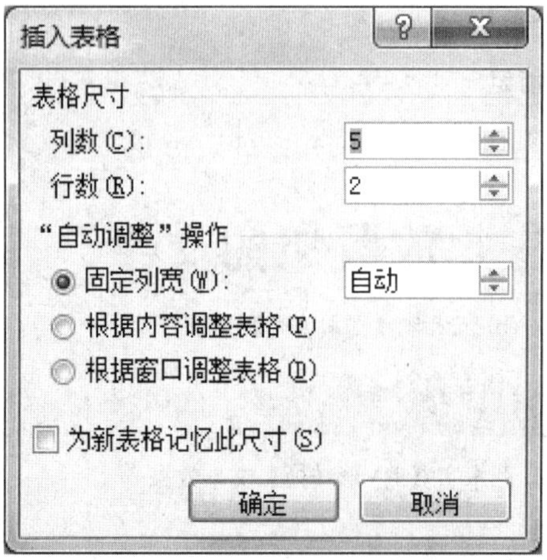

或者可以使用对话框插入表格。在【插入】选项卡上的【表格】组中，单击【表格】按钮，从下拉菜单中选择【插入表格】命令，弹出【插入表格】对话框，在【表格尺寸】下，输入列数和行数。在【自动调整】操作下，调整表格尺寸。单击【确定】按钮，完成操作，如图 1.55 所示。或者，可以通过绘制表格命令手动绘制。

② 文本和表格相互转换

A. 将文本转换成表格

选定要转换的文本，在【插入】选项卡的【表格】组中，单击【表格】按钮，在下拉列表中单击【文本转换成表格】按钮，弹出【将文字转换成表格】对话框，

图 1.55　"插入表格"对话框

如图 1.56 所示。

在【文本转换成表格】对话框的【文字分隔位置】选项中,单击要在文本中使用的分隔符的选项。

在【列数】框中选择列数。如果未显示设置的列数,则可能是文本中的一行或多行缺少分隔符。完成设置后,单击【确定】按钮。

B. 将表格转换成文本

选择要转换成段落的行或表格。在【表格工具】中【布局】选项卡【数据】组内,或者在【插入】选项卡【表格】功能组【表格】下拉菜单,单击【转换为文本】按钮,弹出【表格转换成文本】对话框,如图 1.57 所示。在【文字分隔位置】组下,单击要用于代替列边界的分隔符对应的选项,最后单击【确定】按钮。

图 1.56　【将文字转换成表格】对话框

图 1.57　【表格转换成文本】对话框

③ 设置表格格式

A. 选中表格

将鼠标至于表格左上角,单击⊞图标,即可选中整个表格。或者在【表格工具】工具栏下,单击【布局】选项卡,在【表】组中单击【选择】按钮,从弹出的下拉列表中选择【选择表格】命令。

选中行、列,将鼠标移至列标题上方或行左侧,待鼠标变为黑色实心箭头单击即可。

B. 绘制表格框线

然后单击【设计】选项卡,在【设计】选项卡的【表格样式】组中,单击【边框】按钮后箭头,从弹出的下拉列表中,单击选择某个预定义边框集,如图 1.58 所示。

如需绘制自定义框线,则先在【绘图边框】功能组中设定线条样式、宽度与颜色,再单击【边框】,从弹出的下拉列表中,单击合适的边框类型。

C. 修改底纹

选择需要修改的单元格。在【表格工具】下,单击【设计】选项卡。在【表样式】组中,单击【边框】按钮后的箭头,从列表中单击【边框和底纹】按钮。弹出【边框和底纹】对话框,然后单击【底纹】选项卡。单击【填充】【样式】【颜色】选项后的箭头,从列表中选择选项。在【应用于】选项列表中,选取【单元格】或【表格】。如果要取消底纹,选择【无颜色】。

用户也可以选中表格后右击,从弹出的快捷菜单中选择【边框和底纹】命令。

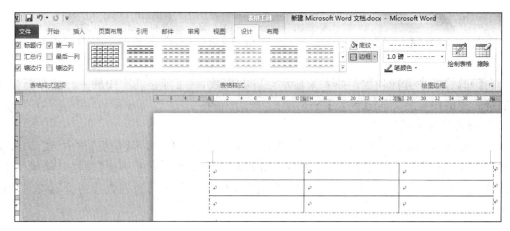

图 1.58 表格框线绘制

D. 插入行、列

在要添加行或列的任意一侧单元格内单击。在标题栏的【表格工具】下，单击【布局】选项卡，在【行和列】功能组中选择插入位置，如图 1.59 所示。

如果要在表格末尾快速添加一行，则可把插入点放置到表格右下角的单元格中，按 Tab键；或者把插入点放置到表格最后一行的右端框线外的换段符前，按 Enter 键，即可在表格最后一行后添加一空白行。

E. 删除单元格、行或列

选中要删除的单元格、行或列。在标题栏的【表格工具】下，单击【布局】选项卡。在【行和列】组中，单击【删除】按钮，从弹出下拉列表中，根据需要，选择【删除单元格】【删除行】或【删除列】命令。

F. 合并或拆分单元格

用户可以将同一行、列中的两个或多个单元格合并为一个单元格。选中要合并的多个单元格，在标题栏的【表格工具】下，【布局】选项卡上的【合并】组中，选择【合并单元格】命令。如图 1.60 所示。

图 1.59 行和列功能组

图 1.60 合并功能组

在单个单元格内单击，或选中要拆分的多个单元格。在标题栏的【表格工具】【布局】选项卡上的【合并】组中，选择【拆分单元格】命令。弹出【拆分单元格】对话框，输入要将单元格拆分成的列数或行数。

G. 调整表格的列宽和行高

快速调整。将指针停留在需更改其宽度的列的边框上（或者高度的行的边框上），待鼠标变成双线双箭头形式，按住左键并拖动边框，调整到所需的列宽。

精准调整。在【单元格大小】功能组中进行设置，如图 1.61 所示，或者在【表格属性】对话框的【行】（或列）选项卡中通过设置改变行高（列宽），如图 1.62 所示。

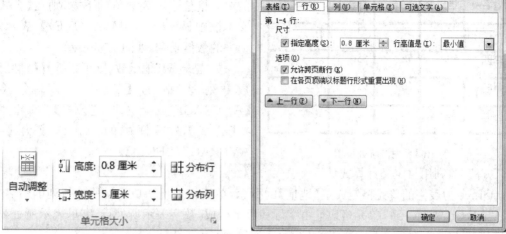

图 1.61　【单元格大小】功能组　　　图 1.62　【表格属性】对话框【行】选项卡

④ 表格内数据的排序与计算

A. 表格内容的排序

选中表格,在标题栏的【表格工具】下【布局】选项卡上的【数据】组中,单击【排序】按钮,弹出【排序】对话框,在【主要关键字】选定排序主要字段。若排序条件为多个,则继续设定【次要关键字】以及【第三关键字】等。在【列表】选项组下,根据选定表格内容是否含有标题内容选择【有标题行】或【无标题行】两个选项。最后选择【升序】或【降序】选项,如图 1.63 所示。

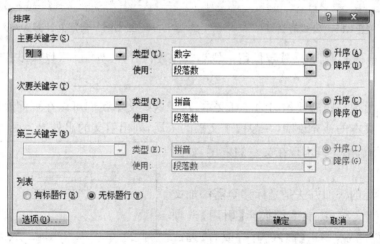

图 1.63　排序对话框

如果按姓名笔画升序排序,则可在【主要关键字】组下选择【姓名】选项,在【类型】中选【笔画】【升序】选项,单击【确定】按钮。完成后,表格内容按要求排序。

B. 公式计算

方法一:利用函数计算

光标放置于计算结果所在的单元格中,例如平均成绩单元格中,如图 1.64 所示。

在标题栏的【表格工具】下【布局】选项卡上的【数据】组中,单击【公式】按钮,弹出【公式】对话框。如果选定的单元格位于一行数值的右侧,则在【公式】文本框中显示【＝SUM

成绩表

姓名	语文	英语	数学	平均成绩
张三	64	50	53	
李四	80	78	85	
赵前	76	86	91	
孙武	70	40	62	

图1.64 光标所处位置

（LEFT）】，表示对左侧的数值求和；如果选定的单元格位于一列数值的下方，则在【公式】文本框中显示【＝SUM（ABOVE）】，表示对上方的数值求和，如图1.65所示。

如需选择其他函数，则可以选择【粘贴函数】列表中的【AVERAGE】命令，【AVERAGE】则会出现在【公式】选项框中。把【公式】选项框中的公式修改为【＝AVERAGE（LEFT）】。

方法二：利用自定义计算式计算

Office为表格的单元格定义了【地址】的概念，单元格地址即单元格所处行列的命名方式。与Excel保持一致，单元格地址由字母和数字构成，数字表示所处行，字母表示所处列，书写上字母在前，数字在后，例如第2行第3列单元格地址为【C2】。

在【公式】对话框中以等号【＝】开头，输入自定义计算式，如【＝A3＋C2＊2】，如图1.66所示。

图1.65 公式对话框

图1.66 自定义计算式输入

C. 在【编号格式】列表中选定保留一位小数位数，如可改为"0.0"（操作步骤略）。

（6）脚注与尾注

文章常会出现一些需要添加的注释文本，对于这些文本我们可以在页面底端添加脚注。尾注是一种对文本的补充说明，一般位于文档的末尾，列出引文的出处等。区别是脚注在文章页面底端区域，尾注只出现在文章的末尾，如图1.67所示。

脚注或尾注的添加方法是光标移至需添加文本处，无需选中文本，功能区切换至【引用】选项卡，在脚注功能组中，单击【插入脚注】或者【插入尾注】。

如需更改已插入脚注，则先将光标至于脚注区域内，如图1.68所示。点击【脚注】功能组右下对话框启动器，打开【脚注和尾注】对话框，如图1.69所示。在对话框【编号格式】下拉菜单中选择合适的格式类型，或者可以【自定义标记】，设置【起始编号】以及【编号】方式，完成之后不要点击【插入】，而是点击【应用】，否则会造成重复插入。

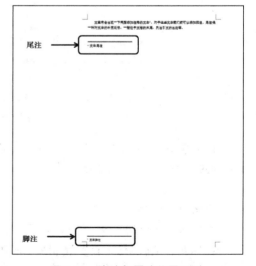

图1.67 脚注与尾注位置区别

1 脚注文本编辑区域

图 1.68　脚注文本编辑区域　　　　**图 1.69　脚注和尾注对话框**

　　如需删除脚注,删除正文中脚注编号即可,方法是鼠标左键选中脚注编号,按 Delete 键删除。如果无法直接删除,则要先删除的脚注内容,再将脚注删除。尾注删除方式相同,也可以通过替换操作实现脚注删除,有兴趣的读者可以查阅相关资料尝试。

　　(7) 其他编辑注意事项

　　① 度量单位

　　在编辑一些参数时,例如行距、页边距等属性时,会遇到一些度量单位,如厘米、磅、英寸等,如需输入特定的单位,可以在输入框内直接将数值与单位同时输入,如图 1.70 所示。或者也可以在【文件】选项卡【选项】菜单中的【高级】设置内,将【显示】中的【度量单位】进行调整。

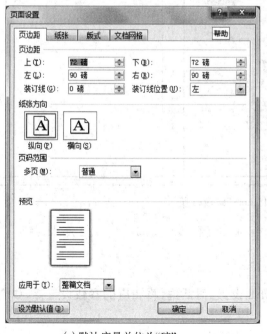
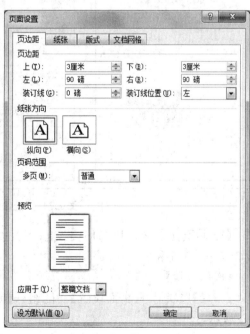

(a) 默认度量单位为"磅"　　　　　　　(b) 手动输入度量单位为"厘米"

图 1.70　度量单位

② 格式刷操作

格式刷 ✎格式刷 操作位于【开始】选项卡【剪贴板】功能组中，该功能可以实现不同格式之间的复制，以减少重复设置。

使用格式刷操作要注意操作顺序。首先选中已编辑好格式的文本或段落，然后点击格式刷命令，此时格式刷图标呈现黄色突出 ✎格式刷 状态，鼠标会变成刷子状态，此时将鼠标移动到待编辑文本开头处，按下鼠标左键并一直拖动，直至文本结尾，松开左键即可。

实验二　Word 基本操作案例

一、实验目的

1. 掌握 Word 的基本编辑功能。
2. 掌握图片、文本框、艺术字等的编排方法。
3. 掌握表格的制作方法等。

二、实验内容与步骤

1. Word 文档的基本操作与图形对象编排示例

根据下述要求将文档素材"低碳化.docx"编辑成图 1.71 所示。

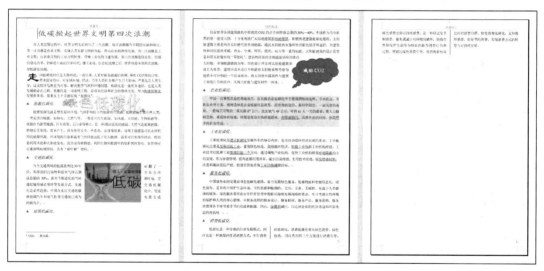

图 1.71　"低碳化.docx"编辑样张

（1）将页面设置为 B5(JIS)纸，上、下页边距为 1.8 厘米，左、右页边距为 2 厘米，每页 42 行，每行 40 个字符。

【操作步骤】

【布局】选项卡→【页面设置】功能组→【页面设置】对话框，将相应的参数设置好，如图 1.72 所示。

（2）给文章增加标题"低碳掀起世界文明第四次浪潮"，居中显示，设置其格式为楷体、二号字、加粗、绿色，字符缩放为 120%，居中显示，并设置段后间距 0.5 行。

(a) 页面设置对话框-页边距选项卡　　(b) 页面设置对话框-纸张选项卡　　(c) 页面设置对话框-文档网格选项卡

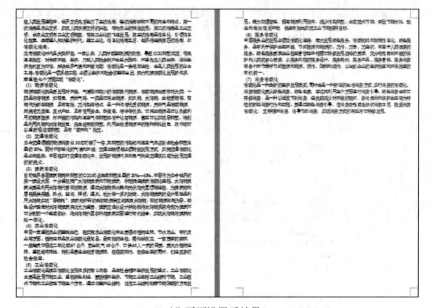

(d) 页面设置后效果

图 1.72　页面设置

【操作步骤】

① 鼠标在文档开始处回车,插入一个空行,输入标题"低碳掀起世界文明第四次浪潮",并选中标题。

② 在选中的标题文本上点击右键【字体】→【字体对话框】,如图 1.73 所示。在设置字符缩放时由于内置选项没有 120%,因此需要手动调整数值。

③ 在选中的标题文本上点击右键【段落】→【段落对话框】,对齐方式为居中,段后 0.5 行,如图 1.74 所示。

(3) 将正文中所有小标题设置为绿色、小四号字、加粗、倾斜,并将各小标题的数字编号改为红色草花♣符号(草花♣符号位于符号字体 Symbol 中)。

【操作步骤】

① 创建项目符号,利用 Ctrl 键选中各小标题→【开始】选项卡→【段落】功能组→【项目

(a) 字体对话框-字体选项卡　　　　　　　(b) 字体对话框-高级选项卡

图 1.73　设置字体

图 1.74　段落对话框设置

符号】→【定义新的项目符号】，如图 1.75 所示。

　　若初始只选中一个小标题进行编辑，后期可以利用【格式刷】实现其他标题的相同操作；又或者可以在【项目符号】下拉菜单中找到最近使用的项目符号，即红色草花♣。

　　② 设定字体格式，【开始】选项卡→【字体】功能组（字号、字体颜色、加粗、倾斜），如图 1.75 所示。

③ 删除原编号：(1)～(7)。

Symbol

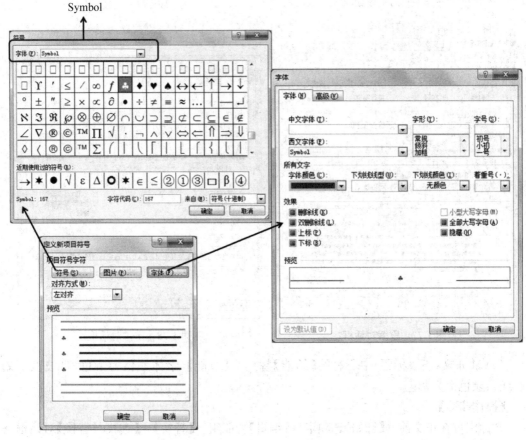

图 1.75　定义新的项目符号

（4）设置正文所有段落(不含小标题)行距为 1.2 倍,第二段首字下沉 2 行,首字字体为隶书,其余各段(不含小标题)均设置为首行缩进 2 字符;中间段落"建筑低碳化……"正文(不含小标题)设置中文字体为黑体,西文字体为 Calibri。

【操作步骤】

① 设置首字下沉,【插入】选项卡→【文本】功能组→【首字下沉】下拉菜单→【首字下沉选项】→【首字下沉】对话框,如图 1.76 所示。

② 设置正文段落格式,利用 Ctrl 键选中待编辑段落→右键【段落】→【段落】对话框→【缩进】特殊格式→【行距】多倍行距(手动输入 1.2),如图 1.77 所示。

若未同时选中多个段落,则其余段落可以利用相同操作实现,也可以利用【格式刷】复制相同格式。

③ 设置中间段落字体,选中段落文本→右键【字体】→【字体】对话框(设定中文字体与西文字体),如图 1.78 所示。

图 1.76　首字下沉对话框

图 1.77　段落对话框

图 1.78　字体对话框

（5）将正文（不含标题）中所有的【结能】替换为【节能】，字体颜色为紫色，带波浪下划线，线条颜色也为紫色。

【操作步骤】

光标定位在正文前→【开始】选项卡→【编辑】功能组→【替换】→【查找与替换】对话框→【查找：结能，替换：节能】→【更多】→【格式】→【全部替换】，如图 1.79 所示。

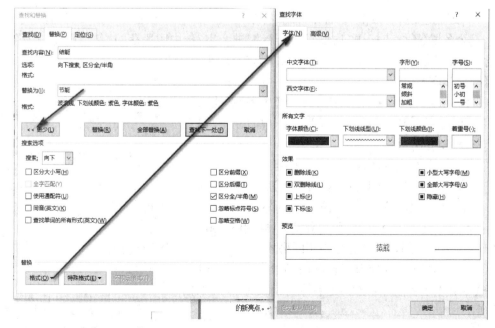

(a) 查找与替换对话框

(b) 更多-格式-字体对话框　　　　　　　　　　(c) 不搜索文档的其余部分

图 1.79　替换正文内容

设定完成弹出对话框【是否搜索文档的其余部分?】,选择【否】。

(6) 设置奇数页页眉为"低碳化",偶数页页眉为"绿色地球",在页面底端插入页码,类型为"普通数字 3",为正文第二段"CO2"添加脚注"CO2:二氧化碳"。

【操作步骤】

① 设置页眉,【插入】选项卡→【页眉】下拉菜单→【编辑页眉】→进入【页眉页脚】编辑视图→【设计】选项卡→【选项】功能组→勾选【奇偶页不同】→【输入页眉文本】,如图 1.80 所示。

注意: 在题目没有指定页眉样式时,不选择任何内置页眉样式,通过【编辑页眉】命令插入页眉。

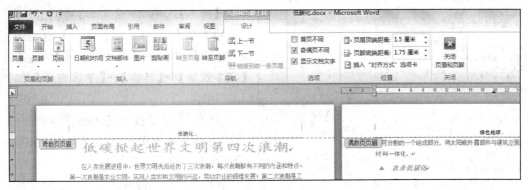

图 1.80　编辑页眉

② 插入页码,保持【页眉页脚】编辑视图→【页眉和页脚】功能组→【页码】下拉菜单→【页面底端】→【普通数字 3】→对偶数页(或奇数页)再进行一次页码插入操作→【关闭页眉和页脚】,如图 1.81 所示。

由于编辑页眉时设置了奇偶页不同,因此也可以插入格式不同的奇偶页页码,从而导致在插入页码时必须操作两次。

图 1.81　插入页码

图 1.82　脚注插入效果

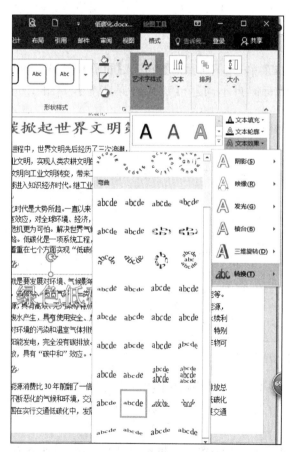

图 1.83　艺术字样式设定

如果编辑完页眉关闭了页眉和页脚视图，则可以从【插入】选项卡【页眉和页脚】功能组中的【页码】命令插入指定要求的页码格式，并再次进入页眉页脚视图。

③ 添加脚注，光标置于"CO2"处→【引用】选项卡→【插入脚注】→【编辑脚注】，如图 1.82 所示。

（7）在文章中插入艺术字"绿色低碳化"，艺术字样式【填充-白色，轮廓-着色 1，阴影】，艺术字文本效果为【转换-左远右近】。

【操作步骤】

【插入】选项卡→【文本】功能组→【艺术字】下拉菜单→【选择艺术字】→【绘图工具-格式】选项卡→【艺术字样式】功能组→【文本效果】→【转换】→【左远右近】，如图 1.83 所示。

注意，在选定插入艺术字文本框后，有时会出现文本有缩进的现象，此时只需将前面缩进空白删除即可。

（8）为"农业低碳化"正文段落（不包含小标题）添加黄色底纹，为整篇文档添加添加 1.5 磅带阴影的页面边框。

【操作步骤】

【开始】选项卡→【段落】功能组→【边框】下拉菜单→【边框与底纹】对话框→【底纹】选项卡和【页面边框】选项卡，如图 1.84 所示。

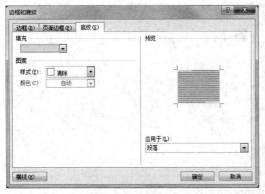 

(a) 段落底纹设定　　　　　　　　　　　　(b) 页面边框设定

图 1.84　底纹与页面边框设定

（9）在正文适当位置插入图片 pic.jpg，设置图片高度和宽度为 4 厘米和 6 厘米，环绕方式为四周型。

【操作步骤】

【插入】选项卡→【插图】功能组→【图片】→【插入图片】对话框→选择图片文件"pic.jpg"→右键【大小和位置】→【布局】对话框。

插入图片对话框如图 1.85（a）所示，布局对话框如图 1.85（b）所示。在设定图片大小时，务必将【锁定纵横比】的选项去掉，否则，图片的大小始终都会满足某种比例。

(a) 插入图片对话框　　　　　　　　　　　　(b) 布局对话框

图 1.85　插入图片

（10）在正文适当位置插入云形标注，添加文字"减排 CO_2"，设置文字格式为：华文行楷、小三号字，设置形状格式为浅绿色填充色、紧密型环绕、右对齐。

【操作步骤】

① 绘制形状，【插入】选项卡→【插图】→【形状】→【云形标注】→绘制，如图 1.86 所示。

② 设置文本编辑与格式，右键【编辑文字】→输入文本→【开始】选项卡→【字体】功能组（字号）。

③ 设置形状格式，右键【设置形状格式】（注意在图形边框处右击鼠标，不要在里面文字上！）→【填充】→右键【环绕文字】（紧密型环绕）→【绘图工具-格式】选项卡→【对齐】（右对齐），如图 1.86 所示。

(a) 形状选择　　　　　　　　　(b) 设置形状格式填充效果

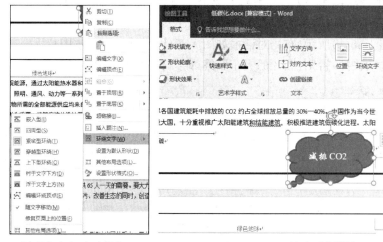

(c) 环绕文字-紧密环绕　　　　　　　　(d) 右对齐设置

图 1.86　插入云形标注

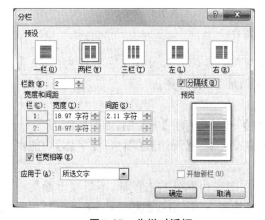

图 1.87　分栏对话框

（11）将文章最后一段分栏，分成等宽两栏，中间有分隔线。

【操作步骤】

选中最后一段文本（注意：最后一段分栏不能包括回车符）→【页面布局】选项卡→【分栏】→【更多分栏】→【分栏】对话框（预设两栏，勾选分隔线），如图 1.87 所示。

2. Word 中的表格操作

根据下述要求将文档素材"表格.docx"编辑成图 1.88 所示。

（1）将文本转换为 5 行 4 列的表格，表格

	语文	英语	数学
张三	64	50	53
李四	80	78	85
赵前	76	86	91
孙武	70	40	62

(a) 表格原素材

成绩单

	语文	英语	数学	平均成绩
张三	64	50	53	55.67
李四	80	78	85	81
赵前	76	86	91	84.33
孙武	70	40	62	57.33

(b) 表格样张

图 1.88　表格格式模板

居中显示。

【操作步骤】

① 打开素材文件"表格.docx",选中全部内容。

②【插入】选项卡→【表格】下拉菜单→【将文字转换成表格】,弹出对话框如图 1.89(a) 所示。或者可以直接选择【插入表格】,则文本会直接转换成表格,不会有对话框弹出。

③【选中表格】→【开始】选项卡→【段落】功能组→【居中对齐】,效果如图 1.89(b)所示。

(a) 将文字转换成表格对话框

	语文	英语	数学
张三	64	50	53
李四	80	78	85
赵前	76	86	91
孙武	70	40	62

(b) 将文字转换成表格效果

图 1.89　文字转表格

(2) 在最右侧插入一列,命名为"平均成绩"。

【操作步骤】

光标置于最后一列,或者选中最后一列。

方法一:右键【插入】→【在右侧插入列】,如图 1.90 所示。

方法二:【表格工具-布局选项卡】→【行和列】功能组→【在右侧插入】,如图 1.90 所示。

(3) 为表格添加标题"成绩单",居中显示。

【操作步骤】

将光标置于左上角第一个单元格中→敲击回车→在空行中输入文本→【开始】选项卡→ 【段落】功能组→【居中】,效果如图 1.91 所示。

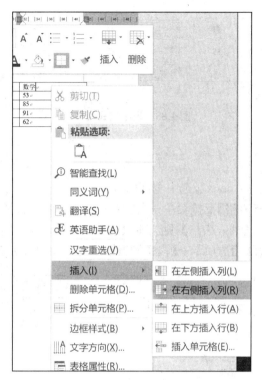

图 1.90　右键插入菜单

成绩单

	语文	英语	数学	平均成绩	
张三	64	50	53		
李四	80	78	85		
赵前	76	86	91		
孙武	70	40	62		

图 1.91　添加标题效果

（4）设置表格外框线为 1.5 磅，蓝色双线，内框线为 1 磅，红色虚线。

【操作步骤】

① 设置外框线，选中表格→【表格工具-设计】选项卡→【边框】功能组（线型、线宽、颜色）→【边框】（外侧框线），如图 1.92（a）所示。

② 设置内框线，选中表格→【表格工具-设计】选项卡→【边框】功能组（线型、线宽、颜色）→【边框】（内框线），如图 1.92（b）所示。

（5）令表格列宽固定为 2 厘米，表格文本水平居中。

【操作步骤】

方法一：选中表格→【表格工具-布局】选项卡→【单元格大小】功能组（宽度：2 厘米），如图 1.93（a）所示。

方法二：选中表格→右键【表格属性】→【表格属性】对话框→【列】选项卡→【指定宽度】，如图 1.93（b）所示。

设置文本水平居中，选中表格→【表格工具-布局】选项卡→【对齐方式】功能组（水平居中），如图 1.93（c）所示。

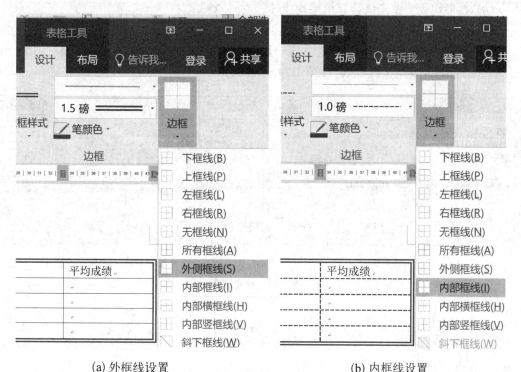

(a) 外框线设置

(b) 内框线设置

(c) 框线设置效果

图 1.92 设置表格框线

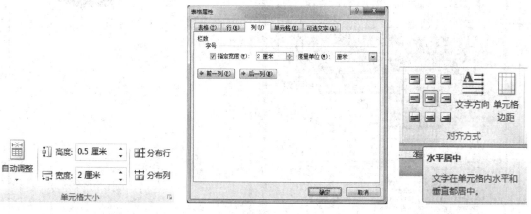

(a) 单元格大小设定

(b) 表格属性对话框列选项卡

(c) 水平居中对齐

图 1.93 设置单元格大小和文字居中

（6）在平均成绩单元格计算出平均成绩。

【操作步骤】

选中表格→【表格工具-布局】选项卡→【数据】功能组→【fx 公式】→【公式】对话框→使用 Average 函数/自定义计算式，如图 1.94 所示。

（a）使用函数计算　　　　　　　　　　　　（b）使用自定义计算式计算

图 1.94　使用函数

综合练习

一、打开"Word 练习 1 素材.docx"，完成下列操作并保存。

1. 将"Word 练习 1 素材.docx"文件另存为"Word 练习 1.docx"（".docx"为扩展名），除特殊指定外后续操作均基于此文件。

2. 将页面设置为 A4 纸，上、下、左、右页边距均为 2.7 厘米，每页 40 行，每行 40 个字符。

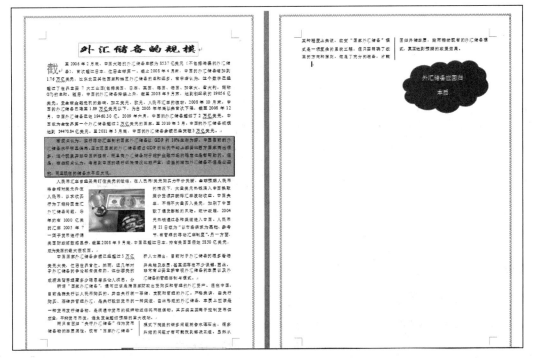

图 1.95　练习 1 样张

3. 给文章加标题"外汇储备的规模",设置其字体格式为华文行楷、小一号字、加粗,字符间距缩放 150%,居中显示,为标题文字添加 2.25 磅橙色方框。

4. 设置正文第一段首字下沉 2 行、距正文 0.5 厘米,首字字体为黑体、浅蓝色,其余各段设置为首行缩进 2 字符。

5. 为正文第二段设置 1.5 磅蓝色带阴影边框,填充浅绿色底纹,为页面设置双波浪线方框,颜色为绿色。

6. 参考样张,在正文第三段适当位置插入图片 pic.jpg,设置图片高度宽度缩放 90%,环绕方式为四周型,水平绝对位置向页边距右侧移动 3.5 厘米,垂直绝对位置向段落下侧 1 厘米。

7. 将正文中所有的"外汇"设置为红色,并加着重号。

8. 分别将正文第四段与正文第六段分为等宽两栏,第六段分栏需添加分隔线(第四段无分隔线)。

9. 参考样张,在正文适当位置插入形状"云形标注",添加文字"外汇储备应回归本质",字号为四号字,设置自选图形格式为紫色填充色、四周型环绕方式、右对齐。

10. 保存"Word 练习 1.docx"文件。

二、打开"Word 练习 2 素材.docx",完成下列操作并保存。

1. 将"Word 练习 2 素材.docx"文件另存为"Word 练习 2.docx"(".docx"为扩展名),除特殊指定外后续操作均基于此文件。

2. 设置纸张为 A4 纸,左右页边距均为 3 厘米,上下页边距均为 2.5 厘米。

3. 给文章加个标题"糖果不是龋齿的始作俑者",字体格式设置为黑体、加粗、红色、四号字,居中显示。

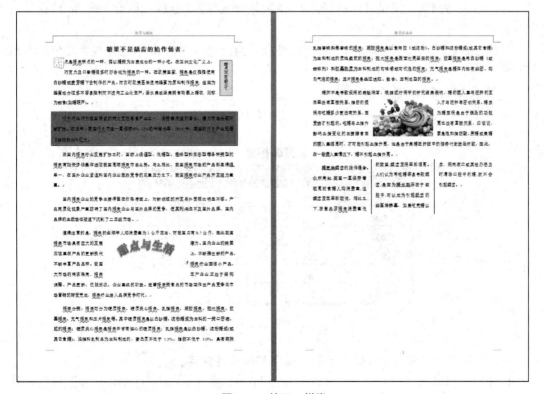

图 1.96　练习 2 样张

4. 设置正文第一段首字下沉 2 行，字体为华文彩云，颜色为浅绿色，其余各段首行缩进 2 个字符，段前间距 0.5 行，所有正文行距 1.5 倍。

5. 设置两页纸的奇数页页眉为"糖果与龋齿"，偶数页页眉为"糖果的真相"，页面底端插入页码，类型为"普通数字 2"，格式为"- 1 -、- 2 -、- 3 -…"。

6. 将正文部分出现的"甜点"替换为紫色加波浪线的"糖果"。

7. 将正文部分第二段加浅绿色 1.5 磅阴影边框，使用浅蓝色作为填充色。

8. 参考样张，在正文的适当位置插入艺术字样式"填充-红色，着色 2，轮廓-着色 2"，艺术字文本内容输入"甜点与生活"，艺术字文本效果为"转换-跟随路径-上弯弧"，设置环绕方式为紧密型环绕。

9. 参考样张，在正文的适当位置插入竖排文本框，添加文本"甜点不可缺少"，设置文本框黄色填充，文本框线型为"圆点"短划线，环绕方式为紧密型环绕，右对齐。

10. 在文字部分倒数第二段适当位置插入图片"糖果.jpg"，设置图片格式为高 3 厘米、宽 5 厘米，环绕方式四周型，对齐方式左右居中。

11. 将文字部分最后一段分为等宽三栏，栏间加分隔线。

12. 保存"Word 练习 2.docx"文件。

三、打开"Word 练习 3 素材.docx"，完成下列操作并保存。

1. 将"Word 练习 3 素材.docx"文件另存为"Word 练习 3.docx"（".docx"为扩展名），除特殊指定外后续操作均基于此文件。

2. 将文本转换为 7 行 4 列的表格，设置行高为 0.8 厘米，列宽为 3 厘米，表格居中显示。

3. 为表格加标题"水果库存表"，字体格式为华文琥珀、三号字，居中显示。

4. 将表格按照商品单价升序进行排序，并利用公式"库存金额＝单价 * 库存量"计算库存金额。

5. 设置标题行为浅蓝色填充，设置表格外框线为蓝色，1.5 磅双线，内框线为红色，0.5 磅细实线。

6. 设置表格文本为靠下居中对齐。

7. 保存"Word 练习 3.docx"文件。

水果库存表

商品名称	单价	库存量	库存金额
梨	7.6	2537	19281.2
苹果	12.58	2342	29462.36
草莓	24.8	890	22072
橙子	25.6	2134	54630.4
枇杷	30	623	18690
车厘子	75	258	19350

图 1.97　练习 3 样张

四、打开"Word 练习 4 素材.docx"，完成下列操作并保存。

1. 将"Word 练习 4 素材.docx"文件另存为"Word 练习 4.docx"（".docx"为扩展名），除特殊指定外后续操作均基于此文件。

2. 将页面设置为 A4 纸，上、下、左、右页边距均为 3 厘米，每页 40 行，每行 38 个字符。

3. 给文章加标题"智能家居"，设置其格式为黑体、二号字、标准色-红色、字符间距加宽 5 磅，居中显示。

4. 设置正文第一段首字下沉 3 行，首字字体为微软雅黑。

5. 将正文中所有的"智能家居"设置为标准色-红色、加着重号。

6. 参考样张，在正文适当位置插入图片 Ithouse.jpg，设置图片高度、宽度缩放比例均为 80%，环绕方式为紧密型。

7. 参考样张，为正文中四段加粗显示的小标题文字分别添加 1.5 磅、标准色-绿色、带阴影的边框。

8. 设置奇数页页眉为"智慧生活"，偶数页页眉为"美好未来"，均居中显示，并在所有页的页面底端插入页码，页码样式为"带状物"。

9. 保存文件"Word 练习 4.docx"。

图 1.98　练习 4 样张

五、打开"Word 练习 5 素材.docx"，完成下列操作并保存。

1. 将"Word 练习 5 素材.docx"文件另存为"Word 练习 5.docx"（".docx"为扩展名），除特殊指定外后续操作均基于此文件。

2. 将页面设置为 A4 纸，上、下页边距为 2.5 厘米，左、右页边距为 3.5 厘米，每页 40 行，每行 36 个字符。

3. 给文章加标题"青果巷"，设置其格式为微软雅黑、二号字、标准色-蓝色、字符间距加宽 8 磅，居中显示。

4. 设置正文第二段首字下沉 2 行，距正文 0.2 厘米，首字字体为黑体，其余段落设置为首行缩进2字符。

5. 为正文第三段添加1.5磅、标准色-绿色、带阴影的边框，底纹填充色为主题颜色-金色、个性色4、淡色80%。

6. 参考样张，在正文适当位置插入图片"青果巷.jpg"，设置图片高度为4厘米、宽度为8厘米，环绕方式为四周型，图片样式为柔化边缘矩形。

7. 将正文最后一段分为等宽的两栏，栏间加分隔线。

8. 参考样张，在正文适当位置插入圆角矩形标注，添加文字"青果巷的修护"，文字格式为黑体、三号字、标准色-红色，设置形状轮廓颜色为标准色-绿色，粗细为2磅，无填充色，环绕方式为紧密型。

9. 保存文件"Word练习5.docx"。

图1.99 练习5样张

第2章

Excel 2016 基础应用

Excel 是 Microsoft Office 办公组件中用于处理数据的一个电子表格软件。它以直观的表格形式、简单的操作方式和友好的操作界面为用户提供了表格设计、数据处理(计算、排序、筛选、统计)等强大功能。

实验一　Excel 基本操作

一、实验目的

1. 掌握工作簿、工作表、单元格、单元格区域的基本操作。
2. 掌握数据的录入、填充、公式计算、函数计算等操作。
3. 掌握数据的格式化操作以及排序、筛选、分类汇总。
4. 掌握图表的制作。

二、实验内容与步骤

1. 启动 Excel

(1) 单击"开始"按钮,选择"所有程序"组中的 Microsoft Office,再单击 Microsoft Office Excel 2016,即启动 Excel。

(2) 若桌面上有 Excel 快捷方式图标,双击它也可启动 Excel。

2. Excel 窗口

Excel 工作窗口及界面与 Word 很相似,窗口由标题栏、选项卡、功能区、编辑栏、名称框、状态栏、工作表区域等组成,如图 2.1 所示。

3. 工作簿、工作表和单元格

(1) 工作簿。一个 Excel 文档就是一个工作簿,其扩展名为.xlsx。工作簿有多种类型,包括 Excel 工作簿(* .xlsx)、Excel 启用宏的工作簿(* .xlsm)、Excel 二进制工作簿(* .xlsb)、Excel 97 - 2003 工作簿(* .xls)等类型。其中 * .xlsx 是 Excel 2016 默认的保存类型。

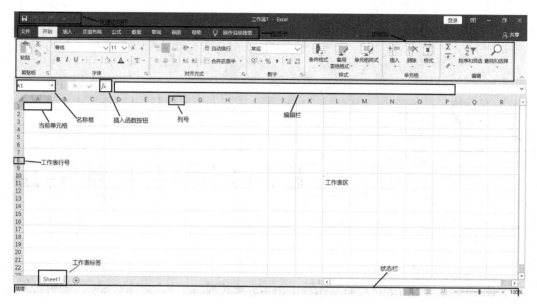

图 2.1　Excel 2016 窗口界面

（2）工作表。默认情况下每个工作簿中包括名称为 Sheet1 的工作表，可改名。工作表可根据需要增加或减少，工作表可容纳的最大工作表数目与可用内存有关。工作表是 Excel 窗口的主体，由行和列组成，每张工作表包含 1048576 行和 16384 列，工作表由工作表标签来标识。单击工作表标签按钮可以实现不同工作表之间的切换。

（3）单元格。工作表中行和列相交形成的框称为单元格，它是组成工作表的最小单位，每个单元格用其所在的列标和行号标识。列标是字母，行号是数字，字母在前，数字在后。例如，A3 单元格位于工作表第一列第三行的单元格。用户单击某单元格时，在名称框中会出现该单元格的名称，如图 2.2 所示。单元格中可以输入文本、数值、公式等。

图 2.2　单元格名称和当前单元格

（4）当前单元格。用鼠标单击一个单元格，该单元格就是当前（选定）单元格。此时单元格的框线变成粗线。

4. 退出 Excel

（1）单击窗口右上方 Excel 窗口的关闭按钮。

（2）选择 Excel 窗口中的文件选项卡下的关闭命令。

（3）按下快捷键 Alt＋F4。

5. 建立工作簿

（1）在"文件"选项卡下，选择"新建"选项，在右侧双击"空白工作簿"按钮，就可以成功创建一个空白文档。

（2）单击快速访问工具栏中的"新建"按钮。

6. 保存工作簿

（1）使用文件菜单中的保存命令。

（2）单击快速访问工具栏中的保存按钮。

（3）按下快捷键 Ctrl+S。

（4）换名保存。使用"文件"选项卡中的"另存为"命令，在右侧选择"另存为"位置进行保存操作。

7. 数据的输入

（1）输入文本数据。选定单元格，直接由键盘输入，完成后按回车键或单击编辑栏中输入按钮。默认情况下，输入到单元格中的文本数据是左对齐的。在输入由数字组成的文本时，以英文状态的单引号"'"作为前导开始输入数字。或者以等号作为前导并将数据用双引号括起，系统会将输入的内容自动识别为文本数据，并以文本形式在单元格中保存和显示。例如键入'01087365288，或者键入="01087365288"，则 01087365288 是文本数据（注意，此处标点符号都是英文状态的）。

（2）输入数值数据。数值数据的输入与文本数据输入类似，但数值数据的默认对齐方式是右对齐。在一般情况下，如果输入的数据长度超过了 11 位，则以科学计数法（例如 1.23456E+14）显示数据。

（3）输入日期和时间。日期和时间也是数据，具有特定格式。输入日期时，可用"/"或"－"分隔年、月、日部分，如 2014－9－18；输入时间时，可用"："分隔时、分、秒部分，如 11：23：30（注意，此处标点符号都为英文状态下的）。Excel 将把它们识别为日期或时间型数据。

（4）填充输入。对重复或有规律变化的数据的输入，可用数据的填充来实现。在单元格或区域右下角有一个小方块称为填充柄，双击或拖动它可以自动填充数据，例如星期、月份、季度、等差数据等。

8. 数据编辑

（1）修改单元格内容。双击单元格，在单元格中直接输入新的内容；或单击单元格，输入内容，以新内容取代原有内容。

（2）插入单元格、行或列。选择插入位置，在"开始"选项卡的"单元格"组中单击"插入"下拉箭头，选择需要的插入方式，然后单击"确定"按钮。

（3）删除单元格、行或列。选定要删除的单元格或行或列，在"开始"选项卡的"单元格"组中单击"删除"下拉箭头，选择需要删除单元格、行或列。

（4）清除单元格数据。选定要清除的单元格区域，在"开始"选项卡的"编辑"组中，单击"清除"下拉按钮，有 6 个选项可供选择，分别为"全部清除"、"清除格式"、"清除内容"、"清除批注"、"清除超链接（不含格式）"和"删除超链接（含格式）"。全部清除：清除单元格中的格式、数据内容和批注。清除格式：只清除所选单元格中的格式。清除内容：只清除所选单元格中的数据内容。清除批注：只清除所选单元格中的批注。清除超链接（不含格式）：只清除所选单元格中的超链接，不清除格式。删除超链接（含格式）：删除所选单元格中的超链接及格式。

（5）复制和移动单元格。选择需要移动的单元格，并将鼠标置于单元格的边缘上，当光标变成四向箭头形状时，拖动鼠标即可。复制单元格时，将鼠标置于单元格的边缘上，当光标变成四向箭头形状时，按住 Ctrl 键拖动鼠标即可。也可利用"开始"选项卡"剪贴板"组的

"剪切"或"复制"以及"粘贴"按钮完成。

（6）单元格与区域的选择：

① 单元格选取。单击要选择的单元格即可。

② 连续的单元格区域。首先选择需要选择的单元格区域中的第一个单元格，然后拖动鼠标即可，或按住 Shift 键，再单击要选区域右下角单元格。此时，该区域的背景色将以蓝色显示。

③ 不连续的单元格区域。首先选择第一个单元格，然后按住 Ctrl 键逐一选择其他单元格即可。

④ 选择整行。将鼠标置于需要选择行的行号上，当光标变成向右的箭头时，单击即可。另外，选择一行后，按住 Ctrl 键再选择其他行号，即可选择不连续的整行。

⑤ 选择整列。与选择行的方法大同小异，也是将鼠标置于需要选择的列的列标上，单击即可。

⑥ 选择整个工作表。直接单击工作表左上角行号与列标相交处的"全部选定"按钮即可，或者按住 Ctrl＋A 组合键选择整个工作表。

9. 工作表的基本操作

（1）选定工作表。

① 选定多个相邻的工作表。单击这几个工作表中的第一个工作表标签，然后按 Shift 键并单击工作表中的最后一个工作表标签。

② 选定多个不相邻的工作表。按住 Ctrl 键并单击每一个要选定的工作表标签。

（2）插入工作表。在"开始"选项卡的"单元格"组中单击"插入"按钮的下拉箭头，并选择"插入工作表"命令。或选中工作表标签，右键单击，在弹出的快捷菜单中选择"插入…"选择"工作表"。

（3）删除工作表。选中要删除的工作表，在"开始"选项卡的"单元格"组中单击"删除"按钮的下拉箭头，并选择"删除工作表"命令。或选中工作表标签，右键单击，在弹出的快捷菜单中选择"删除"命令。

（4）重命名工作表。鼠标右键单击要重命名的工作表标签，在弹出的快捷菜单中选择"重命名"命令。或者双击工作表标签，输入新的名字后，按 Enter 键即可。

（5）移动和复制工作表。

① 在同一个工作簿移动（或复制）工作表。拖动（或按住 Ctrl 键拖动）工作表标签至合适的位置后放开即可。

② 在不同工作簿移动（或复制）工作表。打开源工作簿和目标工作簿，单击源工作簿中要移动（或要复制）的工作表标签，使之成为当前工作表；在"开始"选项卡的"单元格"组中，单击"格式"下拉按钮，在"组织工作表"项中选择"移动或复制工作表"命令，弹出的"移动或复制工作表"对话框，在对话框的"工作簿"栏中选中目标工作簿，在"下列选定工作表之前"栏中选定在目标工作簿中插入的位置。

10. 设置单元格格式

选定要格式化的单元格或单元格区域，选择"开始"选项卡的"对齐方式"组中的"对齐设置"，在弹出的对话框中可对单元格内容的数字格式（如图 2.3）、对齐方式（如图 2.4）、字体（如图 2.5）、单元格边框（如图 2.6）、填充（如图 2.7）以及保护方式等格式进行设置。

图 2.3 设置单元格格式-数字格式

图 2.4　设置单元格格式-单元格对齐方式

图 2.5　设置单元格格式-单元格字体

图 2.6　设置单元格格式-单元格边框

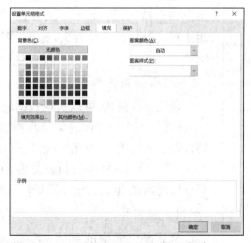

图 2.7　设置单元格格式-单元格填充

11. 设置列宽和行高

（1）行高和列宽的精确调整。选中需要调整的行或列，在"开始"选项卡的"单元格"组中单击"格式"下拉箭头,选择相应的选项,如图2.8所示。

（2）行高和列宽的鼠标调整。鼠标指向要调整的行高（或列宽）的行标（或列标）的分隔线上,这时鼠标指针会变成一个双向箭头的形状,拖曳分割线至适当的位置即可。

（3）行高和列宽的自动调整。选定要调整的行,将鼠标移到要调整的行标号左下界,当鼠标指针呈一个双向箭头的形状时,双击即可;或者在"开始"选项卡的"单元格"组中单击"格式"下拉箭头,选择"自动调整行高"。列宽的自动调整类似。

图 2.8　行高列宽的设置

图 2.9　行列的隐藏和取消

图 2.10　设置条件格式

12. 行列的隐藏和取消

选定要隐藏的行（或列）,单击鼠标右键,在弹出的快捷菜单中选择"隐藏"命令。或者在"开始"选项卡的"单元格"组中单击"格式"下拉箭头,选择"隐藏和取消隐藏",如图2.9所示。

13. 设置条件格式

使用条件格式,可以实现数据的突出显示,并且可以使用"数据条"、"色阶"和"图表集"3种内置的单元格图形效果样式。要设置条件格式,可以在"开始"选项卡的"样式"组中,单击"条件格式"下拉列表框中的相应按钮,有突出显示单元格规则、项目选取规则、数据条、色阶、图表集等项,如图2.10所示。

14. 使用样式

样式是单元格的字体、字号、边框等属性特征的组合。这些属性特征的组合可以被保存下来,提供给用户使用。可以在"开始"选项卡的"样式"组中,单击"单元格样式"下拉按钮,如图2.11所示。

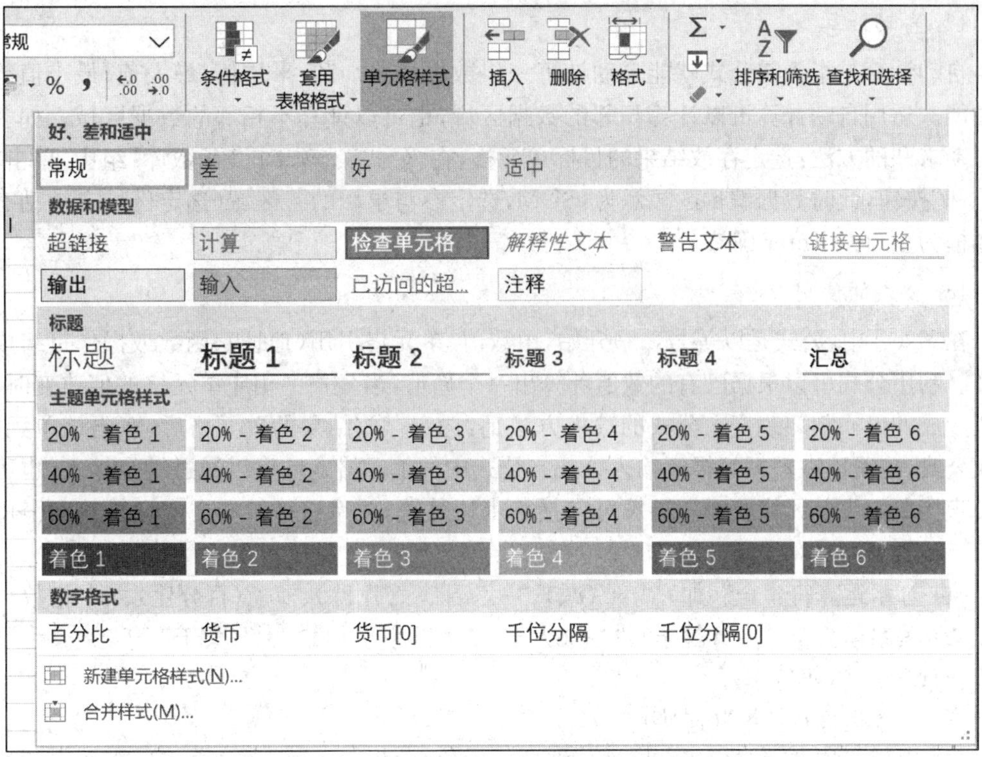

图 2.11　单元格样式

15. 自动套用格式

Excel 套用表格格式功能提供了 60 种表格格式,使用它可以快速对表格进行格式化操作。套用表格格式的步骤如下:选中需格式化的单元格,在"开始"选项卡的"样式"组中,单击"套用表格格式"下拉列表框中的相应按钮,打开"套用表格式"对话框,选择"表数据的来源",根据实际情况确定是否勾选"表包含标题"复选框,单击"确定"按钮。如图 2.12 所示。

16. 使用模板

模板是含有特定格式的工作簿。在"文件"选项卡下,选择"新建"选项,在右侧双击选择所需的模板按钮,就可以成功用模板建立新工作簿。

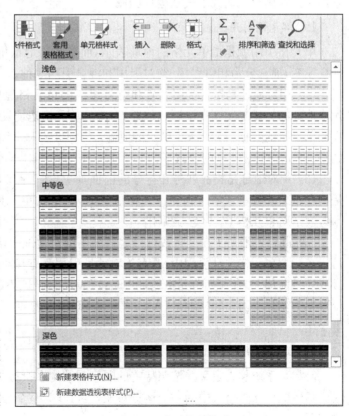

图 2.12　自动套用格式

17. 自动计算

自动计算是指无需公式就能自动计算一组数据的累加和、平均值、最大值、最小值等数据功能。运用自动计算可以计算相邻的数据区域，也可以计算不相邻的数据区域。如多区域自动求和的方法：选定存放结果的目标单元格，在"公式"选项卡的"函数库"组中，单击"自动求和"按钮，此时数据编辑区显示为：SUM，选定参与求和的各区域（选定区域会被动态的虚线框为主），按 Enter 确认。

18. 公式的使用

在 Excel 中，公式是以等号（＝）开始，由数值、单元格引用（地址）、函数或操作符组成的序列。利用公式可以根据已有的数值计算出一个新值，当公式中相应单元格的值改变时，由公式生成的值亦随之改变。公式的输入方法是：选定存放结果的单元格后，双击该单元格，输入公式，也可以在数据编辑区输入公式。公式中的单元格地址可以通过键盘输入，也可以通过直接单击该单元格获得。运算符包括算术运算符、关系运算符和文本运算符和引用运算符 4 种类型。

（1）算术运算符："＋"（加）、"－"（减）、" ＊ "（乘）、"/"（除）、"％"（百分比）、"^"（指数）。

（2）关系运算符："＝"（等于）、"＞"（大于）、"＜"（小于）、"＞＝"（大于等于）、"＜＝"（小于等于）、"＜＞"（不等于）。

（3）文本运算符："&"（连接）。

（4）引用运算符："："（冒号，区域运算符）、空格（交集运算符）、","（逗号，联合运算符），它们通常在函数表达式中表示运算区域。

19. 单元格引用

单元格引用就是指单元格的地址表示，而单元格地址根据它被复制到其他单元格时是否会改变，通常分为相对引用、绝对引用和混合引用 3 种。

（1）相对地址是指直接用列号和行号组成的单元格地址，相对引用是指把一个含有单元格地址的公式复制到一个新的位置，对应的单元格地址发生变化，即引用单元格的公式而不是单元格的数据。如在 G3 单元格中输入"＝B3＋C3＋D3＋E3＋F3"，将 G3 单元格复制到 G4 单元格后，G4 中的公式变为"＝B4＋C4＋D4＋E4＋F4"。

（2）绝对地址是指在列号和行号的前面加上" ＄ "字符而构成的单元格地址，绝对引用是指在把公式复制或填入到新单元格位置时，其中的单元格地址与数据保持不变。如 ＄B ＄2，表示对单元格 B2 的绝对引用。

（3）混合地址是指列号或行号之一采用绝对地址表示的单元格地址。混合地址引用是指在一个单元格地址引用中，既有绝对地址引用又有相对地址引用，是在单元格地址的行号或列号前加上" ＄ "，如单元格地址" ＄A1"表示"列号"不发生变化，而"行"随着新的复制位置发生变化。而单元格地址"A ＄1"表示"行号"不发生变化，而"列"随着新的复制位置发生变化。

20. 函数的使用

函数是系统预先定义并按照特定的顺序和结构来执行或分析数据处理等任务的功能模块。函数既可作为公式中的一个运算对象，也可作为整个公式来使用。Excel 函数的一般形式如下：

函数名(参数 1,参数 2,……)

其中:函数名指明要执行的运算,参数指定使用该函数所需的数据。参数可以是常量、单元格、区域、区域名、公式或其他函数。

(1) 函数输入

① 直接输入法。直接在单元格中输入公式,如:=MAX(A3:A5)。

② 插入函数法。在"公式"功能区的"函数库"分组中,单击"插入函数"按钮,弹出"插入函数"对话框,选择所需的函数即可,如图 2.13、图 2.14 所示。

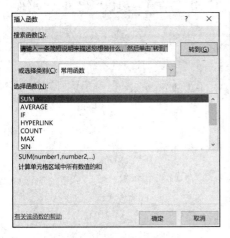

图 2.13　选择函数

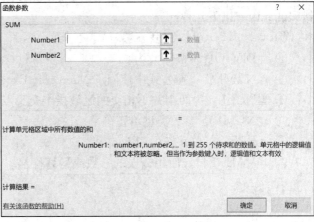

图 2.14　选择数据区域

(2) 常用函数介绍

① SUM(number1,number2,……),求指定参数所表示的一组数值之和。

② AVERAGE(number1,number2,……),求指定参数所表示的一组数值的平均值。该函数只对参数的数值求平均数,如区域引用中包含了非数值的数据,则 AVERAGE 不把它包含在内。

③ IF(logical_test,value_if_true,value_if_false),根据 logical_test 的逻辑计算的真假值,返回不同结果,为"真"执行 value_if_true 操作,为"假"执行 value_if_false 操作。IF 函数可嵌套 7 层,用 value_if_true 及 value_if_false 参数可以构造复杂的检测条件。

④ SUMIF(range,criteria,sum_range),对符合指定条件的单元格区域内的数值进行求和,其中:range 表示的是条件判断的单元格区域,criteria 表示的是指定条件表达式,sum_range表示的是需要计算的数值所在的单元格区域。

⑤ COUNT(value1,value2,……),计算参数列表中数字的个数。

⑥ COUNTIF(range,criteria),对区域中满足指定条件的单元格进行计数。其中:range 表示需要计算满足条件的单元格区域,criteria 表示计数的条件。

⑦ ROUND(number,num_digits),将某个数字四舍五入为指定的位数。其中:number 为将要进行四舍五入的数字,num_digits 是得到数字的小数点后的位数。需要说明的是,如果 num_digits>0,则舍入到指定的小数位。例如,公式:=ROUND(3.1415926,2),其值为 3.14,如果 num_digits=0,则舍入到整数;公式:=ROUND(3.1415926,0),其值为 3,如果 num_digits<0,则在小数点左侧(整数部分)进行舍入;公式:=ROUND(759.7852,−4),其

值为 800。

⑧ MAX(number1,number2,……)，用于求参数列表中对应数字的最大值。

⑨ MIN(number1,number2,……)，用于求参数列表中对应数字的最小值。

⑩ MID(text,start_num,num_chars)，返回文本字符串中从指定位置开始的特定数目的字符，该数目由用户指定。例如，MID(A2,7,20) 得到 A2 单元格字符串中的 20 个字符，从第 7 个字符开始。

（3）关于错误信息

在单元格中输入或编辑公式后，有时会出现错误信息。错误信息一般以"♯"开头，出现错误的原因有以下几种：

① ♯♯♯♯♯　宽度不够，显示不全。

② ♯DIV/O!　　被除数为 0。

③ ♯NAME?　　在公式中使用了 Microsoft Excel 不能识别的文本。

④ ♯NULL　　为两个并不相交的区域指定交叉点。

⑤ ♯NUM!　　参数类型不正确。

⑥ ♯REF!　　单元格引用无效。

⑦ ♯VALUE!　　使用错误的参数或运算符。

21. 图表

（1）创建图表

选定要绘图的单元格区域，在"插入"选项卡的"图表"组中，单击"查看所有图表"选项，弹出"插入图表"对话框，在"所有图表"标签下，选择所需图表类型，单击确定键。分别在"图表工具"的"设计"、"格式"选项卡对图表属性进行设置，以确定图表标题、图例、数据表等。

（2）编辑和修改图表

图表创建完成之后，如果对工作表进行了修改，图表的信息也会随着变化。

① 修改图表类型。

单击已建立好的图表区域，切换到"图表工具"的"设计"选项卡，单击"类型"组中的"更改图表类型"按钮，弹出对话框"更改图标类型"，选择"所有图标"标签，单击左侧窗口内的图表类型的选项，选定右侧窗口内该类型的的子类型后，点击"确定"，工作表中的图表类型就改变了。

② 修改图表源数据。

单击图表绘图区，切换到"图表工具"的"设计"选项卡，单击"数据"组中的"选择数据"按钮，弹出对话框"选择数据源"，单击"图表数据区域"右侧的单元格引用按钮 ⬆ 选择新的数据源区域，然后再单击单元格引用按钮 ⬇ ，返回到"选择数据源"对话框，此时在"图表数据区域"文本对话框中已经引用了新的数据源的地址，单击"确定"。若要删除工作表和图表中的数据，只要删除工作表中的数据，图表将自动删除。如果只要从图表中删除数据，则在图表上单击所要删除的图表系列，按 Delete 键即可。

③ 修改图表标题、坐标轴标题、图例、数据标签等。

选择图表区域，利用"图表工具"的"设计"选项卡，单击"图标布局"组的"添加图表元素"按钮，通过"图表标题"、"坐标轴标题"、"图例"、"数据标签"等选项，作对应设置，如图 2.15 所示。

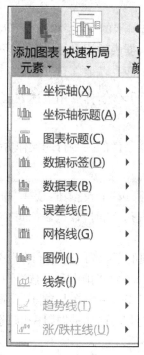

图 2.15　图表工具图表布局功能

图 2.16　设置图表区格式

（3）修饰图表

选择图表区域，单击鼠标右键，在弹出的快捷菜单中选择"设置图表区域格式"命令，打开相应对话框，进行图表填充与线条、效果、大小与属性等设置，如图 2.16 所示。

22. 数据排序

（1）用"排序"菜单命令排序

选择工作表数据区任一单元格。在"数据"选项卡的"排序和筛选"分组，单击"排序"按钮，弹出"排序"对话框。在"主关键字"栏中选择第一排序的列名，并在其后选择排序次序（升序或降序）。点击"添加条件"，在"次要关键字"栏中选择第二排序的列名，并在其后选择排序次序（升序或降序），勾选"数据包含标题"，点击"确定"。如图 2.17 所示。

图 2.17　排序对话框

（2）利用工具栏升序按钮和降序按钮排序

单击某字段名,该字段为排序关键字。在"数据"选项卡的"排序和筛选"分组中有两个排序工具按钮,"升序"和"降序"。单击排序工具按钮,数据表的记录按指定顺序排列。

（3）对某区域排序

若只对数据表的部分记录进行排序,则先选定排序的区域,然后用上述方法进行排序。

23. 数据筛选

数据筛选是指从工作表包含的众多行中挑选出符合条件的一些行的操作方法。

（1）自动筛选

① 在"开始"选项卡的"编辑"分组中,单击"排序和筛选"下拉按钮,选择"筛选"选项;或者在"数据"选项卡的"排序和筛选"分组,单击"筛选"按钮。此时,数据表的每个字段名旁边出现下拉按钮,单击下拉按钮,将出现下拉列表框。

② 单击与筛选条件有关的字段的下拉按钮,在出现的下拉列表中进行条件选择。

③ 如要取消筛选,在"开始"选项卡的"编辑"分组中,单击"排序和筛选"下拉按钮,选择"清除"选项即可取消筛选;或在"开始"选项卡的"编辑"分组中,单击"排序和筛选"下拉按钮,选择"筛选"选项同样可以取消筛选。另外,利用"数据"功能区的"排序和筛选"分组也可以实现相同的功能。

24. 数据分类汇总

分类汇总是对数据内容进行分析的一种方法。分类汇总只能应用于数据清单,且数据清单的第一行必须要有列标题。在进行分类汇总前,必须根据分类汇总的数据类对数据清单进行排序。

（1）创建分类汇总

选择数据区域中的任意单元格,在"数据"选项卡的"分级显示"分组中,单击"分类汇总"命令,在弹出的"分类汇总"对话框中设置各种选项即可。如图 2.18 所示。

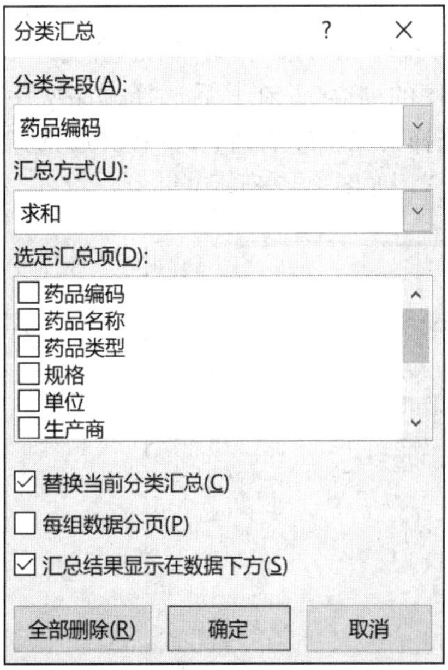

图 2.18　分类汇总对话框

该对话框中主要包含下列几种选项:

① 分类字段。用来设置分类汇总的字段依据,包含数据区域中的所有字段。

② 汇总方式。用来设置汇总函数,包含求和、平均值、最大值等 11 种函数。

③ 选定汇总项。设置汇总数据列。

④ 替换当前分类汇总。表示在进行多次汇总操作时,选中该复选框可以清除前一次的汇总结果,按照本次分类要求进行汇总显示。

⑤ 每组数据分页。选中该复选框,表示打印工作表时,将每一类分别打印。

⑥ 汇总结果显示在数据下方。选中该复选框,可以将分类汇总结果显示在本类最后一行(系统默认是放在本类的第一行)。

（2）删除分类汇总

如果要删除已经创建的分类汇总，可以通过执行"分类汇总"对话框中的"全部删除"命令来清除工作表中的分类汇总。

（3）隐藏分类汇总数据

在显示分类汇总结果的同时，分类汇总表的左侧会自动显示分级显示按钮，使用分级显示按钮可以显示或隐藏分类数据。单击工作表左边列表数的"－"号可以隐藏分类数据，此时"－"号变成"＋"号，单击"＋"号，即将隐藏的数据记录信息显示出来。

25. 数据透视表

（1）创建数据透视表

选择需要创建数据透视表的工作表数据区域，该数据区域要包含列标题。执行"插入"选项卡"表格"分组，选择"数据透视表"命令，即弹出"创建数据透视表"对话框，如图2.19所示。对话框主要包含以下选项：

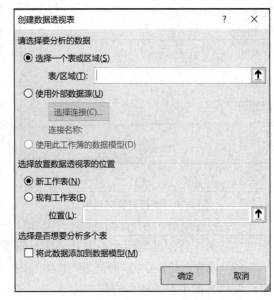

图 2.19　创建数据透视表对话框

① 选择一个表或区域。选中该选项，表示可以在当前工作簿中创建数据透视表的数据。

② 使用外部数据。选中该选项后单击"选择连接"按钮，在弹出"现有链接"对话框中选择要链接的外部数据即可。

③ 新工作表。选中该选项，表示可以将创建的数据透视表显示在新的工作表中。

④ 现有工作表。选中该选项，表示可以将创建的数据透视表显示在当前工作表指定位置中。

⑤ 在对话框单击"确定"，即可在工作表中插入数据透视表，并在窗口右侧自动弹出"数据透视表字段列表"任务窗格，在"选择要添加到报表的字段"列表框中选择需要添加的字段即可。

（2）编辑数据透视表

创建数据透视表之后，为了适应分析数据，需要编辑数据透视表。其编辑内容主要包括更改数据的计算类型，筛选数据等。

① 更改数据计算类型

在"数据透视表"字段列表任务窗格中的"数值"列表框中，单击数值类型选择"值字段设置"选项，在弹出的"值字段设置"对话框中的"计算类型"列表框中选择需要的计算类型即可。

② 设置数据透视表样式

Excel 2016 为用户提供了浅色、中等色、深色 3 种类型共 65 种表格样式选择。在"设计"选项卡的"数据透视表样式"分组中选择一种样式即可。

③ 筛选数据

选择数据透视表，在"数据透视表"字段列表任务窗格中，将需要筛选数据的字段名称拖动到"报表筛选"列表框中。此时，在数据透视表上方将显示筛选列标，用户可单击"筛选"按

图 2.20　页面设置对话框

钮对数据进行筛选。

此外,用户还可以在"行标签"、"列标签"或"数值"列表框中单击需要筛选的字段名称后面的下三角按钮,在下拉列表中选择"移动到报表筛选"选项,也可以将该字段设置为可筛选的字段。

26.工作表的页面设置

在打印工作表之前,应正确设置页面格式,这些设置可以通过"页面设置"对话框完成。在"页面布局"选项卡的"页面设置"分组中单击"页面设置"右侧下三角对话框启动器按钮,打开如图 2.20 所示的"页面设置"对话框。

（1）设置页面。在"页面"选项卡内,可以选择横向或纵向打印,缩小或放大工作簿,或强制它适合于特定的页面大小以及启始页码等。

（2）设置页边距。在"页边距"选项卡内,设置工作表上、下、左、右 4 个边界的大小,还可设置水平居中方式和垂直居中方式。

（3）设置页眉页脚。在"页眉页脚"选项卡内,可设置页眉和页脚,还可以通过任意勾选其中的复选框对页眉页脚的显示格式进行设置。

（4）设置工作表。在"工作表"选项卡内,可以对打印区域、打印标题、打印效果及打印顺序进行设置。

27.工作表和工作簿的保护

保护工作表。用户可通过执行"审阅"选项卡的"更改"分组中,选择"保护工作表"命令,在弹出的"保护工作表"对话框中选中所需保护的选项,并输入保护密码。

保护工作簿。通过为文件添加保护密码的方法,来保护工作簿文件。用户只需执行"文件"选项卡的"另存为"命令,在弹出的"另存为"对话框中单击"工具"下拉按钮,选择"常规选项",并输入打开权限与修改权限密码。

实验二　Excel 基本操作案例

一、实验目的

1.掌握工作表的基本操作及工作表中数据的格式化操作。

2.掌握公式和函数的计算。

3.掌握数据的排序、筛选、分类汇总,数据透视表的建立与操作。

4.掌握图表的制作方法。

二、实验内容与步骤

打开素材文件夹中的"药品库存.xlsx"文件,按要求做如下操作。

（1）在"药品库存"工作表中，在 A1 单元格输入表格标题"某医院药品表"，标题在 A1：I1 区域居中显示。

【操作步骤】

在"药品库存"工作表中，选中的第一行，【开始】选项卡→【单元格】功能组→【插入】→【插入工作表行】，如图 2.21 所示，结果如图 2.22 所示。也可以右键单击行号，在弹出菜单中单击【插入】选项完成行的插入。列的插入操作与行操作类似。如需要删除行或列，则先选定待删除的行或列，单击【开始】选项卡→【单元格】→【删除】按钮，选择【删除工作表行】命令即可，也可以使用右键菜单进行删除。

图 2.21 插入工作表行

图 2.22 插入工作表行的结果

选中 A1 单元格，在 A1 单元格中输入"某医院药品表"。选中 A1:I1 区域，单击右键，在弹出的快捷菜单中选择【设置单元格格式】，如图 2.23 所示。弹出【设置单元格格式】对话框，选择【对齐】标签，设置【水平对齐】方式为"跨列居中"，单击【确定】，如图 2.24 所示。也可将【水平对齐】方式设置为"居中"，同时勾选【文本控制】中的【合并单元格】。

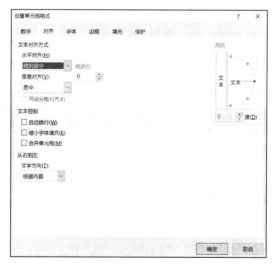

图 2.23　设置单元格格式

图 2.24　设置对齐方式

（2）设置标题字体格式为华文仿宋、20 号、加粗、紫色，设置标题行行高为 30。

【操作步骤】

选中 A1 单元格，单击右键，在弹出的快捷菜单中选择【设置单元格格式】，弹出【设置单元格格式】对话框，选择【字体】标签，设置字体为华文仿宋，字号为 20，字型为加粗，颜色为紫色，如图 2.25 所示。

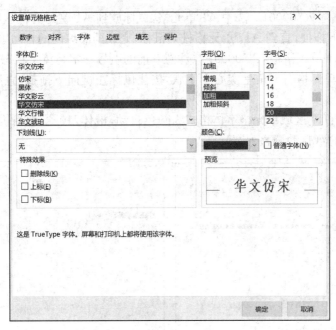

图 2.25　设置单元格格式-字体

选中标题行，单击右键，在弹出的快捷菜单中选择【行高】，设置行高为 30，如图 2.26、图 2.27 所示。设置行高也可以通过【开始】选项卡→【单元格】功能组→【格式】→【行高】进行设置。如设置列宽可以选中某列，单击右键，选择【列宽】进行列宽设置，或者通过【开始】选项卡→【单元格】功能组→【格式】→【列宽】进行设置。

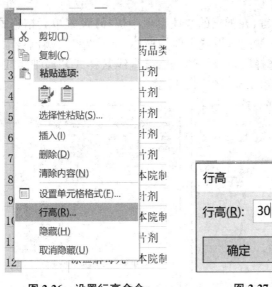

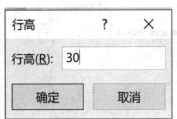

图 2.26　设置行高命令　　　　图 2.27　行高设置

（3）使用 Excel 的自动填充功能添加药品编码，从 00001 开始，前置 0 要保留。

【操作步骤】

方法一：选中 A3：A17 区域，单击右键，在弹出的快捷菜单中选择【设置单元格格式】，弹出【设置单元格格式】对话框，选择【数字】标签，选中【文本】，如图 2.28 所示。

在 A1 单元格输入"00001"，选中 A1 单元格，鼠标放到 A1 单元格右下角呈实心十字状，按住鼠标左键向下拖拽，直到 A17 单元格松开鼠标，完成药品编码的自动填充。

方法二：在 A1 单元格输入"'00001"（注意 0 前的引号一定是英文状态）。选中 A1 单元格，鼠标放到 A1 单元格右下角呈实心十字状，按住鼠标左键向下拖拽，直到 A17 单元格松开鼠标。

（4）设置 A2:I17 区域单元格字体格式为颜色自动，楷体，10 号，水平居中对齐，细田字边框线，适合的列宽（自动调整列宽）。

图 2.28　设置单元格格式（数字）

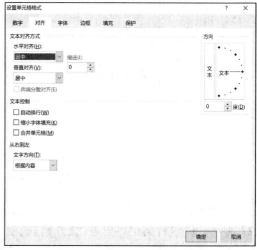

图 2.29　设置单元格格式（对齐）

【操作步骤】

选中 A2:I17 区域，单击右键，在弹出的快捷菜单中选择【设置单元格格式】，弹出【设置单元格格式】对话框，选择【字体】标签，设置字体为楷体、字号为 10、颜色自动。选择【对齐】标签，设置【水平对齐】居中。选择【边框】标签，设置【直线】【样式】"最细实线"，【预置】选中【外边框】和【内部】，如图 2.29、图 2.30、图 2.31 所示。

图 2.30　设置单元格格式（字体）

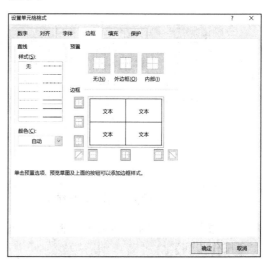

图 2.31　设置单元格格式（边框）

选中 A1：I1 区域所有列（选中 A 列，按住 Shift 键同时选择 I 列），单击【开始】选项卡→【单元格】功能组→【格式】→【自动调整列宽】，如图 2.32 所示。

（5）设置"单价"、"库存金额"区域单元格为货币格式，货币格式为"￥"，保留 2 位小数。使用公式求出各药品的库存金额（库存金额＝单价＊库存量），并填入相应单元格中。在 A18 单元格输入"合计"，A19 单元格输入"平均"，使用函数求出所有药品库存金额的合计及平均值，分别填入 I18 单元格及 I19 单元格。

【操作步骤】

选中 G3：G17 区域，按住 Ctrl 键的同时，选中 I3：I17 区域单击右键，在弹出的快捷菜单中选择【设置单元格格式】，弹出【设置单元格格式】对话框，选择【数字】标签，选中【货币】。设置小数位数 2，设置货币符号"￥"，单击【确定】（如出现"＃＃＃＃＃＃"可以手动调整列宽），如图 2.33 所示。

图 2.32　自动调整列宽命令

图 2.33　设置单元格格式（数字）

在 I3 单元格输入"＝G3＊H3"，按回车确认。其余单元格中的公式可以利用"填充柄"复制 I3 单元格中的公式。单击 I3 单元格，鼠标移至 I3 单元格的右下角，当鼠标指针由空心

"十"字变为实心"十"字时，按住左键拖动鼠标至 I17 单元格，松开左键，完成单元格填充。

选中 A18 单元格，输入"合计"，选中 A19 单元格，输入"平均"，选中 I18 单元格，输入"＝"。编辑栏左边的名称框变成函数框，在函数框中选择"SUM"，弹出"函数参数"对话框。在对话框中删除"Number1"框原有的数据，然后选择单元格区域 I3:I17，如图 2.34 所示。

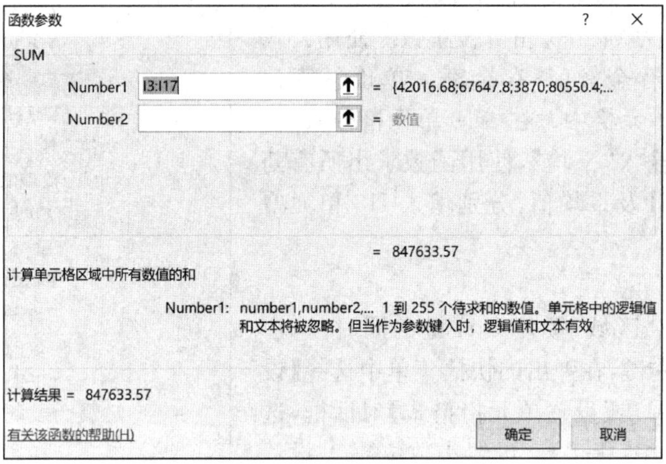

图 2.34 函数参数对话框

选中 I19 单元格，输入"＝"，编辑栏左边的名称框变成函数框，在函数框中选择"AVERAGE"，弹出"函数参数"对话框。在对话框中删除"Number1"框原有的数据，然后选择单元格区域 I3:I17，如图 2.35 所示。

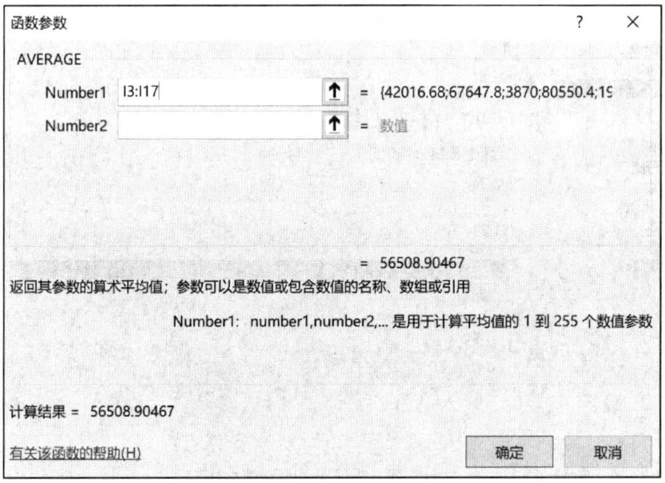

图 2.35 函数参数对话框

（6）把"单价"＞100 的单元格处添批注，内容为"贵重药品"。

【操作步骤】

选中 G5 单元格，单击右键，在弹出的快捷菜单中选择【插入批注】。输入批注内容"贵重药品"，如图 2.36 所示。用相同的方法对 G15 单元格设置批注。

（7）把"单价"大于或等于 100 的单元格用红色加粗显示，小于 10 的单元格用绿色、倾斜表示。

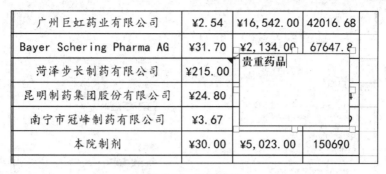

广州巨虹药业有限公司	¥2.54	¥16,542.00	42016.68
Bayer Schering Pharma AG	¥31.70	¥2,134.00	67647.8
菏泽步长制药有限公司	¥215.00	贵重药品	
昆明制药集团股份有限公司	¥24.80		
南宁市冠峰制药有限公司	¥3.67		
本院制剂	¥30.00	¥5,023.00	150690

图 2.36　插入批注

【操作步骤】

选中 G3：H17 区域，单击【开始】选项卡→【样式】功能组→【条件格式】→【突出显示单元格规则】→【其他规则】，打开【新建格式规则】对话框。【编辑规则说明】设置单元格值大于或等于 100，如图 2.37 所示。点击【格式】，弹出【设置单元格格式】对话框，设置字型加粗，颜色红色。如图 2.38 所示。单击【确定】，返回【新建格式规则】对话框，单击【确定】。用类似的方法设置小于 10 的单元格的格式。

（8）在 F20 单元格，输入"最高药品单价"。在 G20 单元格中，使用 MAX 函数求出最高药品单价。在 F21 单元格，输入"单价大于 100 元的药品个数"。在 G21 单元格，利用函数统计单价大于 100 元的药品个数。在 C20：C23 单元格，分别输入"片剂药品数""针剂药品数""本院制剂药品数""胶囊剂药品数"。在 D20：D23 单元格，利用函数统计出每种药品类型的药品个数。

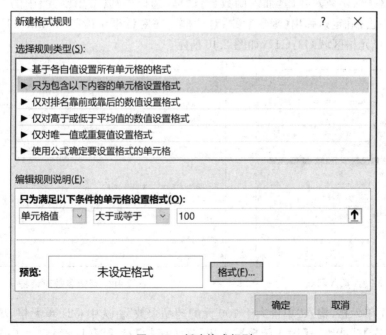

图 2.37　新建格式规则

【操作步骤】

选中 F20 单元格，输入"最高药品单价"，选中 G20 单元格，单击【公式】选项卡→【函数

图 2.38　设置单元格格式(字体)

库】功能组→【插入函数】，弹出【插入函数】对话框，选择类别【常用函数】中的"MAX"，如图
2.39 所示。单击【确定】，弹出【函数参数】对话框。在对话框中删除"Number1"框原有的数
据，然后选择单元格区域 G3：G17，如图 2.40 所示。

图 2.39　插入函数

图 2.40　函数参数对话框

选中 F21 单元格，输入"单价大于 100 元的药品个数"。选中 G21 单元格，单击【公式】选
项卡→【函数库】功能组→【插入函数】，弹出【插入函数】对话框，搜索函数" COUNTIF"，如
图 2.41 所示。单击【转到】，弹出【插入函数】对话框，选择"COUNTIF"函数，单击【确定】，如
图 2.42 所示。弹出【函数参数】对话框，在"Range"框选择单元格区域 G3：G17，在"Criteria"
框输入">100"，如图 2.43 所示。

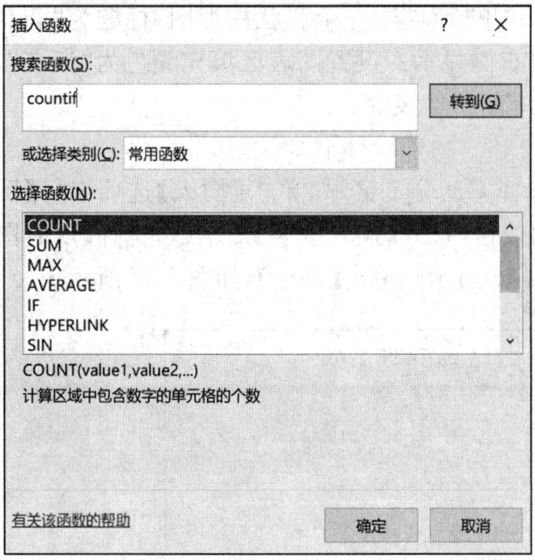

图 2.41　插入函数 　　　　　　　　图 2.42　插入函数

　　依次选中 C20：C23 单元格，分别输入"片剂药品数""针剂药品数""本院制剂药品数""胶囊剂药品数"。选中 D20 单元格，单击【公式】选项卡→【函数库】功能组→【插入函数】，弹出【插入函数】对话框。选择类别【常用函数】中的"COUNTIF"，如图 2.44 所示。单击【确定】。弹出【函数参数】对话框。在"Range"框选择单元格区域 C3：C17。在"Criteria"框输入"片剂"，如图2.45所示。用类似的方法

图 2.43　函数参数对话框

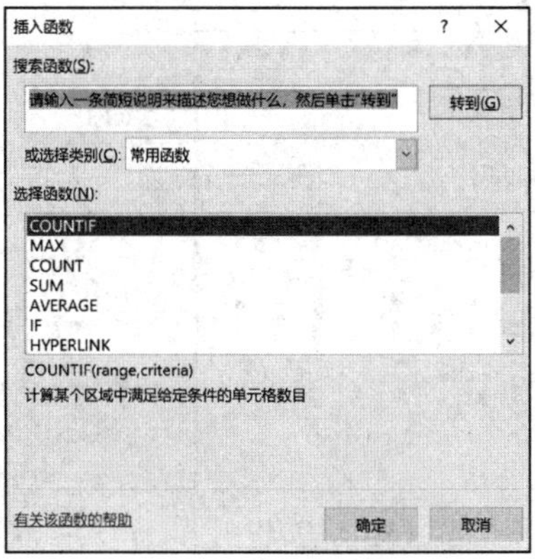

计算其余药品类型的药品个数。通过鼠标适当调整列宽，使得输入的文字全部显示出来。

图 2.44　插入函数 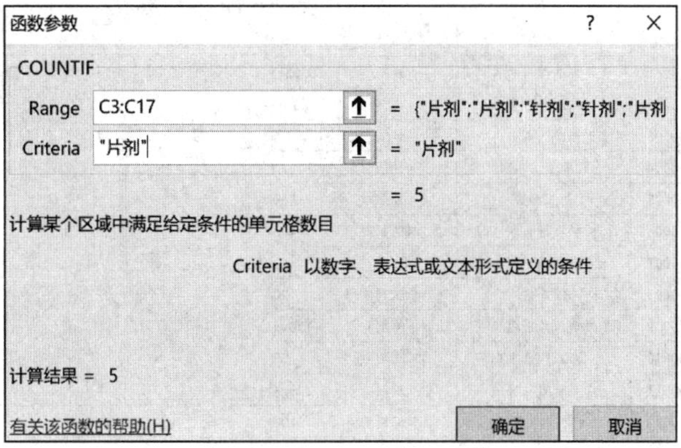　　　　　　　　图 2.45　函数参数对话框

（9）利用"药品库存"工作表中的药品名称和单价，创建一个簇状柱形图，标题为"药品单价比较"，位于图表上方，图例项为"单价"，在右侧显示。设置图表区填充颜色为"渐变"、"线性对角——左下到右上"。图表放在"柱形图"新工作表中。

【操作步骤】

选中 B2：B17 区域，按住 Ctrl 键的同时，选择 G2：G17 区域，单击【插入】选项卡→【图表】功能组，单击【图表】右侧下三角对话框启动按钮，打开【插入图表】对话框，选择【所有图表】标签，选择"柱形图"→"簇状柱形图"，如图 2.46 所示。单击【确定】，如图 2.47 所示。

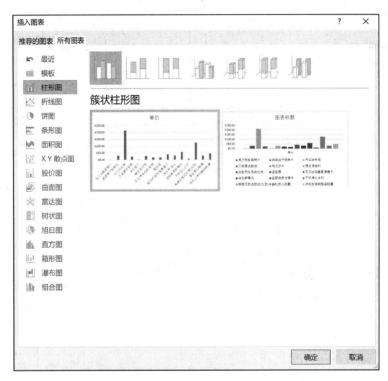

图 2.46　插入图表

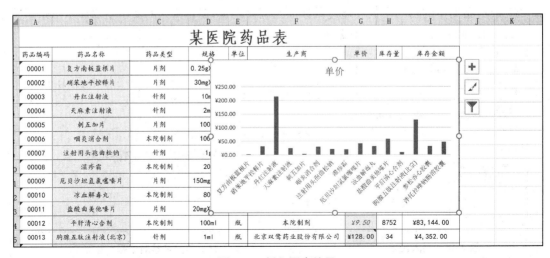

图 2.47　插入图表结果

选中图表标题"单价",改为"药品单价比较",如图 2.48 所示。

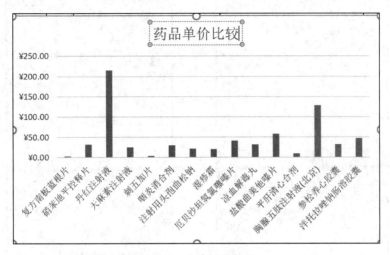

图 2.48　图表更改标题

选中图表,单击【设计】选项卡→【图表布局】功能组→【添加图表元素】→【图例】→【右侧】,如图 2.49 所示。

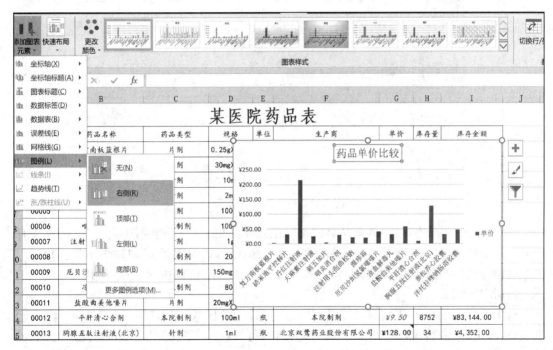

图 2.49　设置图例

选中图表,右键单击,在弹出的快捷菜单中选择【设置图表区域格式】,弹出【设置图表区格式】对话框,如图 2.50 所示。选择【填充】"渐变填充",【类型】"线性",【方向】"线性对角—左下到右上",如图 2.51 所示。

选中图表,右键单击,在弹出的快捷菜单中选择【移动图表】,弹出【移动图表】对话框。【选择放置图表的位置】→【新工作表】,在右侧输入"柱形图",如图 2.52 所示。

图 2.50 设置图表区格式（a）

图 2.51 设置图表区格式（b）

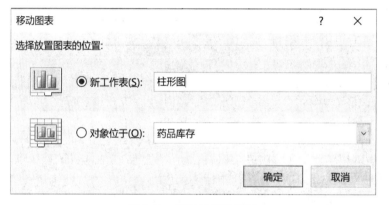

图 2.52 移动图表对话框

（10）利用"药品库存"中的药品名称和库存金额，创建一个三维饼图，标题为"药品库存金额"，位于图表上方；图例项为"药品名称"，在底部显示，添加数据标签（放置于最佳位置）；图表区填充效果为深色木质纹理。将图表放置于一个"库存金额饼图"工作表中。

【操作步骤】

选中 B2:B17 区域，按住 Ctrl 键的同时，选择 I2:I17 区域，单击【插入】选项卡→【图表】功能组，单击【图表】右侧下三角对话框启动按钮，打开【插入图表】对话框，选择【所有图表】标签，选择"饼图"→"三维饼图"，如图 2.53 所示。单击【确定】，如图 2.54 所示。

选中图表标题"库存金额"，改为"药品库存金额"。

选中图表，单击【设计】选项卡→【图表布局】功能组→【添加图表元素】→【图例】→【底部】。

选中图表，单击【设计】选项卡→【图表布局】功能组→【添加图表元素】→【数据标签】→【最佳匹配】，如图 2.55 所示。

选中图表，右键单击，在弹出的快捷菜单中选择【设置图表区域格式】，弹出【设置图表区

图 2.53　插入图表

B	C	D	E	F	G	H	I	J
某医院药品表								
药品名称	药品类型	规格	单位	生产商	单价	库存量	库存金额	
复方南板蓝根片	片剂	0.25g						
硝苯地平控释片	片剂	30mg						
丹红注射液	针剂	10m						
天麻素注射液	针剂	2m						
刺五加片	片剂	100						
咽炎消合剂	本院制剂	100						
注射用头孢曲松钠	针剂	1g						
湿疹霜	本院制剂	20						
厄贝沙坦氢氯噻嗪片	片剂	150mg						
凉血解毒丸	本院制剂	80						
盐酸曲美他嗪片	片剂	20mgX						
平肝清心合剂	本院制剂	100ml	瓶	本院制剂	¥9.50	8752	¥83,144.00	
胸腺五肽注射液(北京)	针剂	1ml	瓶	北京双鹭药业股份有限公司	¥128.00	34	¥4,352.00	

图 2.54　插入图表结果

格式】对话框。选择【填充】"图片或纹理填充",【纹理】"深色木质",如图 2.56 所示。图表效果如图 2.57 所示。

　　选中图表,右键单击,在弹出的快捷菜单中选择【移动图表】,弹出【移动图表】对话框。【选择放置图表的位置】→【新工作表】,在右侧输入"库存金额饼图",单击【确定】。

图 2.55　设置数据标签　　　　　图 2.56　设置图表区格式对话框

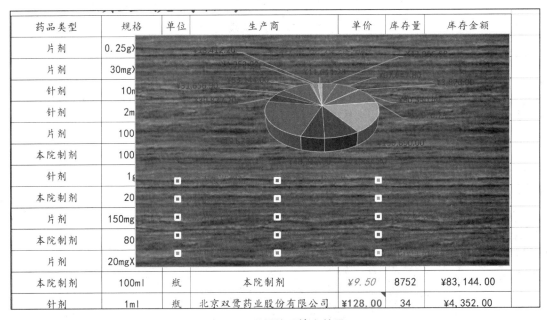

药品类型	规格	单位	生产商	单价	库存量	库存金额
片剂	0.25g)					
片剂	30mg)					
针剂	10m					
针剂	2m					
片剂	100					
本院制剂	100					
针剂	1g					
本院制剂	20					
片剂	150mg					
本院制剂	80					
片剂	20mgX					
本院制剂	100ml	瓶	本院制剂	¥9.50	8752	¥83,144.00
针剂	1ml	瓶	北京双鹭药业股份有限公司	¥128.00	34	¥4,352.00

图 2.57　设置纹理填充效果

（11）复制"药品库存"工作表到"折线图"工作表中，将"折线图"工作表置于"柱形图"工作表前。使用"折线图"工作表中的药品名称、库存量绘制药品库存量折线图，标题为"药品库存量图"，图例为库存量，靠右显示，横坐标标题为"药品名称"，纵坐标标题为"库存量"（竖排）。显示数据标签值，位置在数据点下方。设置图表样式为"样式3"。

【操作步骤】

选定"药品库存"工作表，在表名上右键单击，在快捷菜单中选定【移动或复制】，在出现的【移动或复制工作表】对话框中,【下列选定工作表之前】选择"柱形图",勾选【建立副本】复选框,使其中有"√"标记出现,如图 2.58 所示。单击【确定】按钮,完成复制。也可以选定"药品库存"工作表,按住 Ctrl 键,在"药品库存"工作表名称上按下鼠标左键,拖动鼠标到"柱形图"工作表之前,松开鼠标左键完成工作表的复制。

在工作表"药品库存 2"的名称上双击,呈反白显示时,输入"折线图",按 Enter 键完成重命名。也可以右键单击工作表"药品库存 2"的表名,在弹出的菜单中选择"重命名",名称呈反白显示时,输入"折线图",按 Enter 键完成重命名。

在工作表"折线图"中,选中 B2:B17 区域,按住 Ctrl 键的同时,选择 H2:H17 区域,单击【插入】选项卡→【图表】功能组,单击【图表】右侧下三角对话框启动按钮,打开【插入图表】对话框,选择【所有图表】标签,选择"折线图",单击【确定】。

选中图表标题"库存量",改为"药品库存量图"。

选中图表,单击【设计】选项卡→【图表布局】功能组→【添加图表元素】→【图例】→【右侧】。

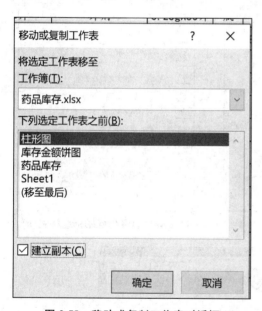

图 2.58　移动或复制工作表对话框

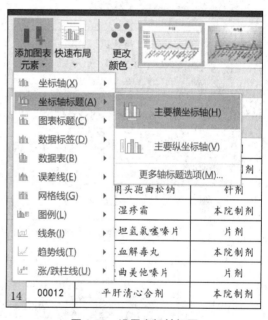

图 2.59　设置坐标轴标题

选中图表,单击【设计】选项卡→【图表布局】功能组→【添加图表元素】→【坐标轴标题】→【主要横坐标轴】,如图 2.59 所示。将图表的横坐标标题改为"药品名称",如图 2.60 所示。

选中图表,单击【设计】选项卡→【图表布局】功能组→【添加图表元素】→【坐标轴标题】→【主要纵坐标轴】,将图表的纵坐标标题改为"库存量",如图 2.61 所示。

选中纵坐标标题,右击,在快捷菜单中选定【设置坐标轴标题格式】,如图 2.62 所示。在弹出的【设置坐标轴标题格式】对话框→【标题选项】→【大小与属性】→【对齐方式】→【文字方向】选择"竖排",如图 2.63 所示。

选中图表,单击【设计】选项卡→【图表布局】功能组→【添加图表元素】→【数据标签】→【下方】,如图 2.64 所示。

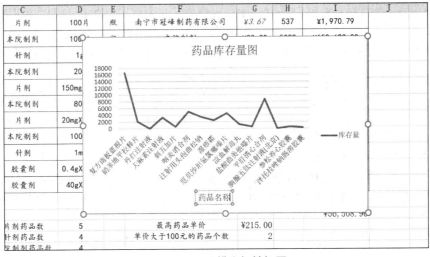

图 2.60　更改横坐标轴标题

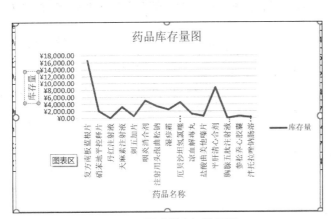

图 2.61　更改纵坐标轴标题

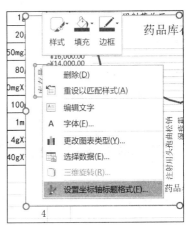

图 2.62　设置坐标轴标题格式(a)

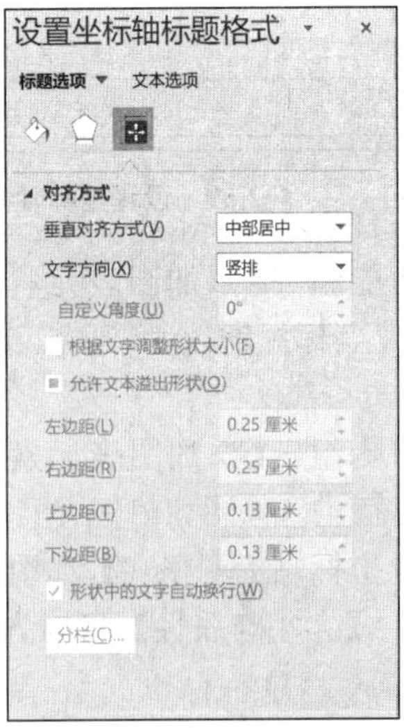

图 2.63　设置坐标轴标题格式(b)

图 2.64　设置数据标签

选中图表,单击【设计】选项卡→【图表样式】功能组,选择"样式 3",如图 2.65 所示。

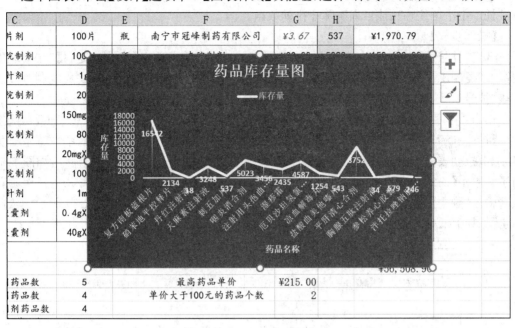

图 2.65 设置图表样式

(12) 在"挂号表"中用 IF 函数在相应的单元格中填写挂号单价,其中职称为"主任医师"的挂号单价为"7.5",其余为 5.5;用公式求出挂号金额(挂号金额＝挂号人次 * 挂号费单价),填入相应单元格。

【操作步骤】

选中 F3 单元格,单击【公式】选项卡→【函数库】功能组→【插入函数】,弹出【插入函数】对话框。选择类别【常用函数】中的"IF",如图 2.66 所示。弹出【函数参数】对话框,在"Logic_test"框选择单元格 C3,输入"＝主任医师",在"Value_if_true"框输入"7.5",在"Value_if_false"框输入"5.5",如图 2.67 所示。其余单元格中的公式可以利用"填充柄"复制 F3 单元格中的公式。

图 2.66 插入函数

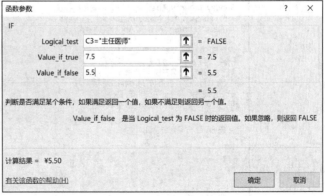

图 2.67 函数参数对话框

选中 G3 单元格,在 G3 单元格输入"＝D3 * F3",按回车确认。其余单元格中的公式可以利用"填充柄"复制 G3 单元格中的公式。

（13）复制"挂号表"，将复制的副本重命名为"排序表"，在排序表中按职称升序（主任＞副主任＞主治＞住院）、挂号人次降序排列数据。

【操作步骤】

选定"挂号表"工作表，在表名上右键单击，在快捷菜单中选定【移动或复制】，在出现的【移动或复制工作表】对话框中，勾选【建立副本】复选框，单击"确定"按钮，完成复制。在工作表"挂号表2"的名称上双击，呈反白显示时，输入"排序表"，按 Enter 键完成重命名。

单击"排序"工作表，将光标定位在数据清单区域。单击【开始】选项卡→【编辑】功能组中的【排序和筛选】下拉按钮，选择【自定义排序】命令。在弹出的排序对话框中，在【主要关键字】下拉列表框中选择"职称"，在【次序】下拉列表框中，选择【自定义序列】命令，如图2.68所示。单击【确定】，在弹出的【自定义序列】对话框中，【输入序列】处依次输入"主任医师"、换行输入"副主任医师"、换行输入"主治医师"、换行输入"住院医师"，如图2.69所示。依次单击【添加】和【确定】。

图 2.68　排序对话框

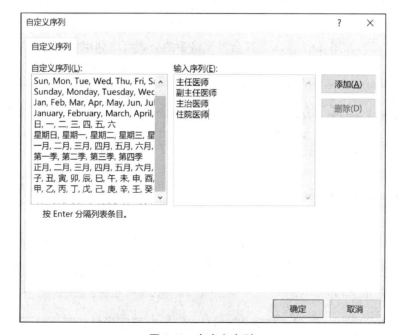

图 2.69　自定义序列

单击【添加条件】按钮,在【次要关键字】下拉列表框中选择"挂号人次",在【次序】下拉列表框中,选择"降序"命令,如图 2.70 所示。单击该对话框上的"确定"按钮,完成排序,结果如图 2.71 所示。

图 2.70 排序对话框

医生姓名	科室	职称	挂号人次	挂号名次	挂号费单价(元)	挂号金额(元)
金素萍	妇科	主任医师	13596		¥7.50	¥101,970.00
黄慧	急诊科	主任医师	11027		¥7.50	¥82,702.50
付学珍	儿科	副主任医师	22716		¥5.50	¥124,938.00
宋健波	外科	副主任医师	20187		¥5.50	¥111,028.50
陈明	内科	副主任医师	12516		¥5.50	¥68,838.00
谢亚平	外科	副主任医师	12481		¥5.50	¥68,645.50
孙淑华	口腔科	副主任医师	8931		¥5.50	¥49,120.50
刘天平	妇科	主治医师	13421		¥5.50	¥73,815.50
张小华	儿科	主治医师	11560		¥5.50	¥63,580.00
龚建洪	妇科	主治医师	11544		¥5.50	¥63,492.00
赵庆林	口腔科	主治医师	10771		¥5.50	¥59,240.50
李俊峰	内科	主治医师	9164		¥5.50	¥50,402.00
杨燕	儿科	住院医师	21950		¥5.50	¥120,725.00
蒋诗雅	内科	住院医师	21506		¥5.50	¥118,283.00
王先乐	内科	住院医师	11897		¥5.50	¥65,433.50
马军	外科	住院医师	11653		¥5.50	¥64,091.50
赵亮	儿科	住院医师	10612		¥5.50	¥58,366.00
王泉	急诊科	住院医师	9827		¥5.50	¥54,048.50
高丹丹	急诊科	住院医师	7761		¥5.50	¥42,685.50

图 2.71 排序结果

(14) 复制"挂号表",将复制的副本重命名为"筛选表",在"筛选表"中自动筛选出挂号金额前 5 位的记录。

【操作步骤】

选定"挂号表"工作表,在表名上右键单击,在快捷菜单中选定【移动或复制】,在出现的【移动或复制工作表】对话框中,勾选【建立副本】复选框,单击"确定"按钮,完成复制。在工作表"挂号表 2"的名称上双击,呈反白显示时,输入"筛选表",按 Enter 键完成重命名。

单击"筛选表"工作表,将光标定位在数据清单区域。单击【开始】选项卡→"编辑"功能组中的【排序和筛选】下拉按钮,选择【筛选】命令。在每一列的列标题(字段名)右边会出现一个下拉按钮,单击"挂号金额"字段右侧的下拉按钮,在弹出的菜单中选择【数字筛选】→【前 10 项】,如图 2.72 所示。在弹出的【自动筛选前 10 个】对话框中,设置中间的列表框为 5,如图 2.73 所示。单击【确定】,筛选过后的结果如图 2.74 所示。

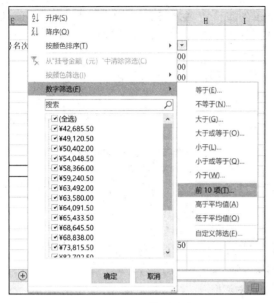

升序(S)
降序(O)
按颜色排序(T)
从"挂号金额（元）"中清除筛选(C)
按颜色筛选(I)
数字筛选(F)
搜索
(全选)
¥42,685.50
¥49,120.50
¥50,402.00
¥54,048.50
¥58,366.00
¥59,240.50
¥63,492.00
¥63,580.00
¥64,091.50
¥65,433.50
¥68,645.50
¥68,838.00
¥73,815.50
确定
取消
等于(E)...
不等于(N)...
大于(G)...
大于或等于(O)...
小于(L)...
小于或等于(Q)...
介于(W)...
前 10 项(T)...
高于平均值(A)
低于平均值(O)
自定义筛选(F)...

图 2.72　数字筛选命令

自动筛选前 10 个
显示
最大
5
项
确定
取消

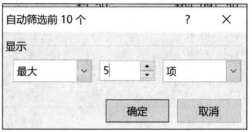

图 2.73　自动筛选前 10 个

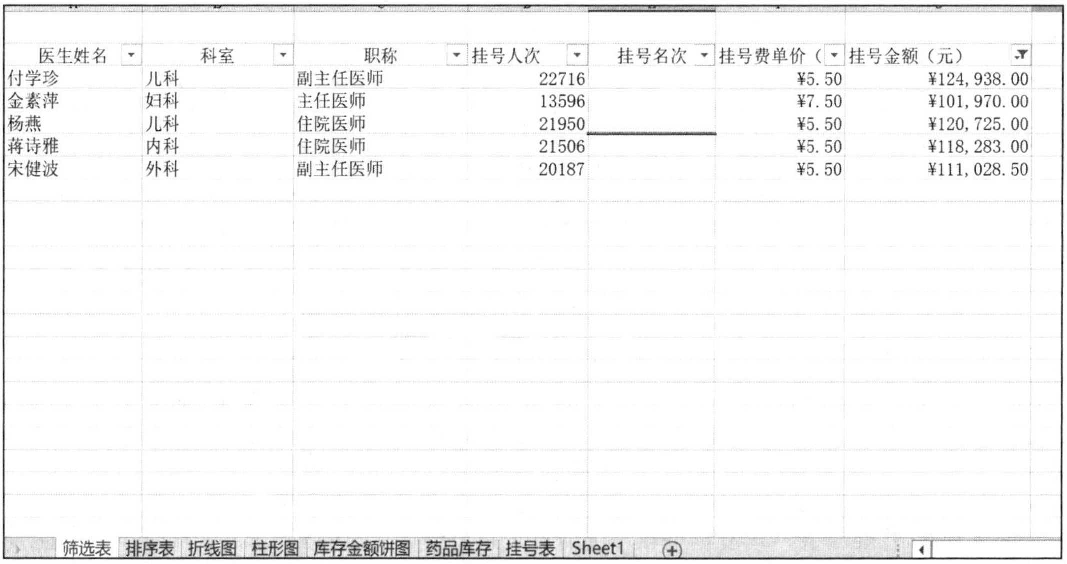

医生姓名 科室 职称 挂号人次 挂号名次 挂号费单价（ 挂号金额（元）
付学珍 儿科 副主任医师 22716 ¥5.50 ¥124,938.00
金素萍 妇科 主任医师 13596 ¥7.50 ¥101,970.00
杨燕 儿科 住院医师 21950 ¥5.50 ¥120,725.00
蒋诗雅 内科 住院医师 21506 ¥5.50 ¥118,283.00
宋健波 外科 副主任医师 20187 ¥5.50 ¥111,028.50
筛选表 排序表 折线图 柱形图 库存金额饼图 药品库存 挂号表 Sheet1

图 2.74　自动筛选结果

注意：如果要取消自动筛选的结果，可以再次单击选择【开始】选项卡→【编辑】功能组中的【排序和筛选】下拉按钮，单击【筛选】命令。

（15）复制"挂号表"，将复制的副本重命名为"分类汇总"表中，对各科室的挂号人次和挂号金额进行分类汇总，汇总方式为求和。

【操作步骤】

复制"挂号表"，将复制的副本重命名为"分类汇总"表。步骤同上题。

注意：在进行分类汇总之前，必须先对汇总项进行排序。

首先对"分类汇总"工作表中按"科室"进行排序。选中数据清单，单击【数据】选项卡→【排序和筛选】功能组中的【排序】按钮。弹出【排序】对话框，选择【主要关键字】"科室"，如图 2.75 所示。

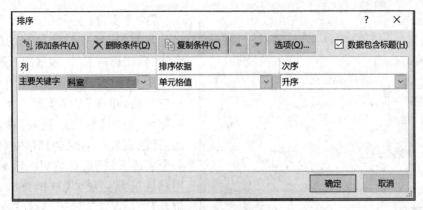

图 2.75　排序对话框

单击【数据】选项卡→【分级显示】功能组→【分类汇总】按钮,弹出【分类汇总】对话框。在【分类字段】下拉列表框中选择"科室"(第一步当中排序的关键字),在【汇总方式】下拉列表框中选择"求和"选项,在【选定汇总项】下拉列表框中确保只有"挂号人次"和"挂号金额"复选框被选中。选中"汇总结果显示在数据下方"选项,取消勾选"替换当前分类汇总",如图 2.76 所示,单击【确定】。

分类汇总得到的结果如图 2.77 所示。在工作表的左侧用竖线连接的上面标有数字 1、2、3 的小按钮,是控制明细数据行的显示及隐藏的,它们称为分级显示符号。单击它们即可显示或隐藏明细数据行。

注意:如果要取消分类汇总的结果,只需要在如图 2.76 所示的对话框中单击"全部删除"按钮即可。

(16)复制"挂号表",将复制的副本重命名为"数据透视表"中,在此工作表中创建数据透视表对各科室每个职称的挂号人次及挂号金额的汇总统计。数据透视表自 A25 单元格存放。

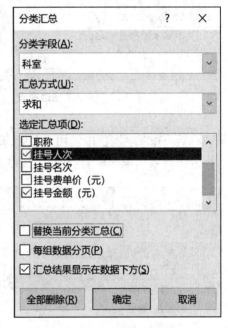

图 2.76　分类汇总对话框

图 2.77　分类汇总结果

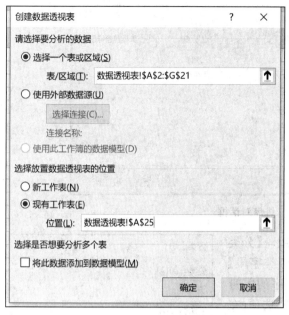

图 2.78　创建数据透视表

【操作步骤】

复制"挂号表"，将复制的副本重命名为"数据透视表"。步骤同上题。

单击"数据透视表"数据清单中的任一单元格，单击【插入】选项卡→【表格】功能组，点击【数据透视表】命令。在弹出的【创建数据透视表】对话框中，【选择一个表或区域】选择数据源区域，此处可用默认选择区域。【选择数据表存放的位置】选择现有工作表，鼠标选择 A25 单元格，如图 2.78 所示。单击【确定】，在弹出【数据透视表字段】对话框中，右键单击该列表中的"科室"字段，从快捷菜单中选择【添加到行标签】，如图 2.79 所示。用同样的方法将"挂号人次""挂号金额"分别【添加到值】。字段设置情况如图 2.80 所示，统计结果如图 2.81 所示。

（17）在"挂号表"中使用 RANK.EQ 函数，对挂号表中的每个医师挂号人次情况进行统计，并将排名结果保存到表中的"挂号名次"列当中。

图 2.79　选择要添加到报表的字段

图 2.80　数据透视表字段

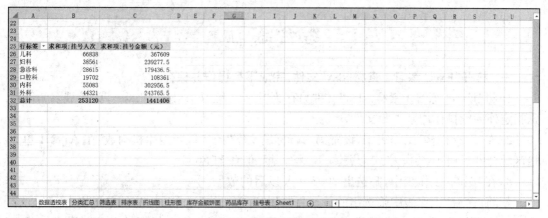

图 2.81　数据透视表结果

【操作步骤】

在"挂号表"中,选中 E3 单元格,单击【公式】选项卡→【函数库】功能组→【插入函数】,弹出【插入函数】对话框,选择类别【全部函数】中的"RANK.EQ",单击【确定】。弹出【函数参数】对话框。在"Number"框选择单元格区域 D3,在"Ref"框选择 D$3:D$21 区域,如图 2.82 所示。其余单元格中的公式可以利用"填充柄"复制 E3 单元格中的函数。(这里 Ref 框引用的区域使用了混合地址,想一想为什么?如果不加"$"符号会怎样?)

(18)保存工作表。

【操作步骤】

单击【文件】选项卡,选择【另存为】命令,双击右边的【这台电脑】,在弹出的【另存为】对话框中,选择保存位置,输入文件名:"药品库存完成表",保存类型选择"Excel 工作簿",单击"保存"按钮,即可完成工作簿的保存。如图 2.83 所示。

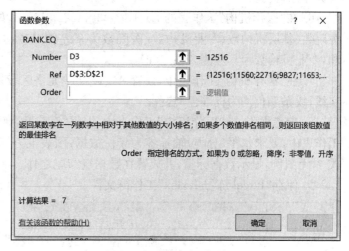

图 2.82　函数参数对话框

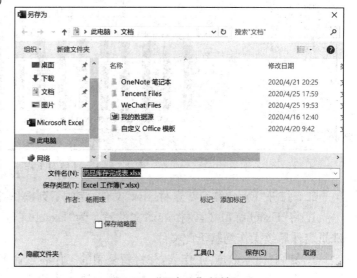

图 2.83　"另存为"对话框

综合练习

一、打开"Excel 练习 1 素材.xlsx"文件，完成下列操作并保存。

1. 将"Excel 练习 1 素材.xlsx"文件另存为"Excel 练习 1.xlsx"（".xlsx"为扩展名），除特殊指定外后续操作均基于此文件。

2. 在"医疗机构"工作表中，设置第一行标题文字"历年医疗卫生机构数"在 A1:N1 单元格区域合并后居中，字体格式为黑体、18 号字、标准色-红色。

3. 在"医院"工作表中，筛选出 2002 年及以后的数据。

4. 将"医院"工作表中筛选出的数据复制到"医疗机构"工作表对应的单元格中。

5. 参考样张，将"医疗机构"工作表中 E2:E12、J2:J12、N2:N12 单元格区域背景色设置为标准色-黄色。

6. 在"医疗机构"工作表的 E3:E12、J3:J12、N3:N12 单元格中，利用公式分别计算历年医院数、基层机构数、专业机构数（医院数为其左侧 3 项之和，基层机构数为其左侧 4 项之和，专业机构数为其左侧 3 项之和）。

7. 在"医疗机构"工作表中，设置 A2:N12 单元格区域外框线为最粗实线，内框线为最细实线，线条颜色均为标准色-蓝色。

8. 参考样张，在"医疗机构"工作表中，根据"医院数"，生成一张"簇状柱形图"，嵌入当前工作表中，要求水平（分类）轴标签为年份数据，图表上方标题为"医院数统计"，采用图表样式 4，无图例，显示数据标签，并放置在数据点结尾之外。

9. 保存"Excel 练习 1.xlsx"工作簿文件。

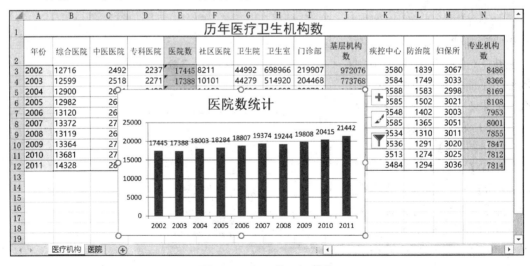

图 2.84　Excel 练习 1 样张

二、打开"Excel 练习 2 素材.xlsx"文件，完成下列操作并保存。

1. 将"Excel 练习 2 素材.xlsx"文件另存为"Excel 练习 2.xlsx"（".xlsx"为扩展名），除特殊指定外后续操作均基于此文件。

2. 复制"罚球数据"工作表，并将新复制的工作表重命名为"罚球数据汇总"。

3. 在"罚球数据汇总"工作表中，筛选出快船队的记录。

4. 在"罚球数据"工作表中,设置第一行标题文字"常规赛罚球统计"在 A1:F1 单元格区域合并后居中,字体格式为宋体、18 号字、标准色-红色。

5. 在"罚球榜"工作表的 D 列中,基于"罚球数据"工作表中的数据,利用公式计算各球员的罚球命中率,结果以带 2 位小数的百分比格式显示(罚球命中率＝罚球命中数/罚球出手数)。

6. 在"罚球榜"工作表中,按罚球命中率进行降序排序,并在 A 列中填充排名,形如 1,2,3……。

7. 在"罚球榜"工作表中,为 D4:D53 单元格区域填充标准色-黄色。

8. 参考样张,在"罚球榜"工作表中,根据排名前 5 的数据,生成一张"簇状柱形图",嵌入当前工作表中,图表上方标题为"常规赛罚球命中率",无图例,采用图表样式 4。

9. 保存"Excel 练习 2.xlsx"工作簿文件。

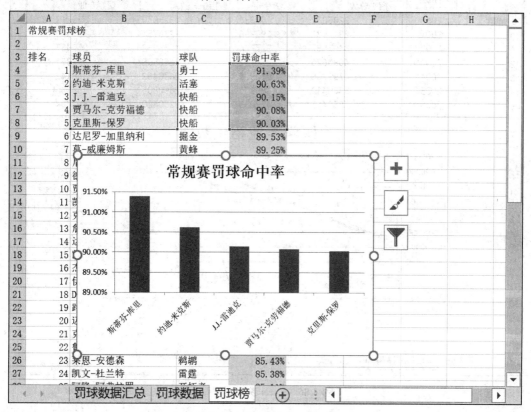

图 2.85　Excel 练习 2 样张

三、打开"Excel 练习 3 素材.xlsx"文件,完成下列操作并保存。

1. 将"Excel 练习 3 素材.xlsx"文件另存为"Excel 练习 3.xlsx"(".xlsx"为扩展名),除特殊指定外后续操作均基于此文件。

2. 在"招生数"工作表中,设置第一行标题文字"医学专业招生数"在 B1:F1 单元格区域合并后居中,字体格式为黑体、18 号字、标准色-绿色。

3. 在"招生数"工作表中,设置 D4:D20、F4:F20 单元格区域的背景色为标准色-黄色。

4. 在"招生数"工作表中,隐藏 2000 年前的数据。

5. 在"在校生数"工作表的 E4:E20 和 H4:H20 单元格中,利用公式分别计算两类学校历年医学专业占比(医学专业占比＝医学专业/在校生总数),结果以带 2 位小数的百分比格式显示。

6. 在"在校生数"工作表的 F21、G21 单元格中，利用函数计算对应列的合计值。

7. 在"在校生数"工作表中，设置 B4:H21 单元格区域外框线为双线、标准色-蓝色。

8. 参考样张，在"招生数"工作表中，根据两类学校"医学专业"人数，生成一张"折线图"，嵌入当前工作表中，要求水平（分类）轴标签为年份数据，图表上方标题为"医学专业招生数"，图例项分别为"普通高等学校"和"中等职业学校"。

9. 保存"Excel 练习 3.xlsx"工作簿文件。

图 2.86　Excel 练习 3 样张

四、打开"Excel 练习 4 素材.xlsx"文件，完成下列操作并保存。

1. 将"Excel 练习 4 素材.xlsx"文件另存为"Excel 练习 4.xlsx"（".xlsx"为扩展名），除特殊指定外后续操作均基于此文件。

2. 在"晚八点"工作表中，设置第一行标题文字"青春影院观影人数统计"在 A1:G1 单元格区域合并后居中，字体格式为方正舒体、22 号、双下划线、标准色-深蓝。

3. 在"晚八点"工作表中，利用填充序列填写 A4:A33 单元格，数据形如"6 月 1 日、6 月 2 日……6 月 30 日"。

4. 在"晚六点"工作表中，删除 G 列、H 列数据。

5. 在"晚六点"工作表中，利用条件格式，将每个厅观影人数小于 100 的单元格设置为浅红色填充。

6. 在"晚八点"工作表的 B34:F34 单元格中,利用函数分别计算一号厅至五号厅的最少观影人数(提示:用 MIN 函数求最小值)。

7. 在"晚八点"工作表的 G4:G33 单元格中,利用公式计算每天的上座率(上座率＝五个厅的观众人数之和/五个厅座位总数),结果以带 2 位小数的百分比格式显示(要求使用绝对地址引用五个厅座位总数)。

8. 参考样张,在"晚八点"工作表中,生成一张反映 6 月 21 日至 6 月 30 日上座率的"带数据标记的折线图",嵌入当前工作表中,图表上方标题为"6 月下旬上座率分析",无图例,添加线性趋势线。

9. 保存"Excel 练习 4.xlsx"工作簿文件。

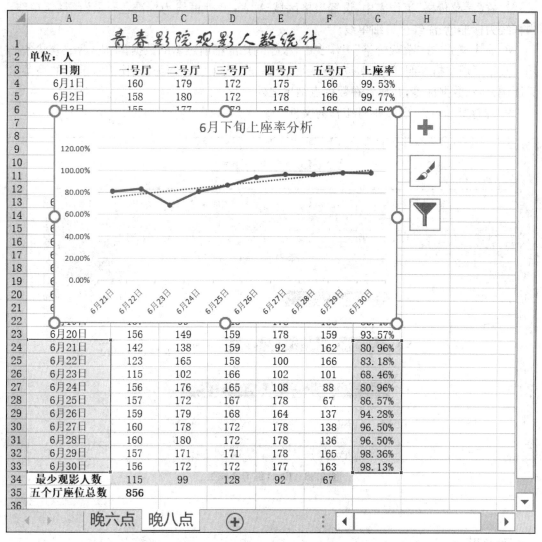

图 2.87　Excel 练习 4 样张

五、打开"Excel 练习 5 素材.xlsx"文件,完成下列操作并保存。

1. 将"Excel 练习 5 素材.xlsx"文件另存为"Excel 练习 5.xlsx"(".xlsx"为扩展名),除特殊指定外后续操作均基于此文件。

2. 将"Sheet1"工作表改名为"蔬菜价格"，并设置第一行标题文字"11月份蔬菜价格"在A1:G1单元格区域合并后居中，字体格式为隶书、24号字、标准色-绿色。

3. 在"蔬菜价格"工作表F列中，利用公式计算各种蔬菜的环比涨幅，结果以带2位小数的百分比格式显示（环比＝（本月价格－上月价格）/上月价格）。

4. 在"蔬菜价格"工作表G列中，利用公式计算各种蔬菜的同比涨幅，结果以带2位小数的百分比格式显示（同比＝（本月价格－去年同期价格）/ 去年同期价格）。

5. 在"蔬菜价格"工作表中，先按"同比"进行降序排序，接着在A列中填充序号，序号格式形如1,2,3……。

6. 将"蔬菜价格"工作表A3:G3单元格背景色设置为标准色-黄色。

7. 在"蔬菜价格"工作表中，设置表格区域A3:G12外框线为标准色-深蓝色最粗单线、内框线为标准色-深红色最细单线。

8. 参考样张，在"蔬菜价格"工作表中，根据同比涨幅前三名的数据，生成一张"簇状条形图"，数据区域严格参照样张（不包含列标题），添加图表上方标题为"同比涨幅前三的蔬菜"，无图例，显示数据标签，并放置在数据点结尾之外。

9. 保存"Excel练习5.xlsx"工作簿文件。

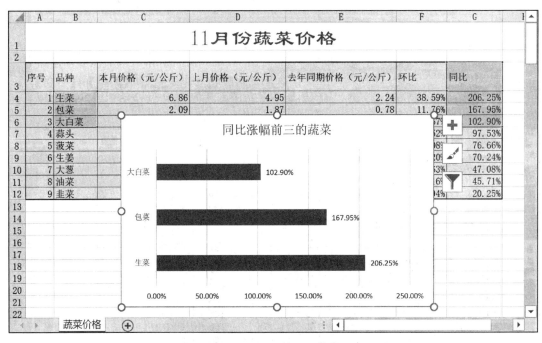

图 2.88　Excel 练习 5 样张

第3章

PowerPoint 2016 基础应用

实验一　PowerPoint 基本操作

一、实验目的

1. 掌握 PowerPoint 的启动、创建和保存演示文稿等基本操作。
2. 掌握幻灯片母版、幻灯片主题、页眉页脚、幻灯片背景的设置方法。
3. 掌握版式、占位符、文本、对象及其编辑的方法。
4. 掌握文本框、表格、艺术字、图片、SmartArt 图形等的设置方法。
5. 掌握设置幻灯片切换、动画设计、超链接和动作按钮的使用方法。
6. 掌握演示文稿的放映方式。

二、实验内容与步骤

1. PowerPoint 的启动、新建空白演示文稿

在 Windows 任务栏上，单击【开始】→【所有程序】→【Microsoft Office】→【Microsoft Office PowerPoint 2016】程序项（或者双击桌面 Microsoft PowerPoint 2016 图标），显示如图 3.1 所示的 PowerPoint 2016 启动界面，选择新建空白演示文稿，显示如图 3.2 所示的 "PowerPoint 2016 设计界面"，默认文件名为"演示文稿 1.pptx"。

2. PowerPoint 2016 的窗口组成

PowerPoint 2016 窗口组成与其他 Microsoft Office 2016 组件类似，由标题栏、菜单栏、功能区、状态栏、幻灯片编辑区、幻灯片或大纲窗格、备注窗格、视图功能切换按钮等组成，如图 3.2 所示。

在标题栏左侧是【快速启动工具栏】 ，单击其中 按钮，用户可决定工具栏中应包含哪些按钮。标题栏的右侧是 PowerPoint 窗口控制按钮栏 ，从左至右依次是"功能区显示选项"、"最小化"、"最大化"（或"还原"）和"关闭"按钮。

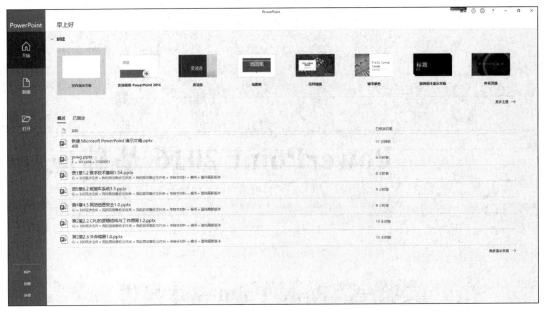

图 3.1　PowerPoint 2016 启动界面

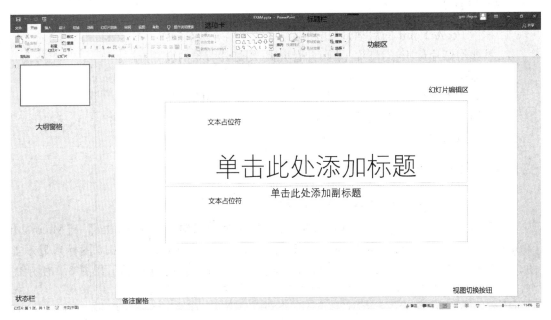

图 3.2　PowerPoint 2016 设计界面

3. 保存演示文稿

用户在 PowerPoint 窗口编辑了演示文稿中文档后，可以通过如下方法执行保存操作：

方法一：单击标题栏左上角【快速访问工具栏】→【保存】按钮，若是第一次保存，会出现【另存为】界面，如图 3.3 所示。单击【浏览】按钮，在弹出的【另存为】对话框（如图 3.4 所示）中选择要保存文件的位置；在【文件名】处输入要保存文件的名字，保存类型默认为"PowerPoint 演示文稿（＊.pptx）"，单击【保存】按钮，即可以完成保存。

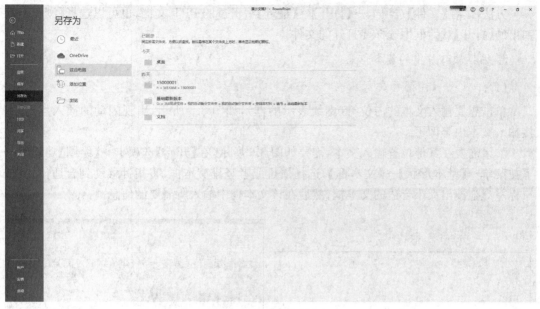

图 3.3　另存为界面

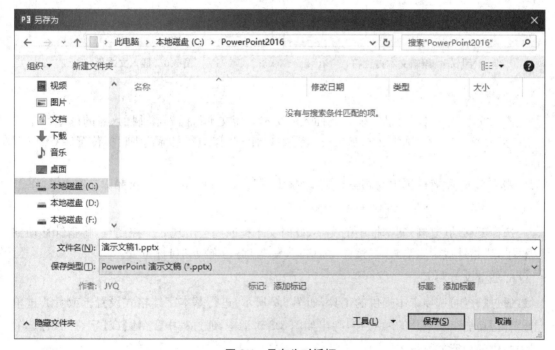

图 3.4　另存为对话框

方法二:选择【文件】下拉菜单中的【保存】或者【另存为】选项,也会出现图 3.3 所示的【另存为】界面,只要按方法一操作,可以实现对已经存在的演示文稿原名保存或者按新的位置和新的名称进行保存。

4. 打开演示文稿

对于已经保存的演示文稿,若要编辑或放映,需要先打开它。方法有以下几种:

方法一:双击要打开的演示文稿文件(.pptx 格式)。

方法二：在【文件】选项卡→【打开】→【最近】编辑过的 PPT 文档，也可以选择【浏览】，在弹出的【打开】对话框中选择要打开的文件。

5．编辑幻灯片中的基本信息

（1）向幻灯片中添加文本

单击想要输入文本的占位符（虚线表示的框），如图 3.5 所示，出现闪动的插入点后，直接输入文本内容即可。

如果需要在其他位置输入文本，需要如图 3.6 所示，在【开始】选项卡→【绘图】功能组→下拉菜单→【基本形状】→【文本框】，选择横排或者竖排文本框，将指针移动到合适位置，按鼠标左键拖拽出大小合适的文本框，然后在该文本框中输入所需要的信息。

图 3.5　编辑文本占位符

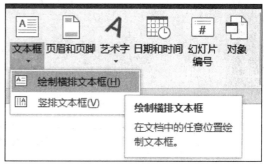

图 3.6　插入文本框

（2）插入、移动与删除文本

插入文本：单击插入位置，输入要插入的文本。新文本将插入当前插入点的位置。

移动（复制）文本：选中文本 Ctrl＋C 复制（Ctrl＋X 移动），鼠标选中目标位置后 Ctrl＋V 粘贴。

删除文本：用鼠标选中要删除的文本，按下键盘上的 Delete 键，即可删除文本。

（3）移动（复制）占位符或者文本框

选择要移动（复制）文本框中的文字，此时文本框四周会出现 8 个控制点，将指针移动到边框上，当指针成十字箭头时（按住 Ctrl 键为复制）将之拖拽到目标位置。

6．设置文字格式

通过【开始】选项卡中提供的工具，如图 3.7 所示，进行基本字体格式设置。或者通过单击【字体】功能组右下角的 按钮，弹出如图 3.8 对话框，通过其中【字体】或【字符间距】选项卡中提供的功能进行设置。

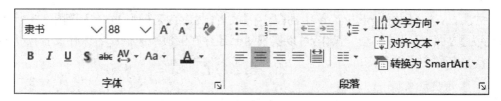

图 3.7　开始选项卡字体和段落组

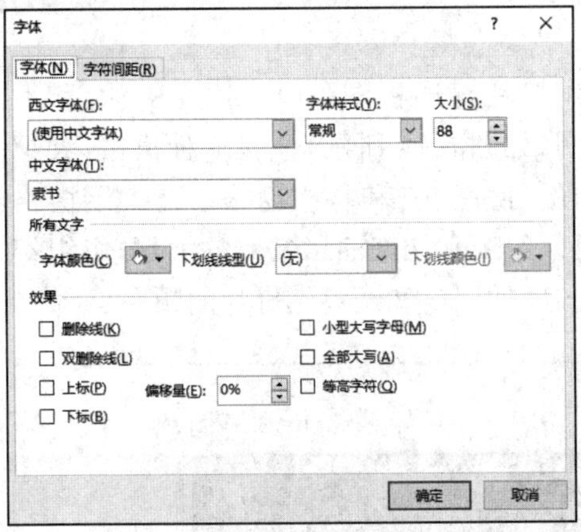

图 3.8　字体设置对话框 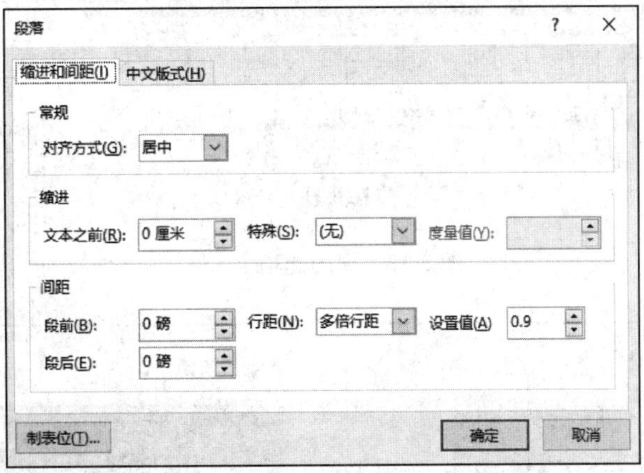　　　　　　图 3.9　段落设置对话框

7. 设置段落格式

如图 3.7 所示,幻灯片中段落格式设置可以通过【开始】选项卡→【段落】功能组提供的一些常用工具进行基本设置。如,项目符号与编号、对齐方式、行距调整等。若需要更多的段落格式设置,可单击【段落】功能组右下角的 ◻ 按钮,弹出如图 3.9 段落对话框,通过其中【缩进和间距】及【中文版式】选项卡中提供的功能进行设置。

8. 添加、删除、复制和移动幻灯片

（1）添加新幻灯片

如图 3.10 所示,在【开始】选项卡→【幻灯片】功能组中→【新建幻灯片】或者【版式】下拉列表选项。幻灯片版式代表了幻灯片的布局,虚线框为占位符,各种文字和对象必须放入占位符中才能显示,文字也可以放在文本框中。

图 3.10　"幻灯片"功能组

（2）删除、移动和复制幻灯片

在大纲窗格,选中需要删除、移动或者复制的幻灯片右键单击,出现如图所示快捷菜单,选择相应操作即可。其中移动幻灯片只需要鼠标按住相应的幻灯片拖动即可。对应操作还可以在幻灯片版式视图操作,我们将在后面论述。

9. 演示文稿的视图

PowerPoint 2016 提供多种不同显示演示文稿的方式,这些显示演示文稿的不同方式称为视图。切换视图的方法有两种,一种是打开【视图】选项卡,如图 3.12 所示,从【演示文稿视图】功能组中选择所需视图;另一种是通过窗口右下角的 3 个视图按钮 ▱ ▱▱ ▱ 进行不同视图的切换。

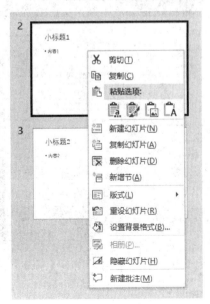

图 3.11　大纲窗格右键菜单

图 3.12 视图选项卡

（1）普通视图和大纲视图

幻灯片普通视图（如图 3.13 所示）和大纲视图（如图 3.14 所示）包含 3 种窗格：大纲窗格、幻灯片窗格和备注窗格。在大纲窗格中，可以组织和构架演示文稿的大纲，组织幻灯片各项的层次和调整幻灯片的顺序。

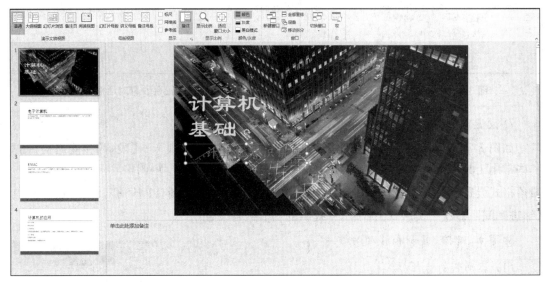

图 3.13 普通视图

在幻灯片窗格中，可以查看每张幻灯片中的文本外观并编辑幻灯片的内容，在备注窗格中可以添加演讲者的备注。大纲视图在大纲窗格可以看到完整的文本内容层级，如图 3.14 所示。

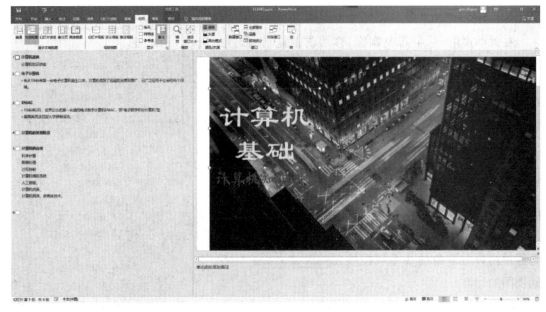

图 3.14 大纲视图

（2）幻灯片浏览视图

幻灯片浏览视图下，按幻灯片序号的顺序显示演示文稿中全部幻灯片缩略图，可以复制、删除幻灯片，调整幻灯片顺序，但不能对个别幻灯片的内容进行编辑、修改，如图 3.15 所示。

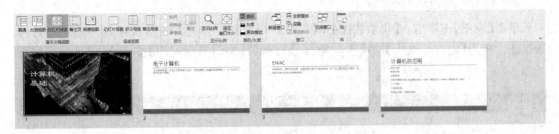

图 3.15　幻灯片浏览视图

（3）备注页视图

此视图模式用来建立、编辑和显示演示者对每一张幻灯片的备注，如图 3.16 所示。

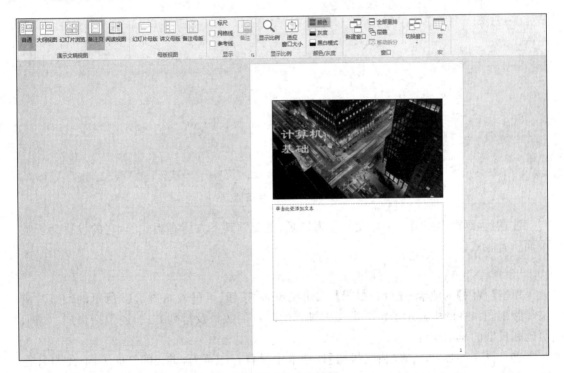

图 3.16　备注页视图

（4）阅读视图

阅读视图用来动态播放演示文稿的全部幻灯片。在此视图下，可以查看每一张幻灯片的播放效果。要切换幻灯片，可以直接单击屏幕，也可以按 Enter 键。

10. 演示文稿的母版

PowerPoint 中有一类特殊的幻灯片，称为母版。母版有幻灯片母版、讲义母版和备注母版三种。它们是存储有关演示文稿的信息的主要幻灯片,其中包括幻灯片背景、字体、颜色、效果等。一个演示文稿中至少包含有一个幻灯片母版。使用母版视图的优点在于,用户可以通过幻灯片母版、讲义母版和备注母版对与演示文稿关联的每个幻灯片、讲义和备注页的样式进行全局更改。

(1) 幻灯片母版

单击【视图】选项卡→【母版视图】→【幻灯片母版】按钮,进入如图 3.17 所示的幻灯片母版视图。单击【幻灯片母版】选项卡功能区最右侧的【关闭母版视图】按钮,可以返回原视图状态。

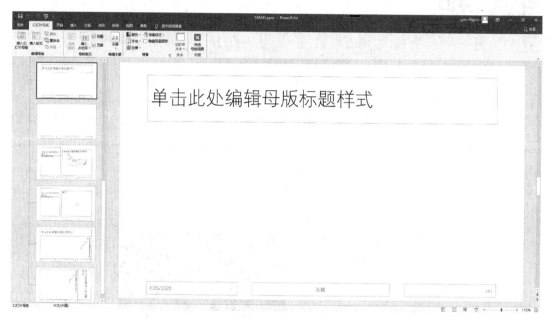

图 3.17　幻灯片母版

注意:大纲窗格中第一个最大的称为母版,是统领其下方所有版式的,它的设置会影响下面所有版式。

(2) 讲义母版

单击【视图】选项卡→【母版视图】→【讲义母版】按钮,可进入如图 3.18 所示的幻灯片讲义母版视图。视图中显示了每页讲义中排列幻灯片的数量及排列方式,还包括页眉、页脚、页码和日期的显示位置。

进入讲义母版后,可在【讲义母版】选项卡中设置打印页面,讲义的打印方向,幻灯片排列方向,每页包含的幻灯片数量以及是否使用页眉、页脚、页码和日期。单击【讲义母版】选项卡功能区最右侧【关闭母版视图】按钮,可返回原视图状态。

(3) 备注母版

单击【视图】选项卡→【母版视图】→【备注母版】按钮,可进入如图 3.19 所示的备注母版视图。在备注母版视图下,用户可完成页面设置、占位符格式设置等任务。单击选项卡功能区最右侧的【关闭母版视图】按钮,可返回原视图状态。

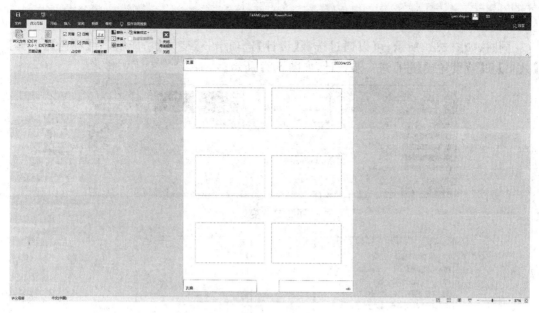

图 3.18　讲义母版

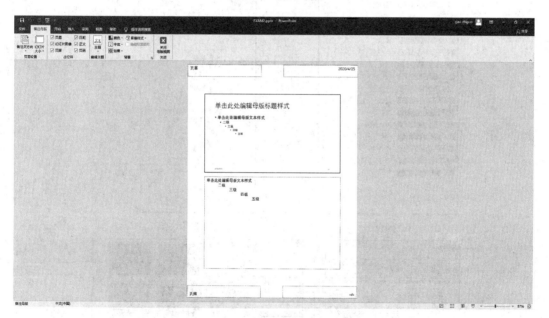

图 3.19　备注母版

11. 设置主题、幻灯片主题背景和颜色方案、背景颜色和背景图片

（1）设置主题

选择【设计】选项卡→【主题】功能组，如图 3.20 所示，可以为幻灯片选择相应的主题。

图 3.20　主题

（2）设置主题背景和颜色方案

同时，如图3.21所示，可以通过选择【设计】选项卡→【变体】功能组，对【颜色】【字体】【效果】和【背景样式】进行进一步设计，如图3.22所示。

图3.21 变体

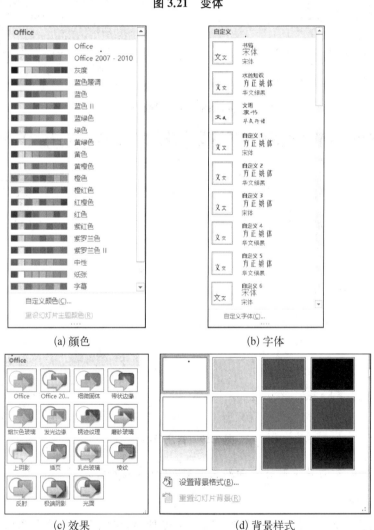

(a) 颜色   (b) 字体

(c) 效果   (d) 背景样式

图3.22 颜色、字体、效果和背景样式

还可以继续通过选择【设计】选项卡→【变体】功能组→【颜色】→【自定义颜色】，如图3.23所示，设置自定义的主题颜色。选择【设计】选项卡→【变体】功能组→【字体】→【自定义字体】，如图3.24所示，设置自定义的主题字体。

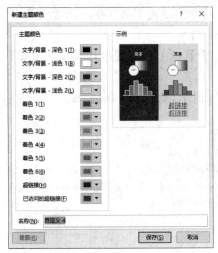

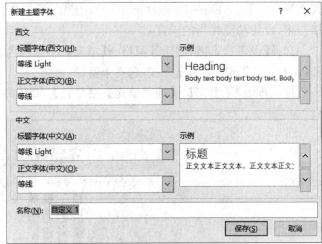

图 3.23　新建主题颜色　　　　　　　图 3.24　新建主题字体

也可以如图 3.21 所示,通过选择【设计】选项卡→【自定义】功能组对幻灯片大小和背景格式等进行设计。

(3) 设置背景颜色和背景图片

幻灯片背景颜色和图片是幻灯片中一个重要组成部分,改变幻灯片背景可以使幻灯片整体面貌发生变化,较大程度地改善放映效果。可以在 PowerPoint 2016 中对幻灯片背景的颜色、过渡、纹理、图案及背景图像等进行设置。

通过选择【设计】选项卡→【自定义】功能组→【设置背景格式】,如图 3.25 所示,出现【设

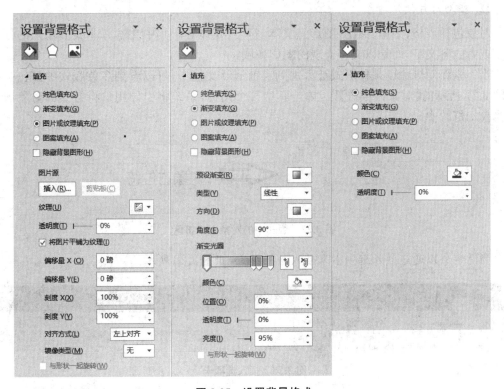

图 3.25　设置背景格式

置背景格式】任务窗格（PowerPoint 2016 开始，很多对于对象的设置都出现在了此类任务窗格当中，设置功能相当的丰富）。

选择【设置背景格式】任务窗格→【填充】下有【纯色填充】【渐变填充】【图片和纹理填充】和【图案填充】四大类填充方式，选择丰富，功能强大。

进一步设置【填充】→【纯色填充】→【颜色】，如图 3.26 所示，选择对应颜色。

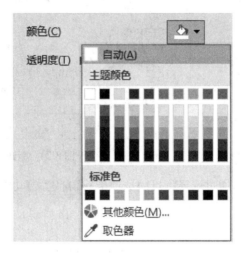

图 3.26　颜色设置对话框

设置完成后，返回【设置背景格式】任务窗格，选择是否【应用到全部】。

进一步设置【填充】→【渐变填充】，可以进行更加丰富的设置，请同学们自己探索学习。

12. 在幻灯片使用对象

对象包括表格、图像、插图（图形）、文本、符号、媒体等。其中文本并非我们输入的标题文字或者内容文字，而是以文字表现的图形和域。

当一张新幻灯片以某种版式被添加到当前演示文稿中，可以看到多数版式中都包含有如图 3.27 所示的【对象占位符】区，单击其中某个图标，系统将引导用户将希望的对象插入到当前幻灯片中。

图 3.27　版式中的对象占位符区

当然也可以通过插入选项卡来插入各种对象，如图 3.28 所示。

图 3.28　插入选项卡

（1）形状

选择【插入】选项卡→【插图】功能组→【形状】命令，选择如图 3.29 所示各种形状，选中形状后展开【绘图工具】选项卡，如图 3.30 所示。

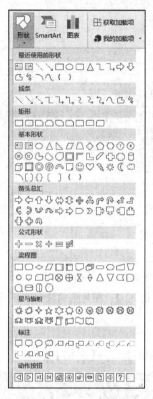

图 3.29　插入图形

图 3.30　绘图工具选项卡

（2）图片

选择【插入】选项卡→【图像】功能组→【图片】命令，可以插入本地或者网络上的图片，选中被插入的图片，可以展开【图片工具】选项卡，如图 3.31 所示。

注意：【图片工具】选项卡和【绘图工具】选项卡是有细微差别的，最明显的差别是【图片工具】选项卡中有裁剪选项，而【绘图工具】选项卡没有。

图 3.31　图片工具选项卡

　　图片插入成功以后，可以通过右键单击被插入图片→【设置图片格式】，对图像格式进行设置。和【设置背景格式】任务窗格一样，如图3.32所示。在【设置图片格式】任务窗格可以进行【填充】【效果】【大小与属性】【图片】四大类效果设置。

　　进一步的设置，请同学们自行探索学习。

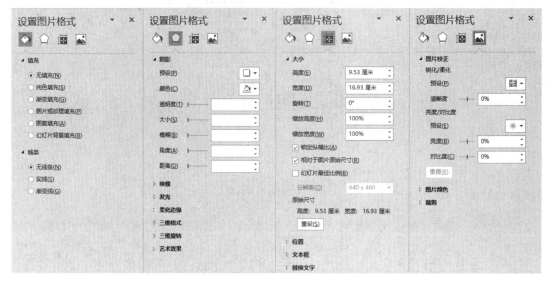

图 3.32　图片格式设置对话框

（3）表格

选择【插入】选项卡→【表格】功能组→【表格】命令，选择如图3.33所示大小的表格。

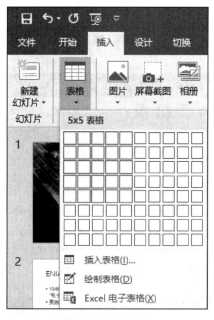

图 3.33　插入表格

　　选中被插入的表格，可以如图3.34所示，展开【表格工具】→【设计】选项卡；和图3.35如所示，展开【表格工具】→【布局】选项卡。

图 3.34　表格工具 设计选项卡

图 3.35　表格工具 布局选项卡

详细设置,请同学们自行探索学习。

(4) 艺术字

选择【插入】选项卡→【文本】功能组→【艺术字】命令,如图 3.36 所示,出现艺术字样式选择。

图 3.36　艺术字样式

图 3.37　艺术字编辑文本框

选择相应的样式,出现如图 3.37 所示的文本框,用户可以在该文本框中输入文本。选中艺术字,出现如图 3.30 所示的【绘图工具】选项卡。

注意:常见的如"形状"、"SmartArt"、"文本框"和"艺术字"等都属于图形,所以选中他们打开的是"绘图工具"选项卡。

(5) SmartArt 图形

SmartArt 图形是一个包含了列表、流程图、组织结构图或关系图等在内的图形模板,使用 SmartArt 图形可简化创建复杂形状的过程。

单击【插入】选项卡→【插图】功能组→【SmartArt】命令,显示如图 3.38 所示的【选择 SmartArt 图形】对话框。该对话框分为 3 个部分,左侧列出了 SmartArt 图形的分类,中间部分列出了每个分类中具体的 SmartArt 图形样式,右侧显示出了该样式的默认效果、名称及应用范围说明。效果图中的横线表示用户可以输入文本的位置。

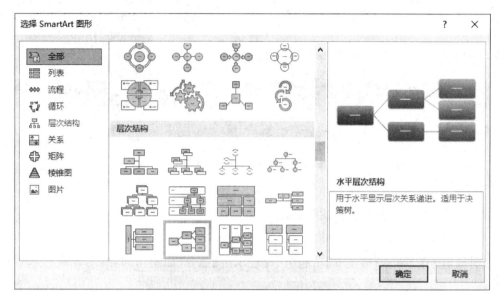

图 3.38 SmartArt 图形

根据需要选择插入相应的 SmartArt 图形后会出现【SmartArt 工具】选项卡,该选项卡包括【设计】和【格式】两个子选项卡,如图 3.39 和图 3.40 所示。

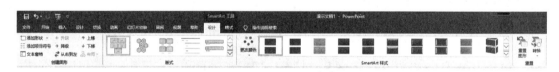

图 3.39 SmartArt 工具设计选项卡

图 3.40 SmartArt 工具格式选项卡

13. 幻灯片放映设计

(1)为幻灯片中的对象设置动画效果

如图 3.41 所示,动画可使演示文稿更具动态效果,最常见的动画效果包括"进入"、"强调"、"退出"和"动作路径"4 种类型。

如图 3.42 所示,在普通视图下选择需要设置动画的幻灯片,然后选择【动画】选项卡→【高级动画】功能组→【动画窗格】按钮,右侧打开【动画窗格】,如图 3.43 所示。

当我们需要给已经存在动画的对象添加更多的动画效果,在幻灯片中选择需要设置动画的对象,如图 3.44 所示。【动画选项卡】→【高级动画】组→【添加动画】下拉菜单,其中有"进入"、"强调"、"退出"等选项组,每个选项组均有相应动画类型命令。

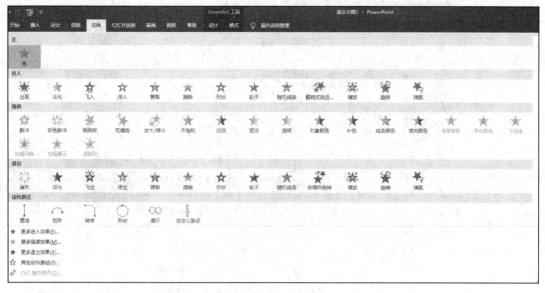

图 3.41　动画类型选择

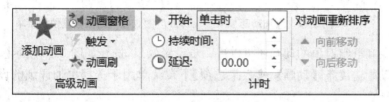

图 3.42　高级动画

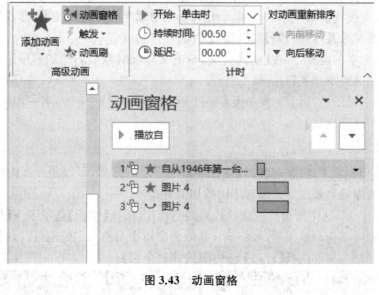

图 3.43　动画窗格

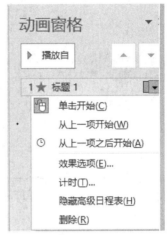

图 3.44　添加动画　　　　　图 3.45　动画设置快捷菜单

单个对象和群组对象的动画还可以进一步设置效果，选择如图 3.43 所示【动画窗格】中某个对象的动画进度条，【动画】→【效果选项】下拉菜单用于选择更加详细的设置动画的表现形式。

当我们需要在动画之间设置相互启动的先后关系，我们可以选择【高级动画】→【触发】下拉菜单，可在弹出的下拉菜单中选择动画开始的特殊条件。

当我们需要设置动画演示的时间，和相邻发生动画之间的时间关系，可以选择【计时】功能组中动画的【开始】【持续时间】和【延迟】时间。

如果需要更多的设置，可在【动画窗格】单击某动画对象最右边的■按钮，如图 3.45 所示，在弹出的快捷菜单中进行选择。

特别值得一提的是，当我们需要复制一个对象的动画到另一个或者一组对象上，可以使用【高级动画】→【动画刷】。

（2）幻灯片切换

幻灯片的切换效果是指一张幻灯片在屏幕上显示的方式，可以是一组幻灯片设置一种切换方式，也可以是每张幻灯片设置不同的切换方式。

如图 3.46 所示，选中需要设置切换效果的幻灯片，选择【切换】选项卡→【切换到此幻灯片】组中单击选择某切换效果后，可将该切换效果应用于当前选定的幻灯片。如果想把效果应用于全部幻灯片，只要选择【计时】组中的【应用到全部】。

图 3.46　切换选项卡

（3）幻灯片放映

如图 3.47 所示，选择【切换】选项卡→【设置】，弹出如图 3.48 所示的【设置放映方式】对话框。用户可以根据需求进行相应的设置。制作好的演示文稿，通过放映幻灯片操作，可将演示文稿展示给观众。幻灯片放映方式主要是设置放映类型、放映范围和切换方式等。

图 3.47 幻灯片放映 选项卡

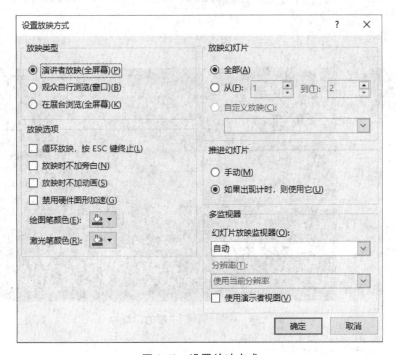

图 3.48 设置放映方式

实验二 PowerPoint 基本操作案例

一、实验目的

1. 掌握创建和保存演示文稿等基本操作。
2. 掌握幻灯片母版、幻灯片主题、页眉页脚、幻灯片背景的设置方法。
3. 掌握版式、占位符、文本、对象及其编辑的方法。
4. 掌握文本框、表格、艺术字、图片、SmartArt 图形等的设置方法。
5. 掌握设置幻灯片切换、动画设计、超链接和动作按钮的使用方法
6. 掌握演示文稿的放映方式。

二、实验内容

1. 打开演示文稿

启动 PowerPoint 2016。

单击:【文件】选项卡→【打开】命令,打开素材文件夹下的"PPT1 素材.pptx",另存为"PPT1.pptx"。

2. 设置主题

如图 3.49 所示,选择【设计】选项卡→【主题】功能组→【回顾】主题,如图 3.50 所示。

图 3.49　主题

图 3.50　应用"回顾"主题的幻灯片

3. 新建幻灯片和选择版式

在"PPT1.pptx"演示文稿中,选中左侧大纲窗格第 1 张幻灯片,单击【开始】选项卡→【幻灯片】功能组→【新建幻灯片】,选择【标题和内容】版式创建新的幻灯片,如图 3.51 所示。

4. 向幻灯片文本占位符中添加文本

如图 3.52 所示,在新建的幻灯片中输入标题:"电子计算机";输入内容:"自从 1946 年第一台电子计算机诞生以来,计算机得到了迅猛的发展和推广,已广泛应用于社会的各个领域。"。

然后在第 1 张标题幻灯片的标题区中输入"计算机基础",在副标题区中输入"计算机知识讲座"。

5. 设置文字格式

在"PPT1.pptx"演示文稿中,选中标题幻灯片中的标题文字,设置其字体为"隶书、80 号字,标准-黄色"。接着,选中标题幻灯片中的副标题文字,设置其字体为"楷体、44 号字,标准-浅蓝色"。

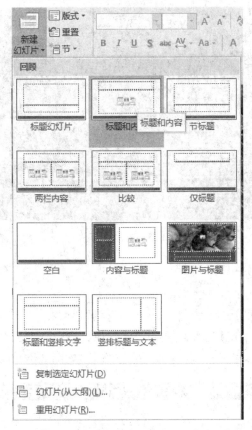

图 3.51　新建"标题和内容"版式的幻灯片

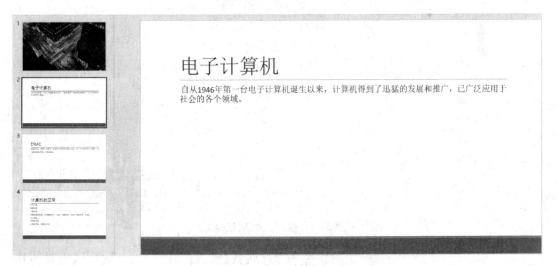

图 3.52　幻灯片

6. 设置段落格式

在"PPT1.pptx"演示文稿中，选中标题幻灯片的副标题，在段落对话框中，将【缩进和间距】→【缩进】→【文本之前】的值设置为"2 厘米"，并调整副标题文本框宽度使文字在一行显示，如图 3.53 所示。

图 3.53　标题幻灯片

保存并关闭演示文稿"PPT1.pptx"。

7. 插入和设置图片

打开素材文件夹下的"PPT2 素材.pptx"，另存为"PPT2.pptx"。

选择第 2 张幻灯片，单击【插入】选项卡→【图像】功能组→【图片】命令，在弹出的【插入图片】对话框中选择素材文件夹下的"MAC.jpeg"图片，如图 3.54 所示。

图 3.54　插入图片 对话框

右键单击插入的图片，在弹出的快捷菜单中选择【设置图片格式】，即打开【设置图片格式】任务窗格（如图 3.55（a）所示）→【大小与属性】任务窗格（如图 3.55（b）所示），不勾选【锁定纵横比】，然后调整图片大小为高 10 厘米，宽 14 厘米，调整图片位置使其不遮挡文字。

8. 插入和设置艺术字

在"PPT2.pptx"演示文稿中，选中第 2 张幻灯片中的标题文字，单击【开始】选项卡→【段落】功能组→【居中】按钮,使标题文本居中显示。然后单击【绘图工具/格式】选项卡→【艺术字样式】功能组,选择"渐变填充-褐色,着色 4,轮廓-着色 4"样式,如图 3.56(a)所示。接着,单击【艺术字样式】功能组→【文本效果】下拉箭头→【发光】→【发光变体】→【橙色,11pt 发光,个性色 2】,如图 3.56(b)所示,设置艺术字文发光效果。

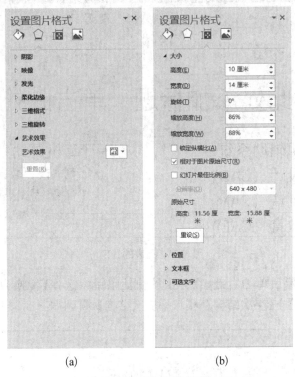

图 3.55　设置图片格式

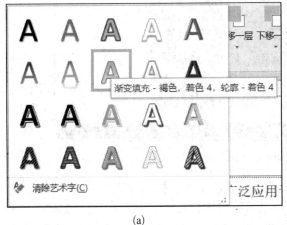

(a)

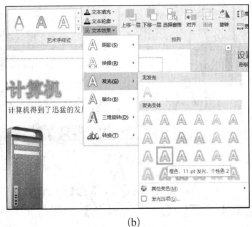

(b)

图 3.56　艺术字样式

9. 插入和设置 SmartArt 图形

在"PPT2.pptx"演示文稿中,选择第 4 张幻灯片,单击【开始】选项卡→【幻灯片】功能组→【新建幻灯片】,选择【标题和内容】版式,出现第 5 张幻灯片。然后剪切第 4 张幻灯片中的文字"计算机辅助系统包括辅助设计(CAD)、辅助制造(CAM)、辅助教育(CAE)"，粘贴在第5张幻灯片的内容占位符中，编辑文字如图3.57所示，选择下三行"辅助设计、辅助制造、辅助教育"，单击【开始】选项卡→【段落】功能组→【提高列表级别】按钮。

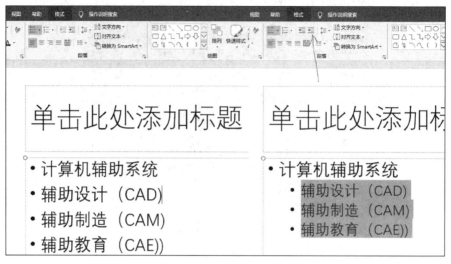

图3.57　列表的级别

选择全部4行文字后单击右键，在弹出的快捷菜单中选择【转换为 SmartArt 图形】→【其他 SmartArt 图形】→【层次结构】→【水平层次结构】，得到如图3.58所示的效果。

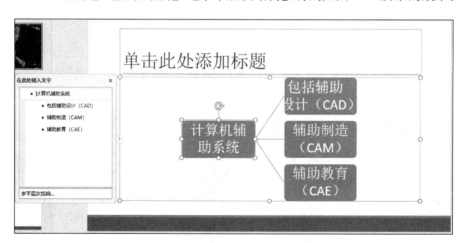

图3.58　SmartArt 图形

选中 SmartArt 图形，单击【SmartArt 工具/设计】选项卡→【SmartArt 样式】功能组→【更改颜色】→【彩色-个性色】，如图3.59(a)所示。再单击【SmartArt 工具/设计】选项卡→【SmartArt 样式】功能组→【其他】按钮，在【文档的最佳匹配对象】窗口中选择【三维】→【粉末】样式，如图3.59(b)所示。

选中图形"辅助教育"后单击右键，在弹出的快捷菜单中选择【添加形状】→【在下方添加形状】，重复两次，在新增的两个形状中分别输入"计算机辅助教学 CAI"和"计算机管理教学 CMI"，如图3.60所示。

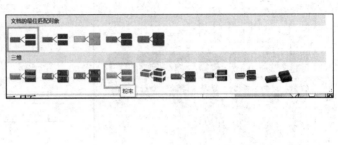

(a)　　　　　　　　　　　　　　　　(b)

图 3.59　SmartArt 样式

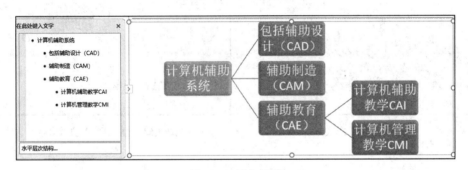

图 3.60　增加形状

10. 插入形状、插入文本框

选择第 5 张幻灯片，单击【插入】选项卡→【插图】功能组→【形状】→【星与旗帜】→【前凸带形】，如图 3.61 所示。用鼠标拖动黄色圆点调节形状，输入文字"计算机辅助系统"。

图 3.61　插入形状

选中图形，单击【绘图工具/格式】选项卡→【形状样式】功能组→【主题样式】→【细微效果-褐色，强调颜色 3】，如图 3.62 所示。

接着，选中图形内文字，字体设为"华文行楷，28 号字"，颜色设为"黑色，文字 1"。

选择第 4 张幻灯片，重新编辑文字。在段落"过程控制"后添加"计算机辅助系统"段落。

单击【插入】选项卡→【插图】功能组→【形状】→【基本形状】→【左大括号】，插入一个"大括号"，并拖动鼠标指针，并调整大小，设置"大括号"形状轮廓线为黑色。接着插入文本框，输入"辅助设计、辅助制造、辅助教育"，调整位置，如图 3.63 所示。

图 3.62　主题样式

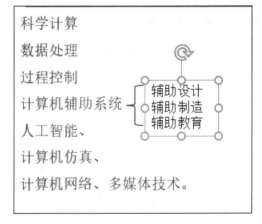

图 3.63　插入形状、文本框

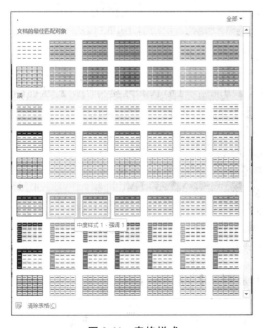

图 3.64　表格样式

11. 插入表格

选择第 3 张幻灯片，单击【开始】选项卡→【幻灯片】功能组→【新建幻灯片】，选择"仅标题"版式，新增幻灯片 4。

打开素材文件夹中"表格.docx"，复制表格到新建的第 4 张幻灯片空白处，"使用目标样式"粘贴，同样的方式复制 Word 中的标题到标题占位符。

调整表格，设置字体大小为 24，单击【表格工具/设计】选项卡→【表格样式】功能组→【中等色】→【中度样式 1 - 强调 1】，如图 3.64 所示。

编辑完成，得到如图 3.65 所示的幻灯片。

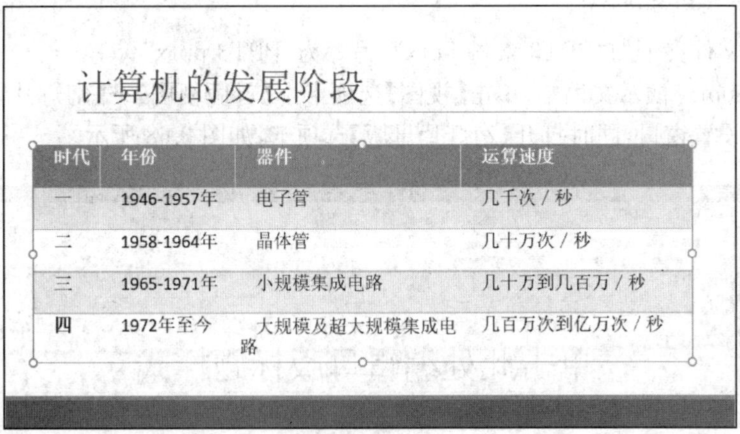

图 3.65　幻灯片 4

12. 插入背景音乐，换页连续播放

选择第 1 张标题幻灯片，单击【插入】选项卡→【媒体】功能组→【PC 上的音频命令】，弹出插入音频对话框，插入素材文件夹中的"芒果.mp3"，幻灯片上会出现小喇叭图标，如图 3.66 所示。

单击小喇叭声音图标，显示声音播放器，供试听声音使用。

图 3.66　音频

选中喇叭，在【音频工具/播放】选项卡→【音频选项】功能组中勾选"跨幻灯片播放"选项，如图 3.67 所示，可在幻灯片换页时连续播放。

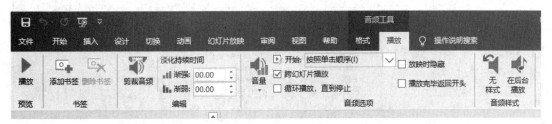

图 3.67　"音频工具/播放"选项卡

保存并关闭演示文稿"PPT2.pptx"。

13. 演示文稿的母版

打开素材文件夹下的"PPT3 素材.pptx"，另存为"PPT3.pptx"。

在"PPT3.pptx"演示文稿中，单击【视图】选项卡→【母版视图】→【幻灯片母版】，屏幕显示幻灯片母版设置窗口，同时打开【幻灯片母版】选项卡，如图 3.68 所示。

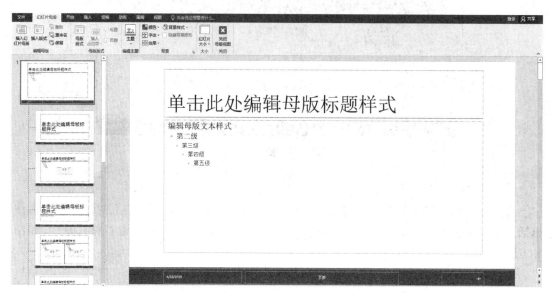

图 3.68　幻灯片母版选项卡和幻灯片母版设置窗

在左侧大纲窗格中选择"标题与内容"版式，编辑母版标题样式。单击【开始】选项卡→【字体】功能组右下方的小箭头，如图 3.69 所示，打开"字体"对话框，将字体设置为"隶书，深蓝色，44 号字"。

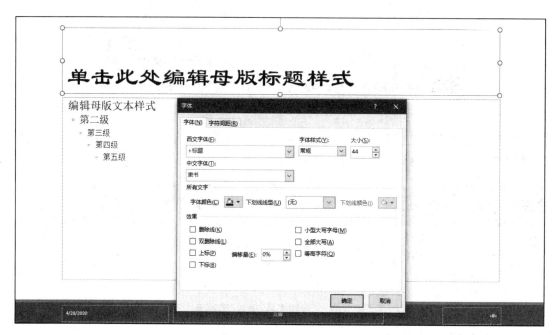

图 3.69　设置母版标题字体

对文稿中使用的"仅标题"版式的标题区也做如上相同设置(否则该版式的标题样式不会随着上面的设置更改)。

选择第 1 张幻灯片母版,单击【插入】选项卡→【文本】功能组→【页眉和页脚】命令,弹出如图 3.70 所示【页眉和页脚】对话框,勾选【日期和时间】复选框、单击选择【自动更新】、勾选【幻灯片编号】和【标题幻灯片中不显示】复选框、勾选【页脚】并输入需要显示的文本内容"计算机基础",最后单击【全部应用】按钮。

图 3.70　设置幻灯片母版的页眉和页脚

注意:由于更新和使用习惯不同,日期的默认格式是不一样的,需要手动选择,某些情况下有些日期格式分中文和英文。

接下来,单击【插入】选项卡→【插图】功能组→【形状】→【星与旗帜】→【五角星】,如图 3.71(a)所示,然后用鼠标在幻灯片母版左上角拖拽插入一个"五角星"形状。

选中"五角星"形状,单击【绘图工具/格式】选项卡→【形状样式】功能组→【形状填充】下拉窗口,如图 3.71(b)所示,选择"标准色-红色"。

选择标题幻灯片版式,选择【幻灯片母版】选项卡→【背景】功能组,不勾选【隐藏背景图形】复选框,如图 3.72 所示。

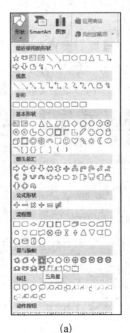
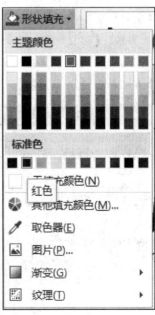

(a)　　　　　　　　　(b)

图 3.71　插入形状和形状样式

图 3.72 　"幻灯片母版"选项卡

单击【关闭母版视图】按钮返回普通视图，设置后的效果如图 3.73 所示。

保存并关闭"PPT3.pptx"演示文稿。

图 3.73 　设置完成后的幻灯片

将"PPT3.pptx"演示文稿另存为"PPT4.pptx"。

在"PPT4.pptx"演示文稿中，单击【视图】选项卡→【母版视图】→【讲义母版】按钮，显示【讲义母版】选项卡。

单击【讲义母版】选项卡→【页面设置】→【幻灯片大小】→【自定义幻灯片大小】命令，打开"幻灯片大小"对话框，如图 3.74(a)所示。设置"幻灯片大小"为"全屏显示(4:3)"，单击【确定】后，弹出如图 3.74(b)对话框，选择【确保适合】按钮。

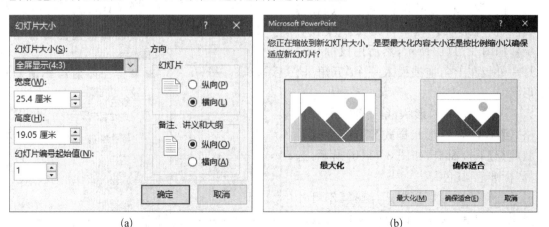

(a)　　　　　　　　　　　　　　　　　(b)

图 3.74 　设置"幻灯片大小"

继续选择【讲义母版】选项卡→【页面设置】功能组→【每页幻灯片数量】→【4 张幻灯片】，如图 3.75 所示。

单击【关闭母版视图】按钮，回到普通视图后，调整一下各个幻灯片中图形、图像和表格等的位置。保存"PPT4.pptx"演示文稿。

注意：当幻灯片大小发生变化后原来的内容位置也会发生变化，一定要再次检查调整文本编辑和图形位置，确保演示文稿的美观。

14. 设置幻灯片主题背景和颜色方案

选择第 3 张幻灯片，同样打开【设置背景格式】任务窗格，在其中选择【填充】→【图片或纹理填充】→【纹理】→【蓝色面巾纸】，如图 3.76(a)所示。

接着，选择【设计】选项卡→【变体】功能组→【其他】按钮→【颜色】→【红橙色】，然后单击【全部应用】按钮。

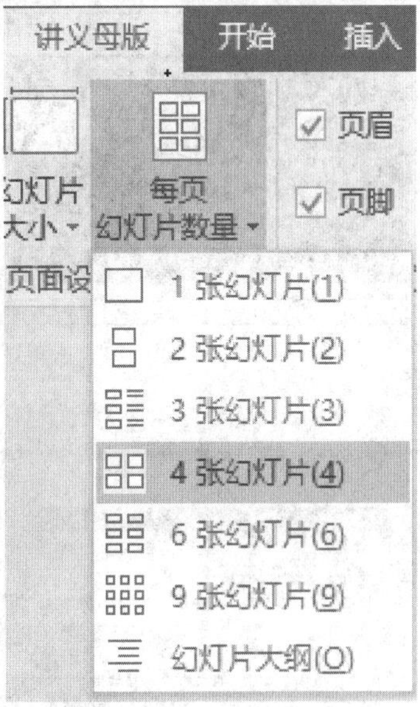

接着，选择第 6 张幻灯片，单击【设计】选项卡→【变体】功能组→【其他】按钮→【背景样式】→【设置背景格式】，打开【设置背景格式】任务窗格，在其中选择【填充】→【纯色填充】，【颜色】→【标准色浅绿】，【透明度】→【50%】，如图 3.76(b)所示。

最后，选择【设计】选项卡→【变体】功能组→【其他】按钮→【颜色】→【自定义颜色】，弹出【新建主题颜色】对话框，如图 3.77 所示。设置【超链接】为"标准色-蓝色"，单击【保存】按钮。

图 3.75　每页幻灯片数量

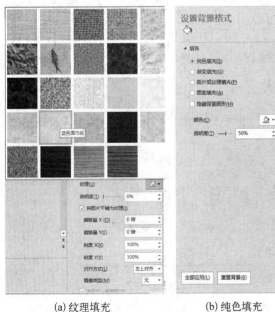

(a) 纹理填充　　(b) 纯色填充

图 3.76　设置背景格式-填充

图 3.77　设置"超链接"颜色

完成效果如图 3.78 所示。

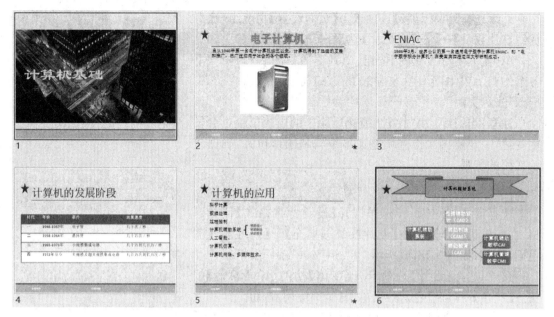

图3.78 设置背景格式效果

15. 设置幻灯片动画效果

从素材文件夹打开演示文稿"PPT4素材.pptx"，另存为"PPT4.pptx"。

在第2张幻灯片中，选择内容文本占位符边框线，单击【动画】选项卡→【动画】功能组→【飞入】按钮，单击【效果选项】→【自左上部】，如图3.79所示。

图3.79 动画设计

接着选择图片，单击【动画】选项卡→【高级动画】功能组→【添加动画】下拉窗口，选择【进入】→【轮子】；【效果选项】→【2轮幅图案】，如图3.80所示。

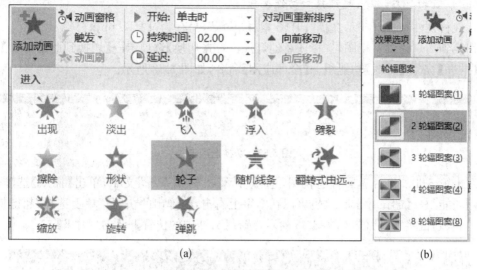

图 3.80　高级动画设计

　　选择第 5 张幻灯片,选中内容占位符边框线,单击【动画】选项卡→【动画】功能组→【浮入】按钮。

　　单击【高级动画】功能组→【动画窗格】按钮,打开"动画窗格",在第 1 动画条幅的左下角点击下拉箭头展开所有子动画。

　　按下 Shift 键,先后选中左大括号和其右边的文本框,选择【动画】选项卡→【动画】功能组→【浮入】,此时动画窗格如图 3.81(a)所示。

　　在动画窗格选择这两个动画,用鼠标选中后按住拖动到上一个动画组中计算机辅助系统下方。右键单击【左大括号】→【从上一项开始】,动画窗格如图 3.81(b)所示。

　　保存并关闭演示文稿"PPT4.pptx"。

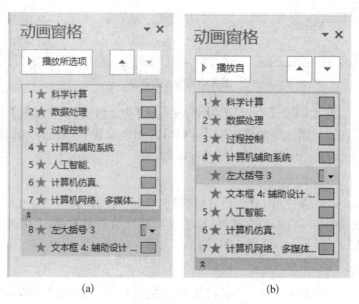

图 3.81　动画窗格

16. 设置幻灯片切换、超链接和动作按钮

从素材文件夹打开演示文稿"PPT5 素材.pptx"，另存为"PPT5.pptx"。

切换到幻灯片浏览视图，选择任意幻灯片，单击【切换】选项卡→【切换到此幻灯片】功能组→【推进】，选择【计时】功能组→【全部应用】命令，如图 3.82 所示。

图 3.82 切换选项卡

双击第 5 张幻灯片返回普通视图，选择"计算机辅助系统"文字，单击【插入】选项卡→【链接】功能组→【超链接】命令（也可以在文字上右击，在弹出的快捷菜单上选择"超链接"），弹出"插入超链接"对话框，如图 3.83 所示，选择【文档中的位置】→【幻灯片 6】。

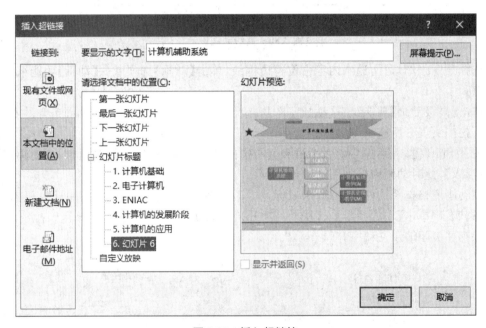

图 3.83 插入超链接

选择第 6 张幻灯片，单击【插入】选项卡→【形状】功能组→【动作按钮】→【动作按钮：第一张】，在幻灯片左下角插入该动作按钮，同时弹出"动作设置"对话框，如图 3.84 所示，默认选择【超链接到】→【第一张幻灯片】，单击【确定】按钮。

17. 设置幻灯片放映

在"PPT5.pptx"文稿中，单击【幻灯片放映】选项卡→【设置】功能组→【设置幻灯片放映】命令，弹出"设置放映方式"对话框，选择【放映类型】为"演讲者放映（全屏幕）"，【换片方式】为"手动"，如图 3.85 所示，单击【确定】按钮。

18. 排练计时

在"PPT5.pptx"演示文稿中，单击【幻灯片放映】选项卡→【设置】功能组→【排练计时】，进入放映排练状态，屏幕左上角显示录制工具栏。按照需要的放映时间间隔单击鼠标播放

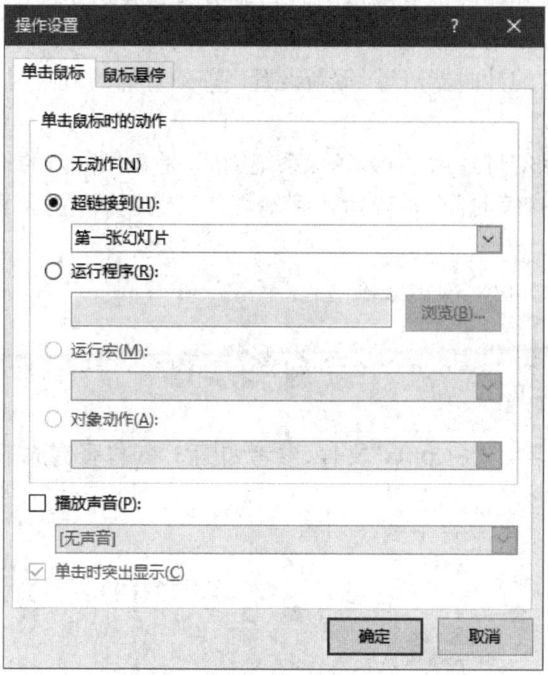

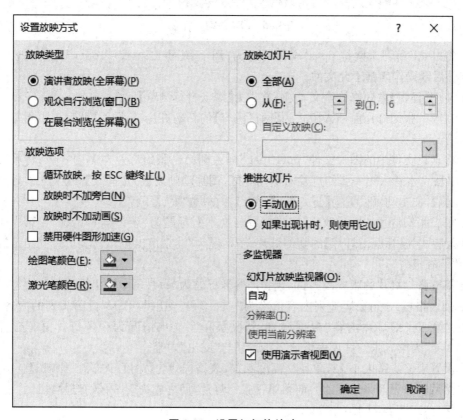

图 3.84　动作设置

图 3.85　设置幻灯片放映

幻灯片。如果当前幻灯片在屏幕上停留的时间能够满足放映要求，单击鼠标左键或工具栏上的【下一项】按钮。如果对当前幻灯片录制的放映时间不满意，可以单击工具栏上的【重复】按钮，将当前幻灯片的计时器清零，重新设置当前幻灯片的放映时间（可根据需要自行安排播放过程）。

当放映完最后一张幻灯片后，屏幕显示系统询问"是否保留新的幻灯片排练时间"，单击【是】按钮，按受录制的排练时间，系统切换到幻灯片浏览视图，显示每张幻灯片所录制的排练时间。

保存并关闭"PPT5.pptx"演示文稿。

综合练习

一、打开"PPT 练习 1 素材.pptx"文件，参考如图 3.86 样张完成下列操作。

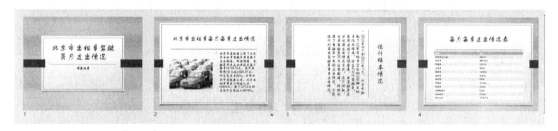

图 3.86　PPT 练习 1 样张

1. 将"PPT 练习 1 素材.pptx"文件另存为"PPT 练习 1.pptx"（".pptx"为扩展名），除特殊指定外后续操作均基于此文件。

2. 使用【环保】主题修饰全文，放映方式为【观众自行浏览】。

3. 在第一张幻灯片前插入版式为【两栏内容】的新幻灯片，标题为"北京市出租车每月每车支出情况"。

4. 将素材文件中的图片文件"ppt1.jpeg"插入到第一张幻灯片左侧内容区，将第二张幻灯片第二段文本移入第一张幻灯片右侧内容区，图片动画设置为【进入】→【飞入】，效果选项为【自左侧】，文本动画设置为【进入】→【浮入】，效果选项为【下浮】。

5. 第二张幻灯片的版式改为【竖排标题与文本】，标题为"统计样本情况"。第三张幻灯片前插入版式为【标题幻灯片】的新幻灯片，主标题为"北京市出租车驾驶员月支出情况"，副标题为"调查报告"。

6. 第五张幻灯片的版式改为【标题和内容】，标题为"每月每车支出情况表"，内容区插入 13 行 2 列表格，第 1 行第 1、2 列内容依次为"项目"和"支出"，第 13 行第 1 列的内容为"合计"，根据第四张幻灯片内容"根据调查，驾驶员单车支出情况为……每月每车合计支出 12718.72 元"为第五张幻灯片表格填写"项目"与"支出"内容。

7. 设置表格文字大小 12，单元格高度 0.76，表格样式为【中度样式 2 - 强调 6】。

8. 然后删除第四张幻灯片。前移第三张幻灯片，使之成为第一张幻灯片。

9. 保存"PPT 练习 1.pptx"文件。

二、打开"PPT 练习 2 素材.pptx"文件，参考如图 3.87 样张完成下列操作。

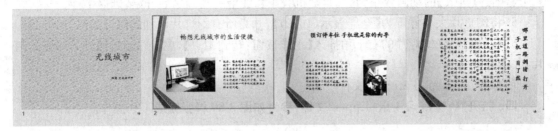

图 3.87　PPT 练习 2 样张

1. 将"PPT 练习 2 素材.pptx"文件另存为"PPT 练习 2.pptx"（".pptx"为扩展名），除特殊指定外后续操作均基于此文件。

2. 使用【视差】主题修饰全文，将全部幻灯片的切换方案设置成【涡流】，效果选项为【自顶部】。

3. 第一张幻灯片前插入版式为【两栏内容】的新幻灯片，标题键入"畅想无线城市的生活便捷"，将素材文件夹中的图片文件"ppt1.jpg"放在第一张幻灯片左侧内容区，将第二张幻灯片的内容文本移入第一张幻灯片右侧内容区，内容文本动画设置为【进入】→【随机线条】、效果选项为【水平】，图片动画设置为【进入】→【缩放】效果选项为【对象中心】，动画顺序为先图片后文本。

4. 将第二张幻灯片版式改为"比较"，将考生文件夹下的图片文件"ppt2.jpg"放在第二张幻灯片右侧内容区。

5. 将第三张幻灯片版式改为"竖排标题与文本"。

6. 将第四张幻灯片的副标题为"福建无线城市群"，设置隐藏背景图形，背景设置为"水滴"纹理，使第四张幻灯片成为第一张幻灯片。

7. 保存"PPT 练习 2.pptx"文件。

三、打开"PPT 练习 3 素材.pptx"文件，参考如图 3.88 样张完成下列操作。

图 3.88　PPT 练习 3 样张

1. 将"PPT 练习 3 素材.pptx"文件另存为"PPT 练习 3.pptx"（".pptx"为扩展名），除特殊指定外后续操作均基于此文件。

2. 所有幻灯片应用主题【丝状】，所有幻灯片切换效果为【立方体】。

3. 在第一张幻灯片的副标题文本框中插入自动更新的日期（样式为"××××年××月××日"）。

4. 在第八张幻灯片中插入图片"boluo.jpg"，设置图片高度、宽度的缩放比例均为120%，图片【进入】的动画效果为【垂直随机线条】，在上一动画之后开始，延迟1秒。

5. 将幻灯片大小设置为【全屏显示(16:9)】，并为所有幻灯片添加幻灯片编号。

6. 在最后一张幻灯片的右下角插入【动作按钮：转到主页】，单击时超链接到第一张幻灯片，并伴有鼓掌声。

7. 保存"PPT练习3.pptx"文件。

四、打开"PPT练习4素材.pptx"文件，参考如图3.89样张完成下列操作。

图3.89   PPT练习4样张

1. 将"PPT练习4素材.pptx"文件另存为"PPT练习4.pptx"（".pptx"为扩展名），除特殊指定外后续操作均基于此文件。

2. 所有幻灯片应用主题"Moban03.potx"，所有幻灯片切换效果为【风】。

3. 为第二张幻灯片中带项目符号的文字创建超链接，分别指向具有相应标题的幻灯片。

4. 在第三张幻灯片文字下方插入图片"pic03.jpg"，设置高度为5厘米、宽度为12厘米，动画效果为【单击】时【跷跷板】。

5. 除标题幻灯片外，在其他幻灯片中插入幻灯片编号和页脚，页脚内容为"屋顶花园"。

6. 在最后一张幻灯片中，以图片形式插入"book03.xlsx"中"最受欢迎的屋顶花园"的条形图表，并设置其高度和宽度缩放比例均为120%；

7. 保存"PPT练习4.pptx"文件。

五、打开"PPT练习5素材.pptx"文件，参考如图3.90样张完成下列操作。

图3.90   PPT练习5样张

1. 将"PPT 练习 5 素材.pptx"文件另存为"PPT 练习 5.pptx"(".pptx"为扩展名),除特殊指定外后续操作均基于此文件。

2. 所有幻灯片背景填充【纹理】→【新闻纸】,除标题幻灯片外,为其他幻灯片添加幻灯片编号。

3. 交换第一张和第二张幻灯片,并将文件"memo.txt"中的内容作为第三张幻灯片的备注。

4. 在第五张幻灯片文字下方偏左的位置插入图片"pic04.jpg",设置图片位置的水平位置 0 厘米,垂直位置 5 厘米,设置图片的动画为【动作路径】→【转弯】,动画效果【向下】。

5. 利用幻灯片母版,设置所有幻灯片标题字体格式为黑体、48 号字,所有标题的动画效果为单击时【自右侧飞入】。

6. 将幻灯片大小设置为【35 毫米幻灯片】,选择内容【确保适合】,并为最后一张幻灯片中的文字"返回"创建超链接,单击指向第一张幻灯片。

7. 保存"PPT 练习 5.pptx"文件。

第4章

Word 2016 高级应用

一、任务目标

制作如下图所示的三折宣传页。

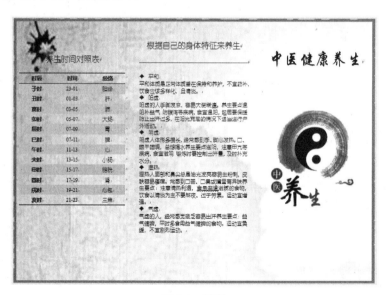

图 4.1　样张

二、相关知识

1. 按照指定方式对段落进行分栏。
2. 为页面添加可打印的背景颜色。

三、任务实施

1. 新建 Word 文档,纸张大小为 A4,纸张方向横向,页边距上下左右均为 0.5 厘米。

【操作步骤】

新建空白 Word 文档,在【布局】选项卡→【页面设置】功能组中将纸张大小设为 A4,纸张方向设置为横向,并设置上、下、左、右页边距均为 0.5 厘米,如图 4.2 所示。

2. 设置页面背景为"背景.jpg",设置页面边框为艺术型倒数第 3 个类型的方框,颜色设置为"白色,背景 1,深色 50%"。

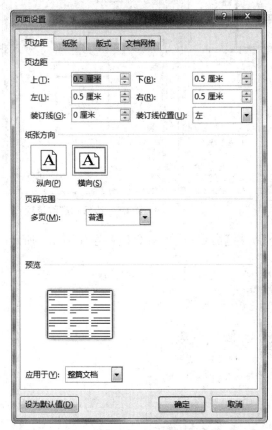

图 4.2　页面设置

图 4.3　背景图片

【操作步骤】

选择【设计】选项卡→【页面背景】功能组→【页面颜色】命令→【填充效果】选择素材文件夹中的"背景.jpg",如图 4.3 所示。

在"页面边框"中选择倒数第 3 个艺术型边框,颜色设置为"白色,背景 1,深色 50%",如图 4.4 所示。

点击页面边框对话框中的选项按钮,将上下左右边距均设为 0 磅,如图 4.5 所示。

3. 导入"素材.docx"中的内容,并参照样张分为等宽三栏,栏间距 3 字符。

【操作步骤】

选择【插入】选项卡→【文本】功能组→【对象】命令→【文件中的文字】,找到素材文件夹中的"素材.docx"，将文件内容插入到当前页面中。

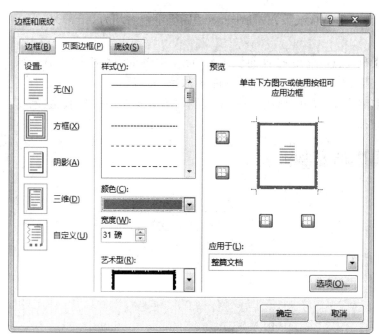

图 4.4　页面边框

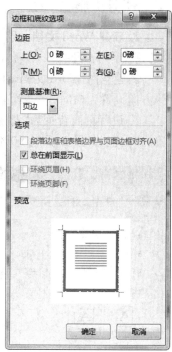

图 4.5　边框和底纹选项

选择【布局】选项卡→【页面设置】功能组→【分栏】命令→【更多分栏】，在如图 4.6 所示的对话框中选择三栏，将栏间距设为 3 字符。

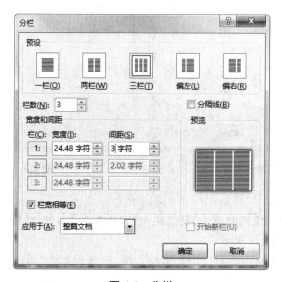

图 4.6　分栏

参照样张，在"根据自己的身体特征来养生"前插入分栏符，如图 4.7 所示，同样在"中医健康养生"前插入分栏符，使得不同内容分布在不同栏中。

4. 第一栏文字第一行文字为幼圆、小二，颜色"蓝-灰，文字 2，深色 50％"。第一行文字居中，间距段前 4 行，段后 1 行。

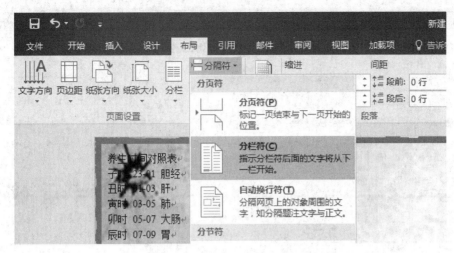

图 4.7　插入分栏符

【操作步骤】

选中"养生时间对照表",选择【开始】选项卡→【字体】功能组,将字体设置为幼圆、小二,颜色"蓝-灰,文字 2,深色 50%",在【段落】功能组中将文字设为居中对齐,段前间距 4 行,段后间距 1 行。

5. 将第一栏其他文字转换为表格,并在第一行添加表头"时辰、时间、经络"。表格字体为幼圆、小四,颜色"蓝-灰,文字 2,深色 50%",单元格高度 0.8 厘米,表格样式为,对齐方式为水平居中。

【操作步骤】

选中第一栏其余文本,选择【插入】选项卡→【表格】功能组→【表格】命令→【文本转换为表格】,在弹出的如图 4.8 所示的对话框中设置表格为 12 行 3 列,文字分隔位置为"空格"。

选中表格第一行,在【表格工具】→【布局】选项卡→【行和列】功能组中选择"在上方插入行",并在 3 个单元格中分别填入表头:时辰、时间、经络。

选中整个表格,将字体设置为幼圆、小四,颜色"蓝-灰,文字 2,深色 50%"。【表格工具】→【布局】中设置单元格大小为高度 0.8 厘米,对齐方式为"水平居中"。

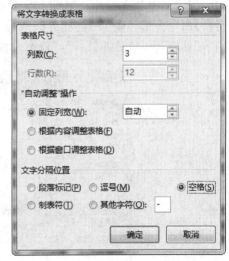

图 4.8　文字转换为表格

6. 第二栏文字为幼圆,颜色"蓝-灰,文字 2,深色 50%"。第一行文字字号小二,段后间距 1 行,其他文字字号小四。在第二栏第一行文字下方插入高度为 1.5 磅的横线,颜色为"绿色,个性色 6,深色 50%"。

【操作步骤】

首先选中第二栏文字,参照第 5 步操作过程设置文字格式。光标定位到第一行文字下方,单击【开始】选项卡→【段落】功能组→【边框和底纹】命令→【横线】,如图 4.9 所示。

选中横线右击,选择图片命令,在弹出的对话框中设置横线高度 1.5 磅,颜色为"绿色,个性色 6,深色 50%"。

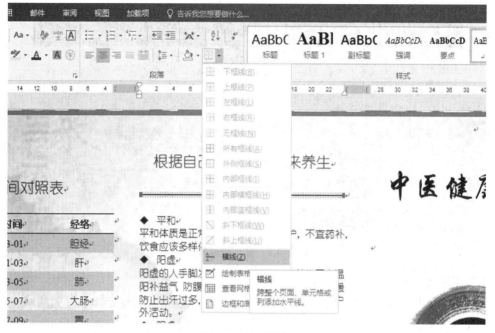

图 4.9　插入横线

7. 参照样张,将第二栏文字中一～五替换为菱形项目符号。

【操作步骤】

按住 Ctrl 键选中不连续的 5 段带编号的文字,在【开始】选项卡→【段落】功能组→【项目符号】命令中选择◆符号。打开【开始】选项卡→【编辑】功能组中的【替换】对话框,在"查找内容"处填"[一二三四五]、","替换为"处为空,勾选使用通配符,如图 4.10 所示。

图 4.10　替换

　　单击全部替换后可以发现文中的一、二……等内容被清除。

　　8. 将第三栏文字设为华文行楷，小初，居中。在文字后插入"养生.jpg"并设置为透明色。

　　【操作步骤】

　　选中文字"中医健康养生"，参照步骤 6 设置文字字体和居中方式。光标定位到文字下方，选择【插入】选项卡→【插图】功能组中的图片对话框，插入素材文件夹中的"养生.jpg"，选中图片，选择【图片工具】→【格式】选项卡→【调整】功能组→【颜色】命令→【设置透明色】，如图 4.11 所示。此时鼠标会变形，用鼠标在背景色上进行单击，图片就变成了透明背景了。

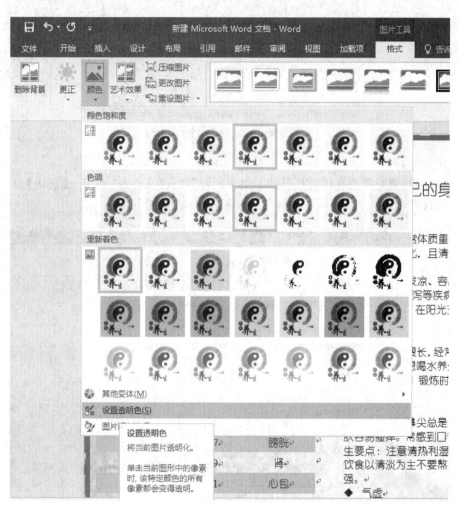

图 4.11　设置透明色

　　9. 设置文字环绕方式为上下型，图片距上边距垂直距离为 6.5 厘米。

　　【操作步骤】

　　选中图片，点右键选择"大小和位置"，在【文字环(绕)】中选择环绕方式为"上下型"，在【位置】中设置垂直距离绝对值距上边距为 6.5 厘米，如图 4.12 所示。

　　10. 要求能打印出背景图片，保存文件为"三折宣传页.docx"。

图 4.12　设置位置

【操作步骤】

默认打印时背景颜色和图片是打印不出来的,需要在【文件】选项卡→【选项】命令→【显示】中进行设置,如图 4.13 所示,将"打印背景色和图像"勾选。

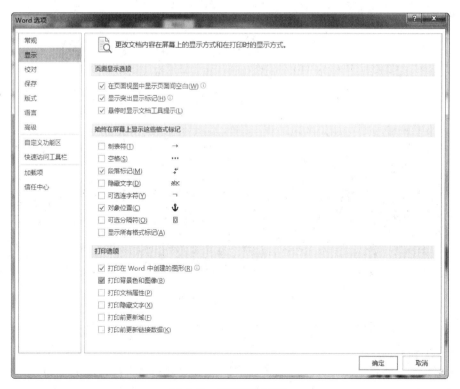

图 4.13　打印背景图像

11. 参照样张,适当调整段落位置,将文件保存为"二折宣传页.docx"。

实验二　设计并批量生成准考证

一、任务目标

设计并批量生成如图 4.14 所示的准考证。

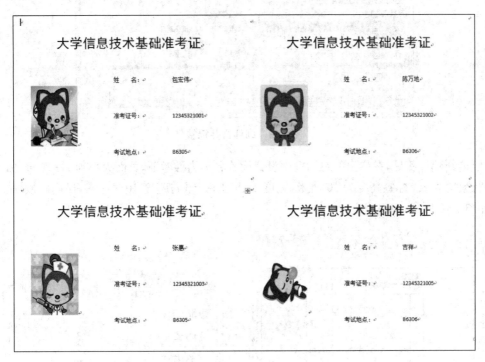

图 4.14　样张

二、相关知识

1. 通过标签批量生成记录。
2. 仅合并数据源中符合要求的特定记录。

三、任务实施

1. 创建一个新的 Word 文档,将其另存为"标签主文档.docx"。

【操作步骤】

新建一个空白文档,单击【文件】选项卡→【另存为】命令,将其保存为"标签主文档.docx"。

2. 创建 2 行 2 列名为"准考证"的标签,距上边距和侧边距均为 0 厘米,标签高度 10 厘米,宽度 14.5 厘米。要求横向间隔 0.3 厘米,纵向间隔 0.5 厘米。

【操作步骤】

选择【邮件】选项卡→【开始邮件合并】功能组→【标签】命令,在弹出的如图 4.15 所示对话框中点击新建标签按钮。

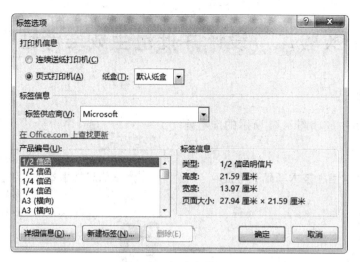

图 4.15　邮件合并标签

　　点击新建标签后，在弹出的对话框中设置标签名称为准考证，页面大小为 A4 横向，标签列数和行数均为 2。标签高度为 10 厘米，宽度 14.5 厘米，纵向跨度 10.5 厘米，横向跨度 14.8 厘米，如图 4.16 所示，单击确定。

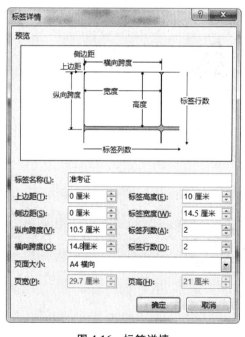

图 4.16　标签详情

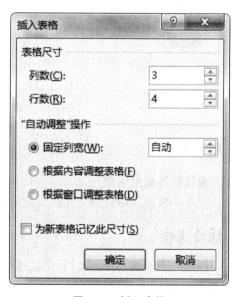

图 4.17　插入表格

　　3. 参照样张，在标签中第一行内容为"大学信息技术基础准考证"，字体为黑体、小一号。下方左侧为空白处将插入照片，右侧分别为姓名、准考证号和考试地点。

　　【操作步骤】

　　为了数据整齐，可以通过表格来处理。光标定位于左上角第二行，在标签中插入一个 4 行 3 列的表格。选择【插入】选项卡→【表格】功能组→【插入表格】命令，在弹出的对话框中输入列数 3，行数 4，如图 4.17 所示。

　　插入表格后将表格下框线拉倒接近左上角标签底部,然后选中整个表格,单击【表格工具】→【布局】选项卡→【单元格大小】功能组→【分布行】命令,这样表格可以实现在表格范围内等高,如图 4.18 所示。

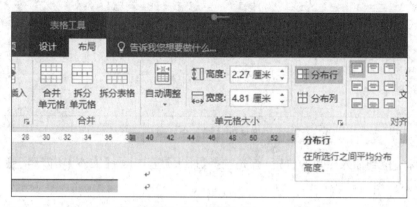

图 4.18　表格分布行

　　选中第一行单元格,单击【表格工具】→【布局】选项卡→【合并】功能组的合并单元格命令进行合并,同样将第一列的 2～4 行单元格进行合并。选中整个表格,单击【表格工具】→【布局】选项卡→【对齐方式】功能组单击"水平居中"按钮。再次选择第 3 列,用同样的方式将其对齐方式设为"中部两端对齐"。

　　在第一行中输入内容"大学信息技术基础准考证",并在【开始】选项卡→【字体】功能组中设置字体为黑体、小一号。第 2 列中的三个单元格数据分别输入"姓名:"、"准考证号:"、"考试地点:"。

　　选中输入的"姓名",选择【开始】选项卡→【段落】功能组→【中文版式】命令→【调整宽度】,如图 4.19 所示,在弹出的对话框中输入新字符宽度为 4 字符,这样字符宽度一样就整齐了。

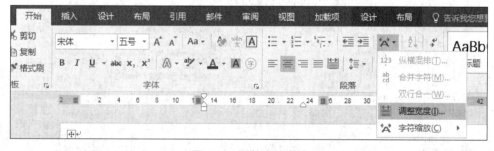

图 4.19　调整字符宽度

　　选中整个表格,在【开始】选项卡→【段落】功能组→【边框】下拉列表中的【边框和底纹】对话框中将边框线设为无。

　　4. 将标签中的照片、姓名、准考证号和考试地点设为"考生信息表.xlsx"中相应内容。

　　【操作步骤】

　　单击【邮件】选项卡→【开始邮件合并】功能组→【选择收件人】命令→【使用现有列表】,选择考生信息表.xlsx 进行数据绑定。在姓名右侧单元格中单击【邮件】选项卡→【编写和插入域】功能组→【插入合并域】命令→【姓名】,如图 4.20 所示,准考证号和考试地点右侧单元格用类似的方法插入同名合并域。

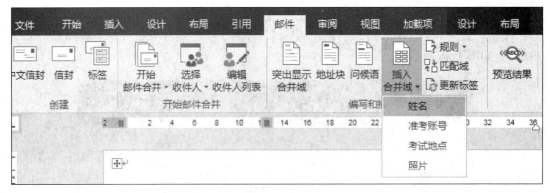

图 4.20   插入合并域

将光标定位到插入照片的位置，首先选择【插入】选项卡→【文本】功能组→【文档部件】命令→【域】，如图 4.21 所示。

图 4.21   插入域

在弹出的对话框中选择类别"链接和引用"，域名"IncludePicture"，在文件名处输入照片所在的目录位置（注意是绝对地址），如图 4.22 所示，设置完成后单击确定。

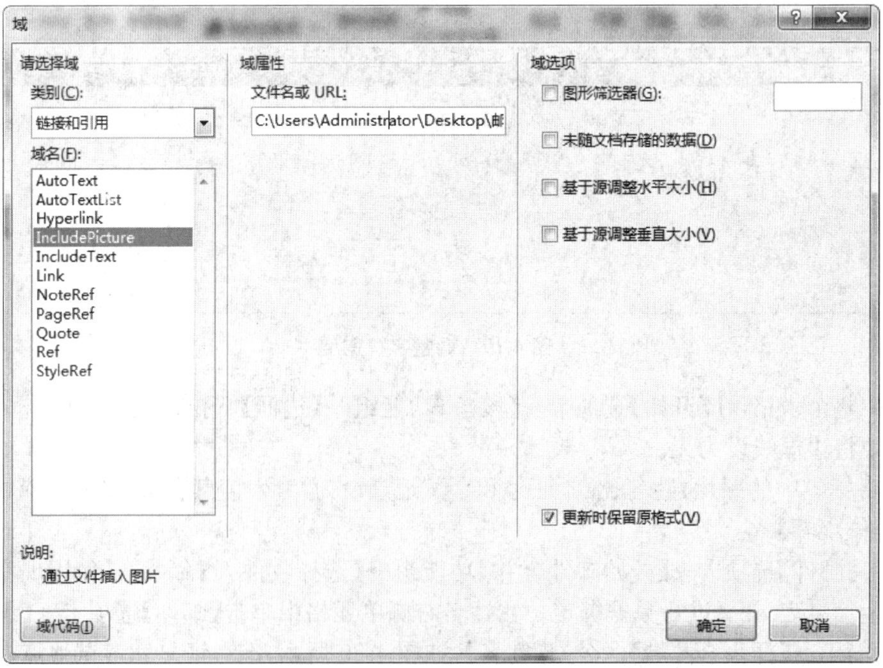

图 4.22   IncludePicture 域

选中主文档照片处,按 Shift＋F9 切换到域代码,在刚才的文件地址之后输入"\\"(注意要在地址后面的引号前),然后单击【邮件】选项卡→【编写和插入域】功能组→【插入合并域】命令→【照片】,代码如图 4.23 所示。

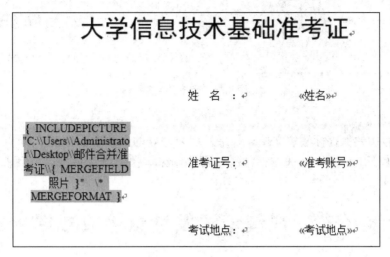

图 4.23　修改域代码

完成后选中插入的图片按 F9 键刷新,就可以看到照片处出现了图像。

5. 合并生成在 B6 楼 3 层考试同学的准考证(考试地点以 B63 开头)。

【操作步骤】

单击【邮件】选项卡→【开始邮件合并】功能组→【编辑收件人列表】命令,单击"筛选"按钮,在弹出的对话框中设置考试地点包含 B63,确定后完成筛选,如图 4.24 所示。

图 4.24　设置筛选条件

单击【邮件】选项卡→【编写和插入域】功能组→【更新标签】命令,然后单击【邮件】选项卡→【完成】功能组→【完成并合并】命令→【编辑单个文档】,完成邮件合并,如图 4.25 所示。

6. 将合并好的文档以"准考证"名称保存,并保存"标签主文档"。

图 4.25 完成并合并

【操作步骤】

单击保存按钮保存标签主文档。如果发现合并好的文档中头像都一样，可以在合并好的文档中按 Ctrl＋A 进行全选，然后按 F9 键刷新来解决。刷新后将合并后的文档保存为"准考证.docx"。

实验三 成绩汇总及批量生成成绩单

一、任务目标

完成对成绩单的设计并批量生成成绩单，如图 4.26 所示。

图 4.26 主文档样张

二、相关知识

1. 对表格数据进行判断。
2. 处理邮件合并中小数位数过多的问题。

三、任务实施

1. 打开"Word.docx"，设置文档纸张方向为横向，上、下、左、右页边距都调整为 2.5 厘米，并添加"阴影"型页面边框。

【操作步骤】

打开文件,单击【布局】选项卡→【页面设置】功能组→右下角【页面设置】按钮,打开页面设置对话框,如图 4.27 所示,将纸张防线设为横向,上下左右页边距均设为 2.5 厘米。

选择【设计】选项卡→【页面背景】功能组→【页面边框】命令,在对话框中左侧选择"阴影",然后单击确定,如图 4.28 所示。

图 4.27 页面设置

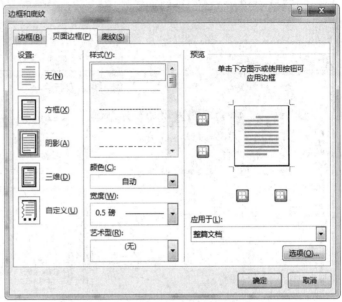

图 4.28 页面边框

2. 将文字"ABC 设计公司员工 2020 年度成绩报告"字体修改为微软雅黑、一号字,文字颜色修改为"红色,个性色 2",并应用加粗效果。对文字"2020 年度成绩报告"应用双行合一的排版格式。

【操作步骤】

选中标题文字,在【开始】选项卡字体对话框中设置题目中要求的字体、字号、字形以及颜色,如图 4.29 所示。

选中文字"2020 年度成绩报告",选择【开始】选项卡→【段落】功能组→【中文版式】命令→【双行合一】,如图 4.30 所示,完成设置。

3. 设置表格宽度为页面宽度的 100%,表格可选文字属性的标题为"员工绩效考核成绩单"。

【操作步骤】

选中整个表格,单击右键或在【表格工具】→

图 4.29 字体设置

【布局】选项卡→【表】功能组中选择"属性"命令,打开对话框,设置尺寸度量单位为百分比,指定宽度为 100%,如图 4.31 所示。

设置完尺寸后单击对话框中的"可选文字"选项卡，在标题中输入"员工绩效考核成绩单"，如图 4.32 所示，设置完成后单击确定按钮。

图 4.30 双行合一

图 4.31 表格属性

图 4.32 可选文字标题

4. 合并第 3 行和第 7 行的单元格，设置其垂直框线为无；合并第 1 行的 2～4 列单元格、第 4～6 行的第 3 列单元格以及第 4～6 行的第 4 列单元格。

【操作步骤】

选中第 3 行单元格，选择【表格工具】→【布局】选项卡→【合并】功能组→【合并单元格】命令，如图 4.33 所示，此时选中的单元格会合并成一个单元格。用相同的方法对题目要求的单元格进行合并。

图 4.33 合并单元格

选中第 3 行表格,打开【开始】选项卡→【段落】功能组的边框和底纹对话框,将单元格左右竖线设置为无,如图 4.34 所示。注意应用范围要设置为单元格,用相同的方法对第 7 行单元格进行设置。

图 4.34　取消竖线

5. 将表格中所有单元格中的对齐方式设置为水平居中对齐。适当调整表格中文字的大小、段落格式以及表格行高,使其能够在一个页面中显示。

【操作步骤】

选中整个表格,选择【表格工具】→【布局】选项卡→【对齐方式】功能组→【水平居中】命令,如图 4.35 所示,可将所有单元格文字设置为"水平居中"的对齐方式。

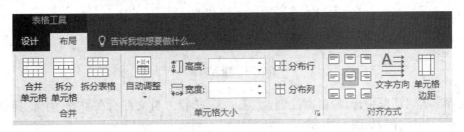

图 4.35　对齐方式

将第 3 行和第 7 行表格适当缩小行高,使表格能够在一页显示,其他文字也可适当调整。

6. 为文档插入"空白(三栏)"式页脚,左侧文字为"ABC 设计公司",中间文字为"年度考核报告",右侧为可自动更新的如"2020 年 3 月 31 日"样式的日期;在页眉的右侧插入图片"logo.png",适当调整图片大小,使所有内容保持在一个页面中,如果页眉中包含水平横线则将其删除。

【操作步骤】

选择【插入】选项卡→【页眉和页脚】选项卡→【页脚】命令→【空白(三栏)】,在页脚左侧输入文字"ABC 设计公司",中间输入文字"年度考核报告",在右侧单击【插入】选项卡→【文本】功能组→【日期和时间】命令，打开如图 4.36 所示对话框，选择语言为中文，格式为年月日的日期格式，右下角勾选"自动更新"，完成后单击确定按钮。

图 4.36　日期和时间

图 4.37　插入 logo

在页眉处将段落对齐方式设置为右对齐，插入 logo.png，将其调整大小，使得所有内容能显示在一页，如图 4.37 所示。

此时页眉下方如果有一条横线，选中图片后面的段落标记，点击【开始】选项卡→【段落】功能组，进入边框和底纹对话框中将下框线设置为无。

7. 右下角单元格插入对象"管理办法.docx"，并修改对象下方的题注文字为"考核说明"。

【操作步骤】

光标定位到右下角单元格中，单击【插入】选项卡→【文本】功能组→【对象】命令→【对象】，如图 4.38 所示。

图 4.38　插入对象

在弹出的对话框中选择"由文件创建"选项卡，选择素材文件所在位置，勾选"链接到文件"和"显示为图标"，如图 4.39 所示。

单击"更改图标"，在弹出的对话框中将题注修改为"考核说明"，如图 4.40 所示，单击确定按钮完成设置。

8. 对"员工考核成绩.xlsx"中的数据进行邮件合并，并在"员工工号""员工姓名""企业文化""业务能力""团队贡献"和"综合成绩"右侧的单元格中插入对应的合并域，其中"综合成绩"保留 1 位小数。

【操作步骤】

选择【邮件】选项卡→【开始邮件合并】功能组→【选择收件人】命令→【使用现有列表】，如图 4.41 所示。

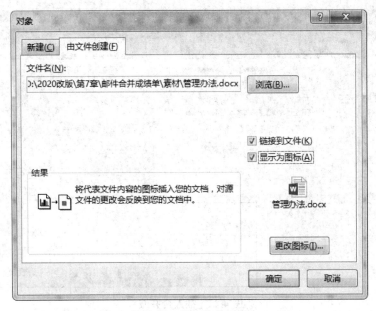

图 4.39　插入文件对象

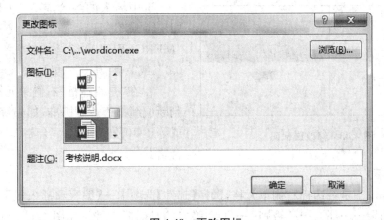

图 4.40　更改图标

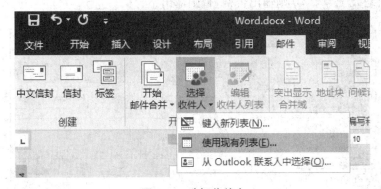

图 4.41　选择收件人

在弹出的对话框中选择"员工考核成绩.xlsx"所在位置,进行收件人数据绑定。

根据表格中的内容,将相应部分插入合并域,如图 4.42 所示,具体操作与上一实验方法相同。

图 4.42　插入合并域

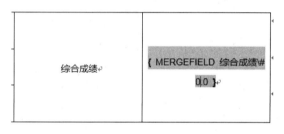

图 4.43　修改域代码

选中插入的综合成绩，单击右键，选择"切换域代码"，进行域代码编辑，在"MERGEFIELD 综合成绩"之后输入"\＃0.0"（或"\＃ ＃.0"），如所图 4.43 所示。

9. 在"是否达标"右侧单元格中插入域，判断成绩是否达到标准，如果综合成绩大于或等于 70 分，则显示"合格"，否则显示"不合格"。

【操作步骤】

将光标定位于是否达标右侧单元格，选择【邮件】选项卡→【编写和插入域】功能组→【规则】命令→【如果……那么……否则……】，在弹出的对话框中进行如图 4.44 所示的填写，判断如果综合成绩大于等于 70 则输出合格，否则输出不合格。

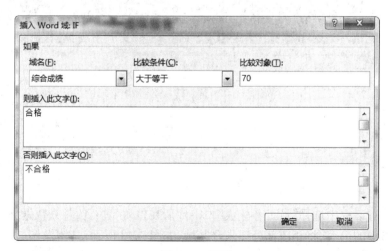

图 4.44　规则

10. 如有重复数据只合并一条,完成邮件合并,将合并的结果文件另存为"合并文档.docx"(".docx"为文件扩展名)。

【操作步骤】

选择【邮件】选项卡→【开始邮件合并】功能组→【编辑收件人】命令,如图 4.45 所示。

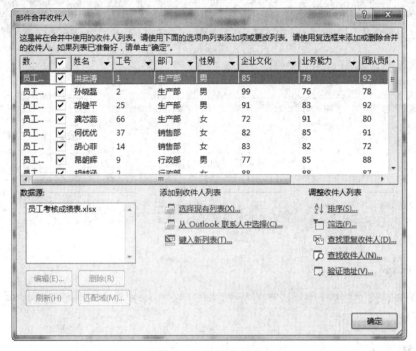

图 4.45　编辑收件人

在对话框中单击"查找重复收件人",弹出如图 4.46 所示对话框,重复收件人只选择一个,其他的取消勾选,单击确定。

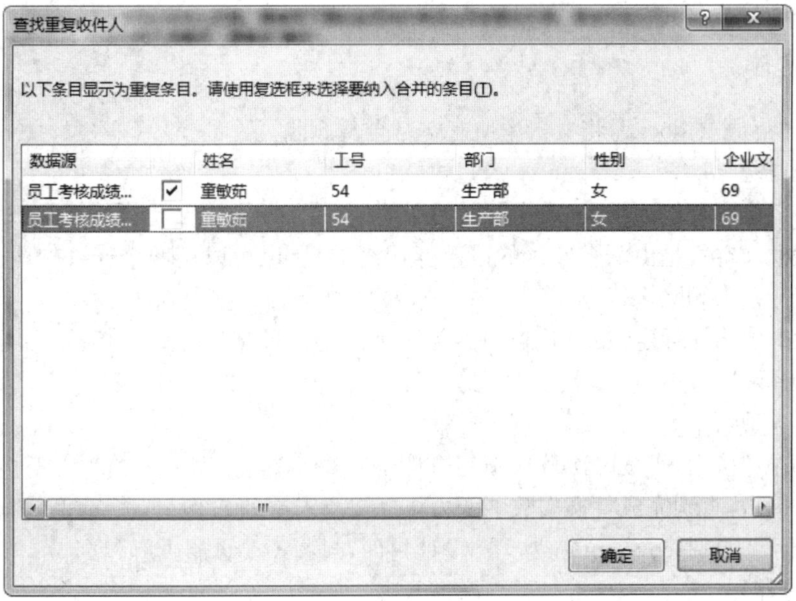

图 4.46　查找重复收件人

参照上一个实验,选择【邮件】选项卡→【完成】功能组→【完成并合并】命令→【编辑单个文档】,完成邮件合并,如图 4.47 所示,将合并好的文件以"合并文档.docx"为名保存,主文档以原文件名保存。

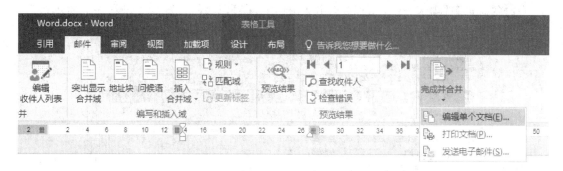

图 4.47　完成邮件合并

实验四　应用样式进行长文档排版

一、任务目标

参照样例对长文档进行编辑,掌握分节、样式修改、样式导入导出、多级列表、不同视图的用法、插入图表等操作。

二、相关知识

1. 为文档导入样式。

2. 不同视图的使用。

3. 图表的设置。

三、任务实施

1. 打开"疟原虫.docx",将文档中所有空行全部删除。

【操作步骤】

将光标定位到文件起始处,单击【开始】选项卡→【编辑】功能组→【替换】命令,弹出查找和替换对话框。空行是由两个连续的段落标记组成,所以可以用两个连续的段落标记替换为一个段落标记来删除空行。

在对话框中将光标定位到"查找内容"处,单击"更多"按钮,选择【特殊格式】→【段落标记】,连续选择两次段落标记,接下来光标定位到"替换为"处,选择【特殊格式】→【段落标记】,如图 4.48 所示。

单击"替换"按钮,每按一次替换按钮会删除一个空白行,因为有的地方有多个空白行,所以要多次单击,直到完成替换次数不变为止。文章末尾处如有一空行请手动删除。

2. 参照示例文件 cover.png,为文档设计封面,封面不要页眉页脚和页码。

【操作步骤】

将光标定位到文章开头处,选择【插入】选项卡→【页面】功能组→【封面】命令→【平面】,

图 4.48　查找和替换

这时会插入"平面"型封面,在文档标题处输入"疟原虫百科",在文档副标题处输入"有关疟原虫的知识",删除其余控件,如图 4.49 所示。

　　光标定位到正文前,选择【布局】选项卡→【页面设置】功能组→【分隔符】命令→【分节符】→【下一页】,插入分节符,可以将封面的设置与其他页分开。

　　3. 为正文第一个"疟原虫"添加尾注,内容为文章开始处突出显示文字"杨黎青主编.免疫学基础与病原生物学:中国中医药出版社,2007",编号格式为"1,2,3……"。添加完后将正文中的突出显示文字删除,并将尾注上方的横线改为文字"参考资料"。

　　【操作步骤】

　　光标定位到第一个疟原虫之后,选择【引用】选项卡→【脚注】功能组→【插入尾注】命令,将第 1 行突出显示的文字剪切到尾注位置,并取消突出显示效果。

图 4.49　封面

　　单击【引用】选项卡→【脚注】功能组的右下角,打开"脚注和尾注"对话框,将编号格式改为"1,2,3……",如图 4.50 所示,单击【应用】按钮,此时可发现尾注编号格式已经更改。

　　选择【视图】选项卡→【视图】功能组→【草稿】命令,将视图切换为草稿视图,然后选择【引用】选项卡→【脚注】功能组→【显示备注】命令,如图 4.51 所示。

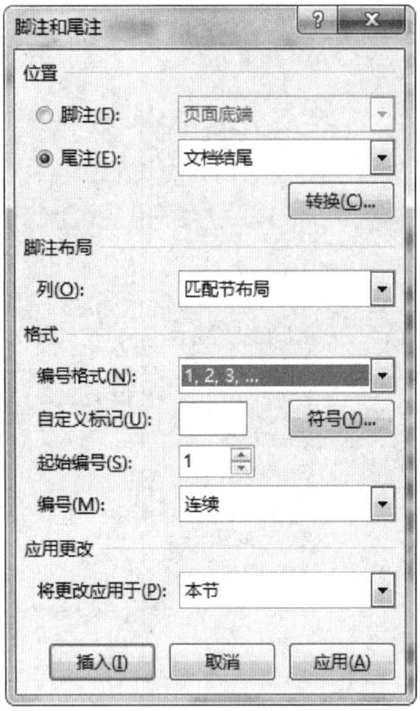

图 4.50　脚注和尾注 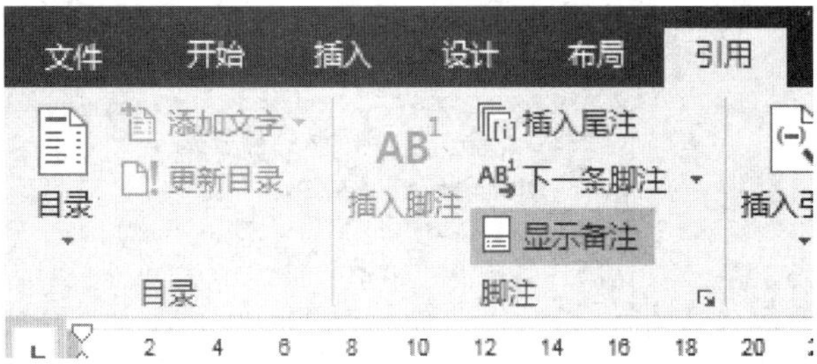　　　　　　　　图 4.51　显示备注

这时页面下方会出现查看注释窗格，如图 4.52 所示。

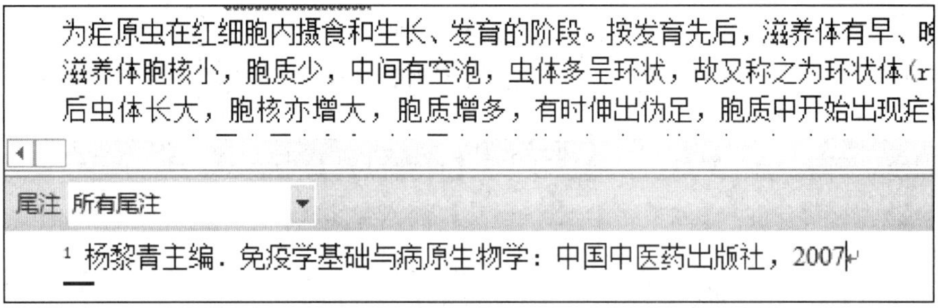

图 4.52　查看注释窗格

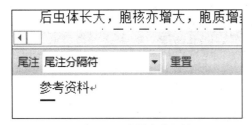

图 4.53　更改尾注分隔符

在窗格里单击"所有尾注"右侧下拉三角，选择"尾注分隔符"，此时可以看到尾注上方的横线可以被选中，删除此线，并输入"参考资料"，如图 4.53 所示。

在视图选项卡中将视图切换为"页面"视图，文章末尾处可以看到横线已经更改为文字。

4. 将素材文件夹下的"Word_样式标准.docx"文件里文档样式库中的"标题 1，标题样式一"和"标题 2，标题样式二"复制到"Word.docx"文档样式库中。

【操作步骤】

单击【开始】选项卡→【样式】功能组右下角按钮，打开"样式"对话框，在对话框中单击"管理样式"按钮，如图 4.54 所示。

在弹出的管理样式对话框中单击左下角"导入/导出"按钮,打开管理器窗口,如图 4.55 所示。

在对话框中单击右侧的"关闭文件"按钮,关闭共用模板文件,此时"关闭文件"按钮会变为"打开文件",单击此按钮,选择"Word_样式标准.docx"文件所在位置。

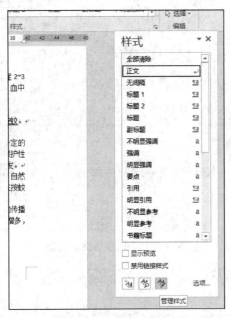

图 4.54　管理样式

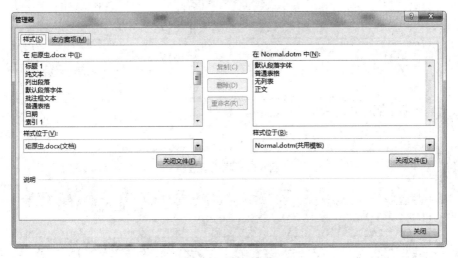

图 4.55　管理器窗口

此时在所选位置看不到任何文件,在对话框的右下角将文件类型改为"所有文件",如图 4.56 所示。

选中"Word_样式标准.docx",点击打开,在管理器窗口右侧将看到该文件中的所有样式,如图 4.57 所示。

在右侧按 Ctrl 键同时选中"标题 1,标题样式一"和"标题 2,标题样式二",单击"复制"按钮,在弹出的对话框中选择"全是",将这两个样式复制到当前文件中,如图 4.58 所示。关闭对话框。

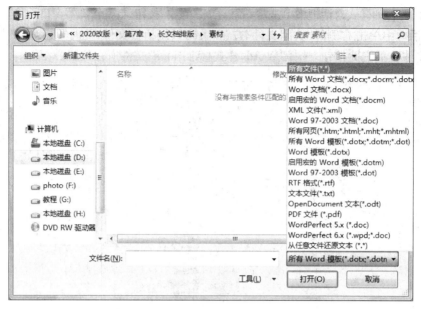

图 4.56　更改显示文件类型

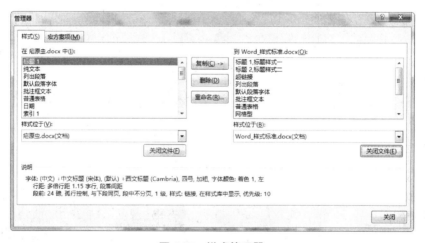

图 4.57　样式管理器

图 4.58　样式导入完成

5. 将文字的样式按下表进行设置。

文字颜色	样式	修改格式	多级列表
红色	标题 1,标题样式一	与下段同页	第 1 部分、第 2 部分……,文本缩进 0 厘米
蓝色	标题 2,标题样式二	与下段同页	1—1、1—2……2—1,2—2……,文本缩进 0 厘米
绿色	标题 3	小四号字、宋体、加粗,标准深蓝色,段前 12 磅、段后 6 磅,行距最小值 12 磅	1—1—1、1—1—2 …… 2—1—1……2—2—1……,文本缩进 0 厘米
除上述三个级别标题外的所有正文	正文	首行缩进 2 字符、1.25 倍行距、段后 6 磅、两端对齐	

【操作步骤】

选择【开始】选项卡→【样式】功能组,右键单击"标题样式一",选择"修改"命令,如图 4.59 所示。

在弹出的对话框中选择【格式】→【段落】,如图 4.60 所示。

图 4.59　修改样式

在段落对话框中选择"换行和分页"选项卡,勾选"与下段同页",如图 4.61 所示。单击确定完成样式修改。

图 4.60　修改样式　　　　　　　图 4.61　段落样式修改

用类似的方法对表格中的其他样式进行修改。

将光标定位到文中红色文字处，或选中红色文字，单击【开始】选项卡→【编辑】功能组→【选择】命令→【选择格式相似的文本】，如图 4.62 所示。批量选中文中的红色文字，单击"标题样式一"，使得所有选中文字应用该样式。

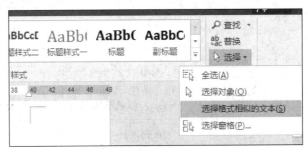

图 4.62   选择格式相似的文本

用同样的方法将其他文字进行样式应用。

将光标定位到正文开始位置，选择【开始】选项卡→【段落】功能组→【多级列表】命令→【定义新的多级列表】，如图 4.63 所示。

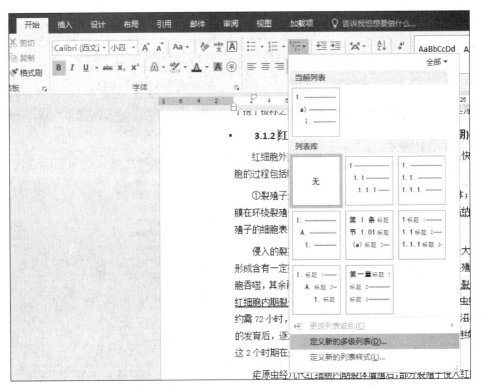

图 4.63   定义新的多级列表

在弹出的对话框中单击左下角"更多"按钮，展开对话框，如图 4.64 所示。

在对话框中单击要修改的级别 1，将级别链接到标题 1，同样对 2、3 级别链接到标题 2 和标题 3，设置如图 4.65 所示，编号格式处修改为表格中所列文字格式（注意数字不能删除）。

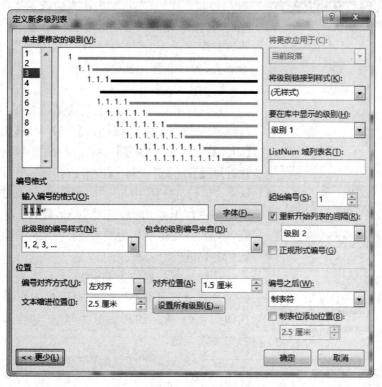

图 4.64　多级列表对话框

图 4.65　修改列表格式

图 4.66　与下段同页

6. 参照样张,在正文中适当位置插入图1,并将其题注设为"图1显微镜下的疟原虫",在适当位置插入图2,并将其题注设为"图2在人体内的发育",要求图片均居中对齐,图片和题注始终在一页。

【操作步骤】

将光标定位到2—2—1的合适位置(注意将空白行首行缩进格式去掉),选择【插入】选项卡→【插图】功能组→【图片】命令,选择素材图片所在位置进行插入操作。选中图片,打开【开始】选项卡→【段落】对话框,将对齐方式设置为居中,"换行与分页"中勾选"与下段同页",如图4.66所示。

在图片上点右键,选择"插入题注",打开题注对话框,单击"新建标签",在弹出的对话框中输入"图",建立新标签,如图4.67所示。

这样插入的题注会自动进行1、2、3……编号。如果要包含章节号可以在"题注"对话框中单击"编号"按钮,在如图4.68所示的对话框中勾选"包含章节号"。本练习中无需勾选。

图 4.67　新建标签

图 4.68　题注编号

在题注对话框中对图1加上之后的文字"显微镜下的疟原虫",完成图1的所有操作。用类似的方法对图2进行插入并设置。

7. 将正文中使用黄色突出显示的文本"图1"和"图2"替换为可以自动更新的交叉引用,引用类型为图片下方的题注,只引用标签和编号。

【操作步骤】

将文件中的突出显示文本"图1"(可以查找方法快速定位)删除,在原位置选择【引用】选项卡→【题注】功能组→【交叉引用】命令,如图4.69所示。

图 4.69　选择交叉引用

在交叉引用对话框中,引用类型处选择"图",引用内容选择"只有标签和编号",引用题注选择"图1显微镜下的疟原虫",如图4.70所示。单击"插入",此时文中会插入交叉引用的"图1",后续如果图顺序发生改变,交叉引用内容会随之变化,关闭对话框。

用同样的方法替换突出显示的"图2"文字。

8. 参照图表样例,在第8部分的表格下方插入图表,要求坐标轴等数值与样例完全一致。可直接插入组合图。

【操作步骤】

将光标定位到表格下方,选择【插入】选项卡→【插图】功能组→【图表】命令,在"插入图表"对话框中选择"组合",单击确定,如图4.71所示。

图 4.70 交叉引用

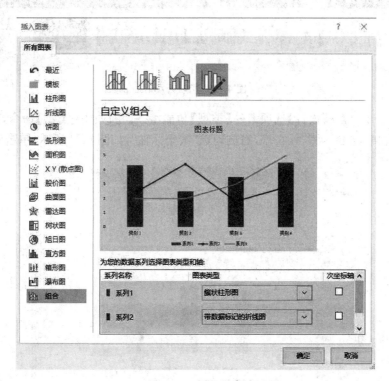

图 4.71 插入图表

这时会打开一个 Excel 表格,将 Word 中的表格数据从 A1 单元格开始复制到此 Excel 中,并将不需要的类别删除,如图 4.72 所示(注意不要关闭 Excel 窗口)。

复制好后可以看到 Word 中表格下方插入了一张图表,但是图表数据与样例中不同,选中图表后选择【图表工具】→【设计】选项卡→【数据】功能组→【切换行/列】命令,交换数据的行和列,如图 4.73 所示。

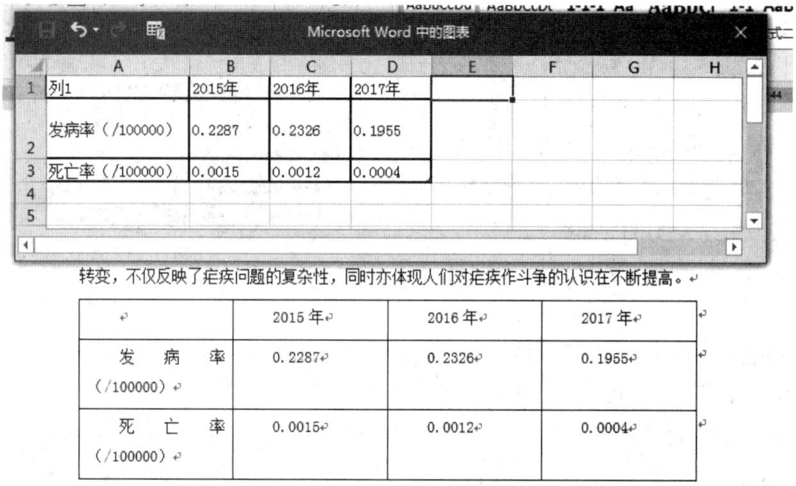

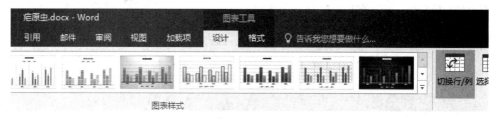

	2015 年	2016 年	2017 年
发 病 率 (/100000)	0.2287	0.2326	0.1955
死 亡 率 (/100000)	0.0015	0.0012	0.0004

图 4.72　复制表格数据

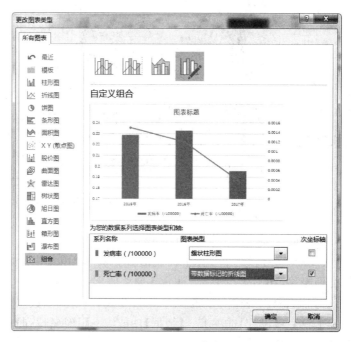

图 4.73　切换行/列

选择【图表工具】→【设计】选项卡→【类型】功能组→【更改图表类型】命令，在弹出的对话框中选择左侧"组合"，将"死亡率"右侧勾选"次坐标轴"，如图 4.74 所示，单击确定。

图 4.74　更改图表类型

选择【图表工具】→【格式】选项卡→【当前所选内容】功能组→【图表元素】选项→【垂直（值）轴】,如图 4.75 所示。

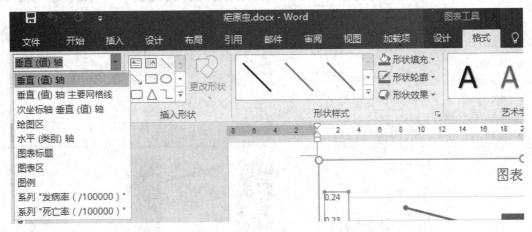

图 4.75　选择垂直轴

选中后单击下方"设置所选内容格式",参照样例在右侧窗口中填写相应数据,如图 4.76 所示。

选中"发病率"系列,选择【图表工具】→【设计】选项卡→【图表布局】功能组→【添加图表元素】→【数据标签】→【轴内侧】,如图 4.77 所示。

这时发病率系列轴内侧会添加数据,同样的方法对死亡率系列添加在上方的数据。将图表标题内容改为"2015—2017 年中国疟疾发病率及死亡率",完成图表编辑,保证与样例一致,关闭 Excel 文件。

9. 在封面页与正文之间插入流行样式的文档目录,目录中要求包含标题 1 和标题 2 样式标题及对应的页码,制表符前导符为"……"。文档目录单独占用新页,且无需分栏。

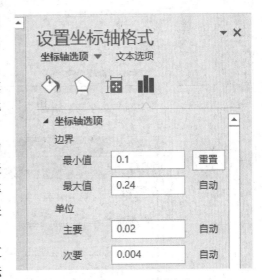

图 4.76　设置坐标轴格式

【操作步骤】

光标定位在正文开始部分,选择【引用】选项卡→【目录】功能区→【目录】命令→【自定义目录】,在弹出的对话框中选择格式为"流行",制表符前导符为第一个,显示级别为 2,如图 4.78 所示,单击"确定",此时正文之前会插入目录。

10. 目录设置为奇偶页不同。目录页页眉均设置为"目录",居中显示,页脚在页面底端均以普通数字 2 格式插入"I,II,III…"页码,页码从 1 开始。正文部分设置页眉页脚,奇数页页眉内容为"疟原虫百科",偶数页眉显示当前页面中的标题 1 样式的编号和名称,均居中显示;所有页脚居中插入页码,要求页码编号从第 1 页开始,页码格式为"1,2,3……"更新目录。

【操作步骤】

光标分别定位在封面与目录,目录与正文之间,通过选择【布局】选项卡→【页面设置】功

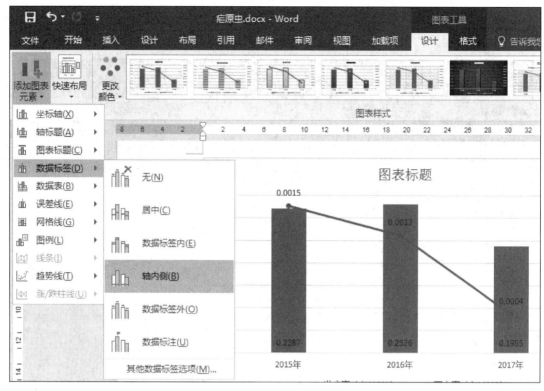

图 4.77 添加数据标签

图 4.78 插入目录

能区→【分隔符】命令→【分节符】→【下一页】,插入分节符,如图 4.79 所示。如果有多余空行请删除。

在目录处进入页眉页脚视图,在【页眉页脚工具】→【设计】选项卡→【选项】功能组中取消"首页不同",勾选"奇偶页不同"选项。在页眉处点击取消选择【页眉和页脚工具】→【设计】选项卡→【导航】功能区→【链接到前一条页眉】选项,如图 4.80 所示。在居中位置输入"目录",在偶数页重复操作一次。

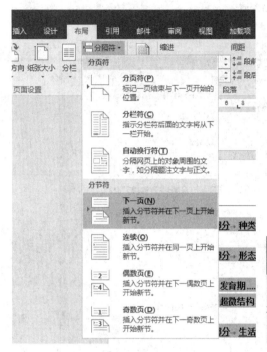

图 4.79　插入分节符

图 4.80　取消链接到前一条页眉

在页脚处取消链接到前一条页眉,选择【页眉和页脚工具】→【设计】选项卡→【页眉页脚】功能区→【页码】命令→【页面底端】→【普通数字 2】,插入页码。单击【页码】→【设置页码格式】,将页码格式修改为题目中要求的格式,如图 4.81 所示,完成目录部分的页眉和页脚设置。在偶数页重复操作一次,页脚处如有空行请删除。

进入正文部分的页眉和页脚,首先参照上面步骤将页眉和页脚部分取消链接到前一条页眉和页脚,清除页眉和页脚内容,取消首页不同。设置页码格式为"1,2,3",起始页码为 1。

在奇数页页眉居中位置输入"疟原虫百科",在偶数页页眉居中位置选择【插入】选项卡→【文本】功能区→【文档部件】命令→【域】,如图 4.82 所示。

在域对话框中类别选择"链接和引用",下方选择"StyleRef",域属性处选择"标题 1,标题样式一",域选

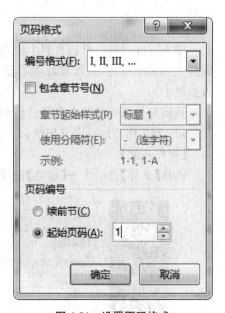

图 4.81　设置页码格式

图 4.82　插入域

项处勾选"插入段落编号"，如图 4.83 所示。

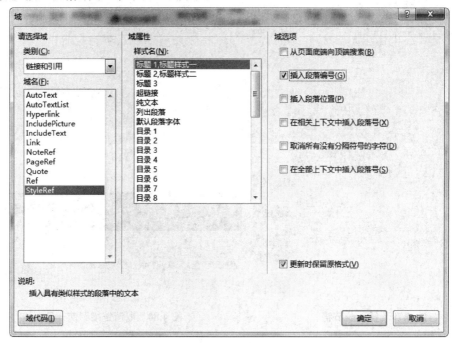

图 4.83　StyleRef 域

插入完成后可以看到页眉中出现了"第一部分"的文字，接下来再次重复一次上面的步骤插入 StyleRef 域，这次域选项不要勾选"插入段落标号"，可以看到标题 1 的文字部分被插入页眉中。

页脚部分页码的插入参照目录部分插入的过程，完成正文部分页眉页脚的设置。

11. 为文档添加自定义属性，名称为"类别"，类型为文本，取值为"科普"。

【操作步骤】

选择【文件】选项卡→【信息】选项→【属性】→【高级属性】，如图 4.84 所示。

图 4.84　添加属性

在弹出的对话框中选择"自定义"选项卡,添加相应属性后点确定,如图 4.85 所示

图 4.85　自定义属性

12. 保存文档"疟原虫.docx"。【操作步骤略】

实验五　为文章添加引用内容并修订

一、任务目标

参照样例学会对文章中索引项标记、导入参考文献、接受和拒绝修订并对文章部分内容进行限制编辑。

二、相关知识

1. 一次性将某个词添加为索引项。
2. 引用文件中的参考文献。
3. 接受或拒绝不同作者对文件的修订。
4. 限制编辑。

三、任务实施

1. 打开素材文件"抗生素发现及应用史.docx",接受胡梓涵对文件的所有修订,拒绝高欣阳对文件的所有修订。

【操作步骤】

打开素材文件,选择【审阅】选项卡→【修订】功能区→【显示标记】→【特定人员】,先取消勾选"高欣阳",仅选中"胡梓涵",如图 4.86 所示。

图 4.86　选择特定人员

单击"接受"选项，右侧会出现胡梓涵对文件的所有修订内容，再点击"接受"下方的黑色三角，选择"接受所有显示的修订"，如图4.87所示。

用类似的方法，选择特定人员为"高欣阳"，单击"拒绝"，此时右侧会出现所有高欣阳进行的修订内容，单击"拒绝"下方的黑色三角，选择"拒绝所有修订"，如图4.88所示。

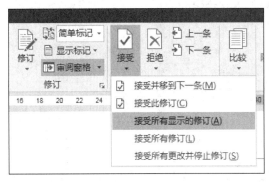 

图4.87　接受修订　　　　　　　　图4.88　拒绝所有修订

2. 在文章末尾输入标题1文字"索引"，并在下方插入文章中所有的"抗生素"的索引项，索引项格式为"流行"，排序依据为"拼音"。

【操作步骤】

光标定位到文章最后，输入"索引"，样式设置为"标题1"。选中文中任意一个"抗生素"，选择【引用】选项卡→【索引】功能区→【标记索引项】，如图4.89所示。

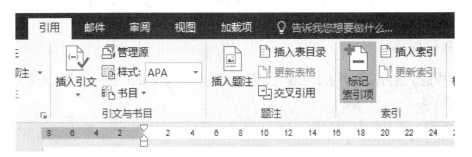

图4.89　标记索引

点击后会弹出标记索引项的对话框，如图4.90所示。

在"所属拼音项"中输入"kss"，单击"标记全部"按钮，这时文中的所有抗生素后会插入索引。

光标定位在文章末尾，选择【引用】选项卡→【索引】功能区→【插入索引】命令，弹出如图4.91所示对话框。

选择格式为"流行"，排序依据为"拼音"，单击确定，完成索引的操作。

此时编辑标记会显示出来，如果想要隐藏编辑标记，可以单击【开始】选项卡→【段落】功能区→【显示/隐藏编辑标记】命令，如图4.92所示。

3. 在索引之后插入标题1，文字为"参考文献"，在下方以"APA"格式插入"参考文献.xml"中的书目。

图 4.90 标记索引项

图 4.91 插入索引

【操作步骤】

在文章末尾输入"参考文献",并将其设为标题 1 样式,选择【引用】选项卡→【引文与书目】功能区→【管理源】命令,弹出源管理器窗口,如图 4.93 所示。

在窗口上单击"浏览"按钮,选择素材"参考文献.xml"所在位置,如图 4.94 所示,单击确定。

图 4.92 显示/隐藏编辑标记

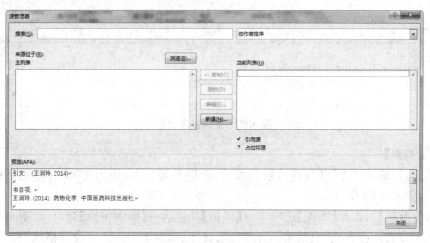

图 4.93 源管理器

打开文件后在源管理器左侧主列表中可以看到参考文献,将文献全部选中后单击"复制"按钮,复制到当前列表中,如图 4.95 所示。

光标定位到文件末尾,选择【引用】选项卡→【引文与书目】功能区→【样式】选项→【APA】,然后单击【书目】→【插入书目】,完成参考文献的插入。

4. 对文中的"应用历史"部分进行限制编辑,不允许对该部分内容进行修改,并启用密码为空的密码保护。

图 4.94　打开源列表

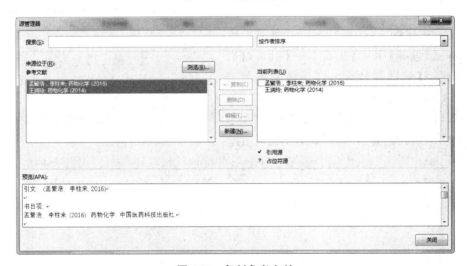

图 4.95　复制参考文献

【操作步骤】

由于只对"应用历史"部分进行限制编辑，所以首先在"应用历史"部分的前后插入连续的分节符，如图 4.96 所示。

插入分节符后，选择【审阅】选项卡→【保护】功能区→【限制编辑】命令，如图 4.97 所示。

此时窗口右侧会出现"限制编辑"窗口，勾选"限制对选定的样式设置格式"和"仅允许在文档中进行次类似的编辑"，在"仅允许在文档中进行次类似的编辑"下方选择"填写窗体"，如图 4.98 所示。

此时"填写窗体"下方出现"选择节"，点击后出现如图 4.99 所示窗口，在窗口中选择"第2 节"，单击确定。

在"3.启动强制保护"中选择"是，启动强制保护"，在弹出的对话框中密码不输入，设置为空，如图 4.100 所示，直接单击"确定"按钮。

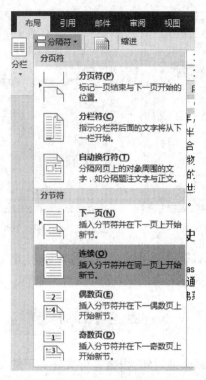

图 4.96　连续分节符

图 4.97　限制编辑

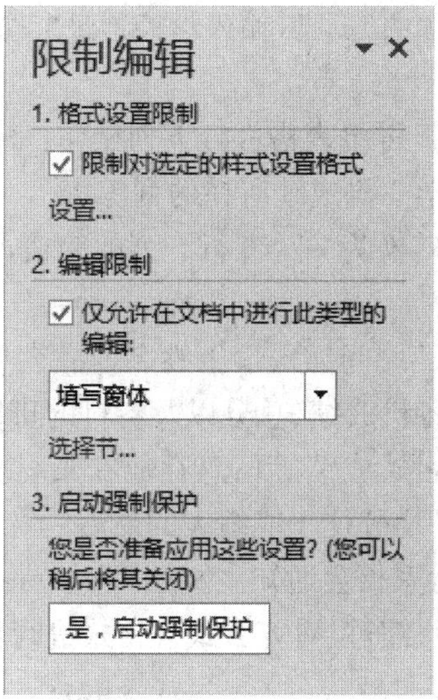

限制编辑

1. 格式设置限制

☑ 限制对选定的样式设置格式

设置...

2. 编辑限制

☑ 仅允许在文档中进行此类型的编辑:

填写窗体

选择节...

3. 启动强制保护

您是否准备应用这些设置? (您可以稍后将其关闭)

是，启动强制保护

图 4.98　限制编辑

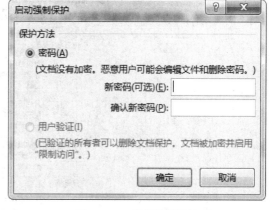

图 4.99　节保护　　　　　　　　　　图 4.100　启动强制保护

此时回到文中会发现仅有第 2 节的内容无法编辑，其他部分是可以编辑的。

5. 单击"保存"按钮对文章进行保存，完成对文件的编辑。

综合练习

一、刘老师正准备制作家长会通知，根据素材文件夹下的相关资料及示例，按下列要求帮助刘老师完成编辑操作。

1. 将素材文件夹下的"Word 素材.docx"文件另存为"Word.docx"（".docx"为扩展名），除特殊指定外后续操作均基于此文件，否则不得分。

2. 将纸张大小设为 A4，上、左、右边距均为 2.5 厘米、下边距 2 厘米，页眉、页脚分别距边界 1 厘米。

3. 插入"空白（三栏）"型页眉，在左侧的内容控件中输入学校名称"北京市向阳路中学"，删除中间的内容控件，在右侧插入素材文件夹下的图片 Logo.gif 代替原来的内容控件，适当剪裁图片的长度，使其与学校名称共占用一行。将页眉下方的分隔线设为标准红色、2.25 磅、上宽下细的双线型。插入"空白"页脚，输入学校地址"北京市海淀区中关村北大街 55 号邮编：100871"。

4. 对包含绿色文本的成绩报告单表格进行下列操作：根据窗口大小自动调整表格宽度，且令语文、数学、英语、物理、化学 5 科成绩所在的列等宽。

5. 将通知最后的蓝色文本转换为一个 6 行 6 列的表格，并参照素材文件夹下的文档"回执样例.png"进行版式设置。

6. 在"尊敬的"和"学生家长"之间插入学生姓名，在"期中考试成绩报告单"的相应单元格中分别插入学生姓名、学号、各科成绩、总分以及各科的班级平均分，要求通知中所有成绩均保留两位小数。学生姓名、学号、成绩等信息存放在素材文件夹下的 Excel 文档"学生成绩表.xlsx"中（提示：班级各科平均分位于成绩表的最后一行）。

7. 按照中文的行文习惯，对家长会通知主文档 Word.docx 中的红色标题及黑色文本内容的字体、字号、颜色、段落间距、缩进、对齐方式等格式进行修改，使其看起来美观且易于阅读。要求整个通知只占用一页。

8. 仅为其中学号为 C121401～C121405、C121416～C121420、C121440～C121444 的 15

位同学生成家长会通知,要求每位学生占 1 页内容。将所有通知页面另外保存在一个名为"正式家长会通知.docx"的文档中(如果有必要,应删除"正式家长会通知.docx"文档中的空白页面)。

9. 文档制作完成后,分别保存"Word.docx"和"正式家长会通知.docx"两个文档至素材文件夹下。样张如图 4.101 所示。

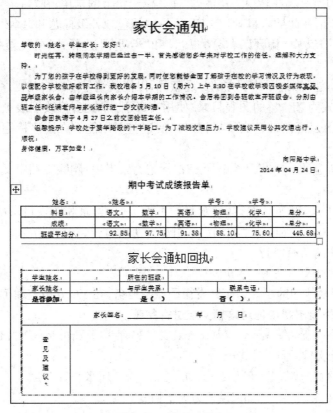

图 4.101 练习 1 样张

二、企业管理专业的林楚楠同学选修了"供应链管理"课程,并撰写了题目为"供应链中的库存管理研究"的课程论文。论文的排版和参考文献还需要进一步修改,根据以下要求,帮助林楚楠对论文进行完善。

1. 在素材文件夹下,将文档"Word 素材.docx"另存为"Word.docx"(".docx"为扩展名),此后所有操作均基于该文档,否则不得分。

2. 为论文创建封面,将论文题目、作者姓名和作者专业放置在文本框中,并居中对齐;文本框的环绕方式为四周型,在页面中的对齐方式为左右居中。在页面的下侧插入图片"图片1.jpg",环绕方式为四周型,并应用一种映像效果。整体效果可参考示例文件"封面效果.docx"。

3. 对文档内容进行分节,使得"封面"、"目录"、"图表目录"、"摘要"、"1.引言"、"2.库存管理的原理和方法"、"3.传统库存管理存在的问题"、"4.供应链管理环境下的常用库存管理方法"、"5.结论"、"参考书目"和"专业词汇索引"各部分的内容都位于独立的节中,且每节都从新的一页开始。

4. 修改文档中样式为"正文文字"的文本,使其首行缩进 2 字符,段前和段后的间距为 0.5行;修改"标题1"样式,将其自动编号的样式修改为"第1章,第2章,第3章……";修改标题 2.1.2 下方的编号列表,使用自动编号,样式为"1)、2)、3)……";复制素材文件夹下"项目符号列表.docx"文档中的"项目符号列表"样式到论文中,并应用于标题 2.2.1 下方的项目符号列表。

5. 将文档中的所有脚注转换为尾注,并使其位于每节的末尾;在"目录"节中插入"流行"格式的目录,替换"请在此插入目录!"文字;目录中需包含各级标题和"摘要"、"参考书目"以及"专业词汇索引",其中"摘要"、"参考书目"和"专业词汇索引"在目录中需和标题1同级别。

6. 使用题注功能,修改图片下方的标题编号,以便其编号可以自动排序和更新,在"图表目录"节中插入格式为"正式"的图表目录;使用交叉引用功能,修改图表上方正文中对于图表标题编号的引用(已经用黄色底纹标记),以便这些引用能够在图表标题的编号发生变化时可以自动更新。

7. 将文档中所有的文本"ABC分类法"都标记为索引项;删除文档中文本"供应链"的索引项标记;更新索引。

8. 在文档的页脚正中插入页码,要求封面页无页码,目录和图表目录部分使用"Ⅰ、Ⅱ、Ⅲ……"格式,正文、参考书目和专业词汇索引部分使用"1、2、3……"格式。

9. 删除文档中的所有空行。

答案文件见素材文件夹中 word.pdf。

三、在某旅行社就职的小许为了开发德国旅游业务,在 Word 中整理了介绍德国主要城市的文档,按照如下要求帮助他对这篇文档进行完善。

1. 在素材文件夹下,将"Word素材.docx"文件另存为"Word.docx"(".docx"为扩展名),后续操作均基于此文件,否则不得分。

2. 修改文档的页边距,上、下为 2.5 厘米,左、右为 3 厘米。

3. 将文档标题"德国主要城市"设置为如下格式:

字体	微软雅黑,加粗
字号	小初
对齐方式	居中
文本效果	填充-橄榄色,着色3,锋利棱台
字符间距	加宽,6磅
段落间距	段前间距:1行;段后间距:1.5行

4. 将文档第1页中的绿色文字内容转换为 2 列 4 行的表格,并进行如下设置(效果可参考素材文件夹下的"表格效果.png"示例):

(1) 设置表格居中对齐,表格宽度为页面的 80%,并取消所有的框线;

(2) 使用素材文件夹中的图片"项目符号.png"作为表格中文字的项目符号,并设置项目符号的字号为小一号;

(3) 设置表格中的文字颜色为黑色,字体为方正姚体,字号为二号,其在单元格内两端对齐,并左侧缩进 2.5 字符;

（4）修改表格中内容的中文版式，将文本对齐方式调整为居中对齐；

（5）在表格的上、下方插入 2.5 磅的横线作为修饰；

（6）在表格后插入分页符，使得正文内容从新的页面开始。

5. 为文档中所有红色文字内容应用新建的样式，要求如下（效果可参考素材文件夹中的"城市名称.png"示例）：

样式名称	城市名称
字体	微软雅黑，加粗
字号	三号
字体颜色	深蓝，文字 2
段落格式	段前、段后间距为 0.5 行，行距为固定值 18 磅，并取消相对于文档网格的对齐；设置与下段同页，大纲级别为 1 级。
边框	边框类型为方框，颜色为"深蓝，文字 2"，左框线宽度为 4.5 磅，下框线宽度为 1 磅，框线紧贴文字（到文字间距磅值为 0），取消上方和右侧框线。
底纹	填充颜色为"蓝色，个性色 1，淡色 80%"，图案样式为"5%"，颜色为自动。

6. 为文档正文中除了蓝色的所有文本应用新建立的样式，要求如下：

样式名称	城市介绍
字号	小四号
段落格式	两端对齐，首行缩进 2 字符，段前、段后间距为 0.5 行，并取消相对于文档网格的对齐。

7. 取消标题"柏林"下方蓝色文本段落中的所有超链接，并按如下要求设置格式（效果可参考素材文件夹中的"柏林一览.png"示例）：

设置并应用段落制表位	8 字符，左对齐，第 5 个前导符样式； 18 字符，左对齐，无前导符； 28 字符，左对齐，第 5 个前导符样式。
设置文字宽度	将第 1 列文字宽度设置为 5 字符； 将第 3 列文字宽度设置为 4 字符。

8. 将标题"慕尼黑"下方的文本"Muenchen"修改为"München"。

9. 在标题"波茨坦"下方，显示名为"会议图片"的隐藏图片。

10. 为文档设置"阴影"型页面边框及恰当的页面颜色，并设置打印时可以显示，保存"Word.docx"文件。

11. 将"Word.docx"文件另存为"笔划顺序.docx"到素材文件夹；在"笔划顺序.docx"文件中，将所有的城市名称标题（包含下方的介绍文字）按照笔划顺序升序排列，并删除该文档第一页中的表格对象。

答案文件见素材文件夹中 word.pdf 和笔划顺序.pdf。

四、办事员小李需要整理一份有关高新技术企业的政策文件呈送给总经理查阅。参照"word.pdf"，利用素材文件夹下提供的相关素材，按下列要求帮助小李完成文档的编排。

1. 打开素材文件夹下的文档"Word 素材.docx"，将其另存为"Word.docx"（.docx 为文件扩展名），之后所有的操作均基于此文件，否则不得分。

2. 首先将文档"附件4 新旧政策对比.docx"中的"标题1"、"标题2"、"标题3"及"附件正文"4 个样式的格式应用到 Word.docx 文档中的同名样式；然后将文档"附件4 新旧政策对比.docx"中全部内容插入到 Word.docx 文档的最下面，后续操作均应在 Word.docx 中进行。

3. 删除文档 Word.docx 中所有空行和全角（中文）空格；将"第一章"、"第二章"、"第三章"……所在段落应用"标题2"样式；将所有应用"正文1"样式的文本段落以"第一条、第二条、第三条……"的格式连续编号并替换原文中的纯文本编号，字号设为五号，首行缩进2字符。

4. 在标题段落"附件3：高新技术企业证书样式"的下方插入图片"附件3 证书.jpg"，为其应用恰当的图片样式、艺术效果，并改变其颜色。

5. 将标题段落"附件2：高新技术企业申请基本流程"下的绿色文本参照其上方的样例转换成布局为"分段流程"的 SmartArt 图形，适当改变其颜色和样式，加大图形的高度和宽度，将第2级文本的字号统一设置为6.5磅，将图形中所有文本的字体设为"微软雅黑"。最后将多余的文本和样例删除。

6. 在标题段落"附件1：国家重点支持的高新技术领域"的下方插入以图标方式显示的文档"附件1 高新技术领域.docx"，将图标名称为"国家重点支持的高新技术领域"，双击该图标应能打开相应的文档进行阅读。

7. 文档的4个附件内容排列位置不正确，将其按1、2、3、4的正确顺序进行排列，但不能修改标题中的序号。

8. 将标题段落"附件4：高新技术企业认定管理办法新旧政策对比"下的以连续符号"♯♯♯"分隔的蓝色文本转换为一个表格，套用恰当的表格样式，在"序号"列插入自动编号"1、2、3…"，将表格中所有内容的字号设为小五号，在垂直方向上居中。令表格与其上方的标题"新旧政策的认定条件对比表"占用单独的横向页面，且表格与页面同宽，并适当调整表格各列列宽，结果可参考答案文件 word.pdf。

9. 在文档开始的"插入目录"标记处插入只包含第1、第2两级标题的目录并替换"插入目录"标记，目录页不显示页码。自目录后的正式文本另起一页，并插入自1开始的页码于右边距内，最后更新目录。

答案文件见素材文件夹中 word.pdf。

五、在某学校任教的林涵需要对一篇 Word 格式的科普文章进行排版，按照如下要求，帮助她完成相关工作。

1. 在素材文件夹下，将"Word 素材.docx"文件另存为"Word.docx"（".docx"为扩展名），后续操作均基于此文件，否则不得分。

2. 修改文档的纸张大小为"B5"，纸张方向为横向，上、下页边距为2.5厘米，左、右页边距为2.3厘米，页眉和页脚距离边界为1.6厘米。

3. 为文档插入"花丝"封面，将文档开头的标题文本"西方绘画对运动的描述和它的科学基础"移动到封面页标题占位符中，适当调整字体和字号，并删除其他占位符。

4. 删除文档中所有的全角空格。

5. 在文档的第2页，插入"运动型引述"提要栏的内置文本框，并将红色文本"一幅画最优美的地方和最大的生命力就在于它能够表现运动，画家们将运动称为绘画的灵魂。——

拉玛左(16 世纪画家)"移动到文本框内,将文本框宽度设为与页面同宽。

6. 将文档中 8 个字体颜色为蓝色的段落设置为"标题 1"样式,3 个字体颜色为绿色的段落设置为"标题 2"样式,并按照下表要求修改"标题 1"和"标题 2"样式的格式。

标题 1 样式	<u>字体格式</u>:方正姚体,小三号,加粗,字体颜色为"白色,背景 1"; <u>段落格式</u>:段前段后间距为 0.5 行,左对齐,并与下段同页; <u>底纹</u>:应用于标题所在段落,颜色为"紫色,个性色 4,深色 25％"。
标题 2 样式	<u>字体格式</u>:方正姚体,四号,字体颜色为"紫色,个性色 4,深色 25％"; <u>段落格式</u>:段前段后间距为 0.5 行,左对齐,并与下段同页; <u>边框</u>:对标题所在段落应用下框线,宽度为 0.5 磅,颜色为"紫色,个性色 4,深色 25％",且距正文的间距为 3 磅。

7. 新建"图片"样式,应用于文档正文中的 10 张图片,并修改样式为居中对齐和与下段同页。修改图片下方的注释文字,将手动的标签和编号"图 1"和"图 10"替换为可以自动编号和更新的题注,并设置所有题注内容为居中对齐,小四号字,中文字体为黑体,英文字体为 Arial,段前、段后间距为 0.5 行。

8. 将正文中使用黄色突出显示的文本"图 1"至"图 10"替换为可以自动更新的交叉引用,引用类型为图片下方的题注,只引用标签和编号。

9. 在标题"参考文献"下方,为文档插入书目,样式为"APA 第六版",书目中文献的来源为文档"参考文献.xml"。

10. 在标题"人名索引"下方插入格式为"流行"的索引,栏数为 2,排序依据为拼音,索引项来自于文档"人名.docx",在标题"参考文献"和"人名索引"前分别插入分页符,使它们位于独立的页面中(文档最后如存在空白页,将其删除)。

11. 为文档除了首页外,在页脚正中添加页码,正文页码自 1 开始,格式为"I,II,III…"。

答案文件见素材文件夹中 word.pdf。

第 5 章

Excel 2016 高级应用

实验一　每月支出与还贷计划

一、任务目标

获取文本文档中的数据，按照要求进行导入，并对空缺数据进行统一填充。完成内容编辑后，进行文档相关的属性设置，保护部分数据，并设置打印属性。完成后的两张工作表如图 5.1、图 5.2 所示。

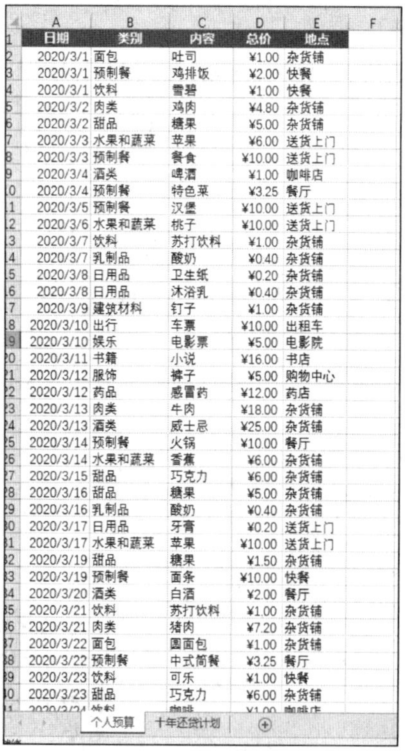

日期	类别	内容	总价	地点
2020/3/1	面包	吐司	¥1.00	杂货铺
2020/3/1	预制餐	鸡排饭	¥2.00	快餐
2020/3/1	饮料	雪碧	¥1.00	快餐
2020/3/2	肉类	鸡肉	¥4.80	杂货铺
2020/3/2	甜品	糖果	¥5.00	杂货铺
2020/3/3	水果和蔬菜	苹果	¥6.00	送货上门
2020/3/3	预制餐	餐食	¥10.00	送货上门
2020/3/4	酒类	啤酒	¥1.00	咖啡店
2020/3/4	预制餐	特色菜	¥3.25	餐厅
2020/3/5	预制餐	汉堡	¥10.00	送货上门
2020/3/6	水果和蔬菜	桃子	¥10.00	送货上门
2020/3/7	饮料	苏打饮料	¥1.00	杂货铺
2020/3/7	乳制品	酸奶	¥0.40	杂货铺
2020/3/8	日用品	卫生纸	¥0.20	杂货铺
2020/3/8	日用品	沐浴乳	¥0.40	杂货铺
2020/3/9	建筑材料	钉子	¥1.00	杂货铺
2020/3/10	出行	车票	¥10.00	出租车
2020/3/10	娱乐	电影票	¥5.00	电影院
2020/3/11	书籍	小说	¥16.00	书店
2020/3/12	服饰	裤子	¥5.00	购物中心
2020/3/12	药品	感冒药	¥12.00	药店
2020/3/13	肉类	牛肉	¥18.00	杂货铺
2020/3/13	酒类	威士忌	¥25.00	杂货铺
2020/3/14	预制餐	火锅	¥10.00	餐厅
2020/3/14	水果和蔬菜	香蕉	¥6.00	杂货铺
2020/3/15	甜品	巧克力	¥6.00	杂货铺
2020/3/16	甜品	糖果	¥5.00	杂货铺
2020/3/16	乳制品	酸奶	¥0.40	杂货铺
2020/3/17	日用品	牙膏	¥0.20	送货上门
2020/3/17	水果和蔬菜	苹果	¥10.00	送货上门
2020/3/19	甜品	糖果	¥1.50	杂货铺
2020/3/19	预制餐	面条	¥10.00	快餐
2020/3/20	酒类	白酒	¥2.00	餐厅
2020/3/21	饮料	苏打饮料	¥1.00	杂货铺
2020/3/21	肉类	猪肉	¥7.20	杂货铺
2020/3/22	面包	圆面包	¥1.00	杂货铺
2020/3/22	预制餐	中式简餐	¥3.25	餐厅
2020/3/23	饮料	可乐	¥1.00	快餐
2020/3/23	甜品	巧克力	¥6.00	杂货铺

图 5.1　个人预算工作表

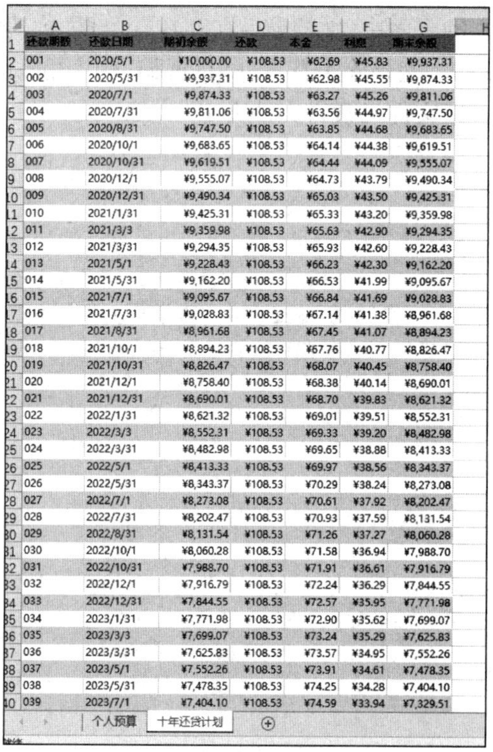

还款期数	还款日期	期初余额	还款	本金	利息	期末余额
001	2020/5/1	¥10,000.00	¥108.53	¥62.69	¥45.83	¥9,937.31
002	2020/5/31	¥9,937.31	¥108.53	¥62.98	¥45.55	¥9,874.33
003	2020/7/1	¥9,874.33	¥108.53	¥63.27	¥45.26	¥9,811.06
004	2020/7/31	¥9,811.06	¥108.53	¥63.56	¥44.97	¥9,747.50
005	2020/8/31	¥9,747.50	¥108.53	¥63.85	¥44.68	¥9,683.65
006	2020/10/1	¥9,683.65	¥108.53	¥64.14	¥44.38	¥9,619.51
007	2020/10/31	¥9,619.51	¥108.53	¥64.44	¥44.09	¥9,555.07
008	2020/12/1	¥9,555.07	¥108.53	¥64.73	¥43.79	¥9,490.34
009	2020/12/31	¥9,490.34	¥108.53	¥65.03	¥43.50	¥9,425.31
010	2021/1/31	¥9,425.31	¥108.53	¥65.33	¥43.20	¥9,359.98
011	2021/3/3	¥9,359.98	¥108.53	¥65.63	¥42.90	¥9,294.35
012	2021/3/31	¥9,294.35	¥108.53	¥65.93	¥42.60	¥9,228.43
013	2021/5/1	¥9,228.43	¥108.53	¥66.23	¥42.30	¥9,162.20
014	2021/5/31	¥9,162.20	¥108.53	¥66.53	¥41.99	¥9,095.67
015	2021/7/1	¥9,095.67	¥108.53	¥66.84	¥41.69	¥9,028.83
016	2021/7/31	¥9,028.83	¥108.53	¥67.14	¥41.38	¥8,961.68
017	2021/8/31	¥8,961.68	¥108.53	¥67.45	¥41.07	¥8,894.23
018	2021/10/1	¥8,894.23	¥108.53	¥67.76	¥40.77	¥8,826.47
019	2021/10/31	¥8,826.47	¥108.53	¥68.07	¥40.45	¥8,758.40
020	2021/12/1	¥8,758.40	¥108.53	¥68.38	¥40.14	¥8,690.01
021	2021/12/31	¥8,690.01	¥108.53	¥68.70	¥39.83	¥8,621.32
022	2022/1/31	¥8,621.32	¥108.53	¥69.01	¥39.51	¥8,552.31
023	2022/3/3	¥8,552.31	¥108.53	¥69.33	¥39.20	¥8,482.98
024	2022/3/31	¥8,482.98	¥108.53	¥69.65	¥38.88	¥8,413.33
025	2022/5/1	¥8,413.33	¥108.53	¥69.97	¥38.56	¥8,343.37
026	2022/5/31	¥8,343.37	¥108.53	¥70.29	¥38.24	¥8,273.08
027	2022/7/1	¥8,273.08	¥108.53	¥70.61	¥37.92	¥8,202.47
028	2022/7/31	¥8,202.47	¥108.53	¥70.93	¥37.59	¥8,131.54
029	2022/8/31	¥8,131.54	¥108.53	¥71.26	¥37.27	¥8,060.28
030	2022/10/1	¥8,060.28	¥108.53	¥71.58	¥36.94	¥7,988.70
031	2022/10/31	¥7,988.70	¥108.53	¥71.91	¥36.61	¥7,916.79
032	2022/12/1	¥7,916.79	¥108.53	¥72.24	¥36.29	¥7,844.55
033	2022/12/31	¥7,844.55	¥108.53	¥72.57	¥35.95	¥7,771.98
034	2023/1/31	¥7,771.98	¥108.53	¥72.90	¥35.62	¥7,699.07
035	2023/3/3	¥7,699.07	¥108.53	¥73.24	¥35.29	¥7,625.83
036	2023/3/31	¥7,625.83	¥108.53	¥73.57	¥34.95	¥7,552.26
037	2023/5/1	¥7,552.26	¥108.53	¥73.91	¥34.61	¥7,478.35
038	2023/5/31	¥7,478.35	¥108.53	¥74.25	¥34.28	¥7,404.10
039	2023/7/1	¥7,404.10	¥108.53	¥74.59	¥33.94	¥7,329.51

图 5.2　十年还贷计算工作表

二、相关知识

1. 数据的导入与定位。
2. 冻结窗口。
3. 工作簿的保护。
4. 设置打印属性。

三、任务实施

1. 打开素材中的"预算与还贷.xlsx"，从"个人预算信息.txt"中导入相应的数据信息至工作表"个人预算"中，数据自 A2 开始放置。

【操作步骤】

光标置于"个人预算"工作表中，选中 A2 单元格，单击【数据】选项卡→【获取外部数据】功能组→【自文本】命令，如图 5.3 所示。选择指定路径中的文件"个人预算信息.txt"，点击【导入】，如图 5.4 所示。

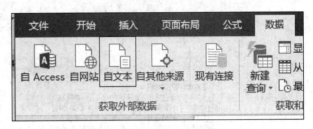

图 5.3　自文本命令

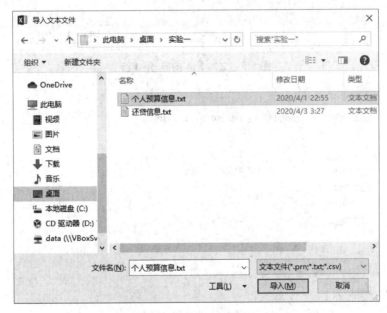

图 5.4　自文本对话框

在弹出的【文本导入向导-第 1 步】中，选择通过【分隔符号】划分数据列。修改【导入起始行】为"2"，选择【下一步】，如图 5.5 所示。

进入【文本导入向导】第 2 步，选择【分隔符号】为"Tab 键"。在下方数据预览中可以看到分隔后的数据状态，如图 5.6 所示。

进入【文本导入向导】第 3 步后，选择第四列"数量"的数据列，勾选上方的【不导入此列（跳过）】；选择第五列"单价"的数据列，同样勾选上方【不导入此列（跳过）】；注意，最后还有一列空列,也不可导入。设置完成后,不导入的数据列上方属性应显示为【忽略列】。操作截图见图5.7、图5.8与图5.9。最后,单击【完成】。

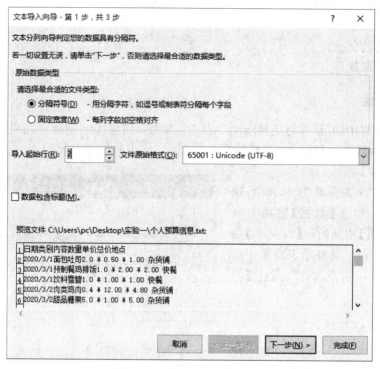

图 5.5　文本导入向导-第 1 步

图 5.6　文本导入向导-第 2 步

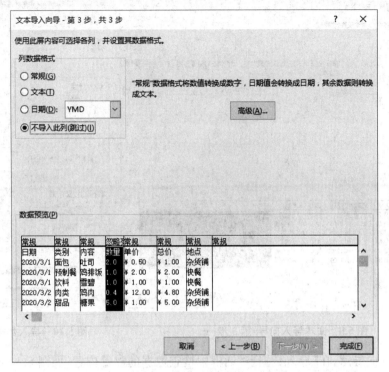

图 5.7　文本导入向导-第 3 步- a

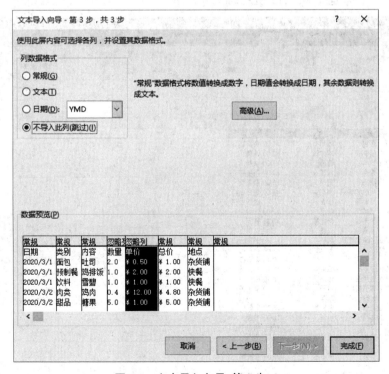

图 5.8　文本导入向导-第 3 步- b

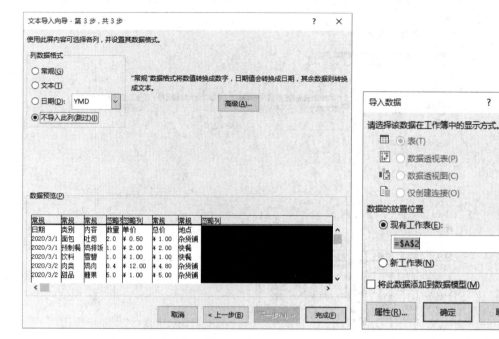

图 5.9　文本导入向导-第 3 步- c　　　　图 5.10　导入数据对话框

　　完成导入向导后，在【导入数据】对话框中检查数据的放置位置，如图 5.10 所示，如果和所需位置不同，则需要进行修改。最后点击【确定】。

　　文本导入后的状态如图 5.11 所示。

图 5.11　文本导入完成状态

2.将"个人预算"工作表中的空数据单元格内填入数据"10"。

【操作步骤】

将表区域 A1:E67 选中,单击【开始】选项卡→【编辑】功能组→【查找和选择】下拉菜单→【定位条件】,勾选【空值】,如图 5.12 所示,单击【确定】。

完成后,表区域将出现如图 5.13 所示状态。

此时,鼠标不要点击任何单元格,维持当前状态,直接键入数字 10,然后按下 Ctrl+Enter 键。完成后的表状态如图 5.14 所示。

3.将"个人预算"工作表中"总价"的数据设置为货币格式,并使用货币符号"¥",显示两位小数点。

【操作步骤】

选中 D2:D67 区域中所有总价数据,打开【设置单元格格式】对话框→【数字】选项卡→分类【货币】,并设置小数位数为 2,货币符号为"¥",如图 5.15 所示。设置完成后点击【确定】。

图 5.12　定位条件对话框

4.从"还贷信息.txt"中导入所有的数据信息至工作表"十年还贷计划"中,要求数据自 A1 开始放置,还款期数的数值格式保持三位。

日期	类别	内容	总价	地点
2020/3/1	面包	吐司	¥1.00	杂货铺
2020/3/1	预制餐	鸡排饭	¥2.00	快餐
2020/3/1	饮料	雪碧	¥1.00	快餐
2020/3/2	肉类	鸡肉	¥4.80	杂货铺
2020/3/2	甜品	糖果	¥5.00	杂货铺
2020/3/3	水果和蔬菜	苹果	¥6.00	送货上门
2020/3/3	预制餐	餐食		送货上门
2020/3/4	酒类	啤酒	¥1.00	咖啡店
2020/3/4	预制餐	特色菜	¥3.25	餐厅
2020/3/5	预制餐	汉堡		送货上门
2020/3/6	水果和蔬菜	桃子		送货上门
2020/3/7	饮料	苏打饮料	¥1.00	杂货铺
2020/3/7	乳制品	酸奶	¥0.40	杂货铺
2020/3/8	日用品	卫生纸	¥0.20	杂货铺
2020/3/8	日用品	沐浴乳	¥0.40	杂货铺
2020/3/9	建筑材料	钉子	¥1.00	杂货铺
2020/3/10	出行	车票		出租车
2020/3/10	娱乐	电影票	¥5.00	电影院
2020/3/11	书籍	小说	¥16.00	书店
2020/3/12	服饰	裤子	¥5.00	购物中心
2020/3/12	药品	感冒药	¥12.00	药店
2020/3/13	肉类	牛肉	¥18.00	杂货铺
2020/3/13	酒类	威士忌	¥25.00	杂货铺
2020/3/14	预制餐	火锅		餐厅
2020/3/14	水果和蔬菜	香蕉	¥6.00	杂货铺
2020/3/15	甜品	巧克力	¥6.00	杂货铺
2020/3/16	甜品	糖果	¥5.00	杂货铺
2020/3/16	乳制品	酸奶	¥0.40	杂货铺
2020/3/17	日用品	牙膏	¥0.20	送货上门
2020/3/17	水果和蔬菜	苹果		送货上门
2020/3/19	甜品	糖果	¥1.50	杂货铺
2020/3/19	预制餐	面条		快餐
2020/3/20	酒类	白酒	¥2.00	餐厅
2020/3/21	饮料	苏打饮料	¥1.00	杂货铺

图 5.13　定位空值后的状态

日期	类别	内容	总价	地点
2020/3/1	面包	吐司	¥1.00	杂货铺
2020/3/1	预制餐	鸡排饭	¥2.00	快餐
2020/3/1	饮料	雪碧	¥1.00	快餐
2020/3/2	肉类	鸡肉	¥4.80	杂货铺
2020/3/2	甜品	糖果	¥5.00	杂货铺
2020/3/3	水果和蔬菜	苹果	¥6.00	送货上门
2020/3/3	预制餐	餐食	10	送货上门
2020/3/4	酒类	啤酒	¥1.00	咖啡店
2020/3/4	预制餐	特色菜	¥3.25	餐厅
2020/3/5	预制餐	汉堡	10	送货上门
2020/3/6	水果和蔬菜	桃子	10	送货上门
2020/3/7	饮料	苏打饮料	¥1.00	杂货铺
2020/3/7	乳制品	酸奶	¥0.40	杂货铺
2020/3/8	日用品	卫生纸	¥0.20	杂货铺
2020/3/8	日用品	沐浴乳	¥0.40	杂货铺
2020/3/9	建筑材料	钉子	¥1.00	杂货铺
2020/3/10	出行	车票	10	出租车
2020/3/10	娱乐	电影票	¥5.00	电影院
2020/3/11	书籍	小说	¥16.00	书店
2020/3/12	服饰	裤子	¥5.00	购物中心
2020/3/12	药品	感冒药	¥12.00	药店
2020/3/13	肉类	牛肉	¥18.00	杂货铺
2020/3/13	酒类	威士忌	¥25.00	杂货铺
2020/3/14	预制餐	火锅	10	餐厅
2020/3/14	水果和蔬菜	香蕉	¥6.00	杂货铺
2020/3/15	甜品	巧克力	¥6.00	杂货铺
2020/3/16	甜品	糖果	¥5.00	杂货铺
2020/3/16	乳制品	酸奶	¥0.40	杂货铺
2020/3/17	日用品	牙膏	¥0.20	送货上门
2020/3/17	水果和蔬菜	苹果	10	送货上门
2020/3/19	甜品	糖果	¥1.50	杂货铺
2020/3/19	预制餐	面条	10	快餐
2020/3/20	酒类	白酒	¥2.00	餐厅

图 5.14　空值统一修改后的状态

图 5.15　设置货币格式

【操作步骤】

切换至"十年还贷计划"工作表，鼠标选中 A1 单元格，选择【数据】选项卡→【获取外部数据】功能组→【自文本】命令，选择指定路径中的文件"还贷信息.txt"，点击【导入】，如图 5.16 所示。

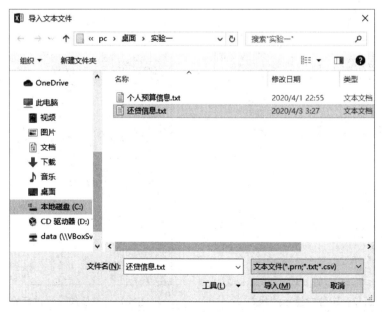

图 5.16　导入文本文件对话框

在【文本导入向导-第 1 步】中，选择通过【分隔符号】划分数据列。导入起始行为"1"，为了规范操作，建议勾选【数据包含标题】，然后选择【下一步】，如图 5.17 所示。

进入【文本导入向导-第 2 步】，选择【分隔符号】为"Tab 键"。在下方数据预览中可以看到分隔后的数据状态，如图 5.18 所示。

进入【文本导入向导第 3 步】，选择第一个数据列，然后勾选上方的【文本】，如图 5.19 所示。

图 5.17　文本导入向导- 1

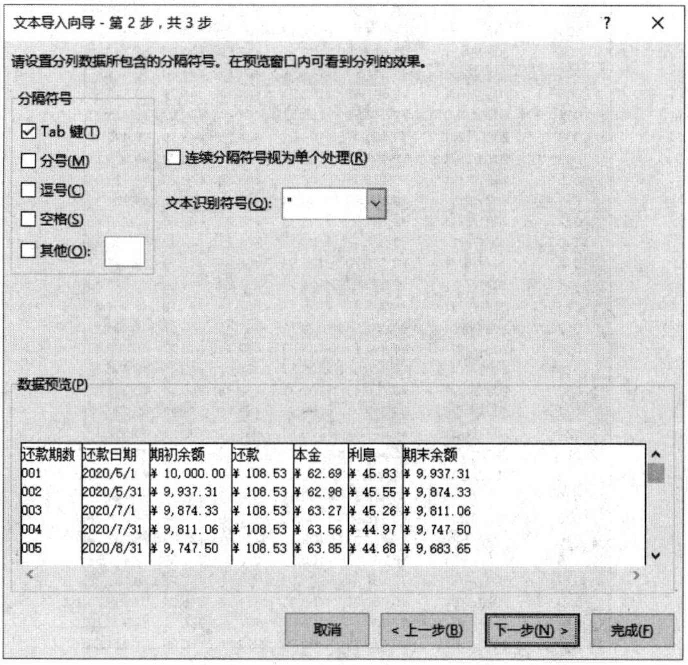

图 5.18　文本导入向导- 2

完成导入向导后，在【导入数据】对话框中检查数据的放置位置，如果和所需位置不同，则需要进行修改，如图 5.20 所示。完成后点击【确定】。

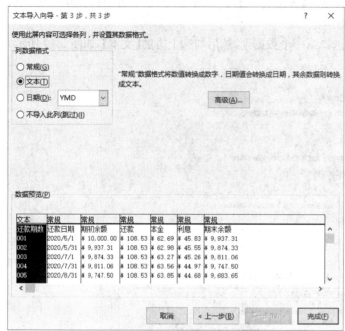

图 5.19　文本导入向导-3

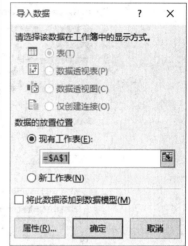

图 5.20　导入数据对话框

完成后，表区域将出现如图 5.21 所示状态。

	A	B	C	D	E	F	G
1	还款期数	还款日期	期初余额	还款	本金	利息	期末余额
2	001	2020/5/1	¥10,000.00	¥108.53	¥62.69	¥45.83	¥9,937.31
3	002	2020/5/31	¥9,937.31	¥108.53	¥62.98	¥45.55	¥9,874.33
4	003	2020/7/1	¥9,874.33	¥108.53	¥63.27	¥45.26	¥9,811.06
5	004	2020/7/31	¥9,811.06	¥108.53	¥63.56	¥44.97	¥9,747.50
6	005	2020/8/31	¥9,747.50	¥108.53	¥63.85	¥44.68	¥9,683.65
7	006	2020/10/1	¥9,683.65	¥108.53	¥64.14	¥44.38	¥9,619.51
8	007	2020/10/31	¥9,619.51	¥108.53	¥64.44	¥44.09	¥9,555.07
9	008	2020/12/1	¥9,555.07	¥108.53	¥64.73	¥43.79	¥9,490.34
10	009	2020/12/31	¥9,490.34	¥108.53	¥65.03	¥43.50	¥9,425.31
11	010	2021/1/31	¥9,425.31	¥108.53	¥65.33	¥43.20	¥9,359.98
12	011	2021/3/3	¥9,359.98	¥108.53	¥65.63	¥42.90	¥9,294.35
13	012	2021/3/31	¥9,294.35	¥108.53	¥65.93	¥42.60	¥9,228.43
14	013	2021/5/1	¥9,228.43	¥108.53	¥66.23	¥42.30	¥9,162.20
15	014	2021/5/31	¥9,162.20	¥108.53	¥66.53	¥41.99	¥9,095.67
16	015	2021/7/1	¥9,095.67	¥108.53	¥66.84	¥41.69	¥9,028.83
17	016	2021/7/31	¥9,028.83	¥108.53	¥67.14	¥41.38	¥8,961.68
18	017	2021/8/31	¥8,961.68	¥108.53	¥67.45	¥41.07	¥8,894.23
19	018	2021/10/1	¥8,894.23	¥108.53	¥67.76	¥40.77	¥8,826.47
20	019	2021/10/31	¥8,826.47	¥108.53	¥68.07	¥40.45	¥8,758.40
21	020	2021/12/1	¥8,758.40	¥108.53	¥68.38	¥40.14	¥8,690.01
22	021	2021/12/31	¥8,690.01	¥108.53	¥68.70	¥39.83	¥8,621.32
23	022	2022/1/31	¥8,621.32	¥108.53	¥69.01	¥39.51	¥8,552.31
24	023	2022/3/3	¥8,552.31	¥108.53	¥69.33	¥39.20	¥8,482.98
25	024	2022/3/31	¥8,482.98	¥108.53	¥69.65	¥38.88	¥8,413.33
26	025	2022/5/1	¥8,413.33	¥108.53	¥69.97	¥38.56	¥8,343.37
27	026	2022/5/31	¥8,343.37	¥108.53	¥70.29	¥38.24	¥8,273.08
28	027	2022/7/1	¥8,273.08	¥108.53	¥70.61	¥37.92	¥8,202.47
29	028	2022/7/31	¥8,202.47	¥108.53	¥70.93	¥37.59	¥8,131.54
30	029	2022/8/31	¥8,131.54	¥108.53	¥71.26	¥37.27	¥8,060.28
31	030	2022/10/1	¥8,060.28	¥108.53	¥71.58	¥36.94	¥7,988.70
32	031	2022/10/31	¥7,988.70	¥108.53	¥71.91	¥36.61	¥7,916.79
33	032	2022/12/1	¥7,916.79	¥108.53	¥72.24	¥36.29	¥7,844.55

图 5.21　还贷信息导入后状态

5. 为了便于查看,将"十年还贷计划"工作表中的首行进行冻结。

【操作步骤】

选择【视图】选项卡→【冻结窗格】命令,选择下拉菜单中的【冻结首行】。

6. 将"十年还贷计划"工作表保护起来,无密码。仅允许修改"还款期数"和"还款日期"两列数据,其余所有数据(包括列标题)均不可编辑。

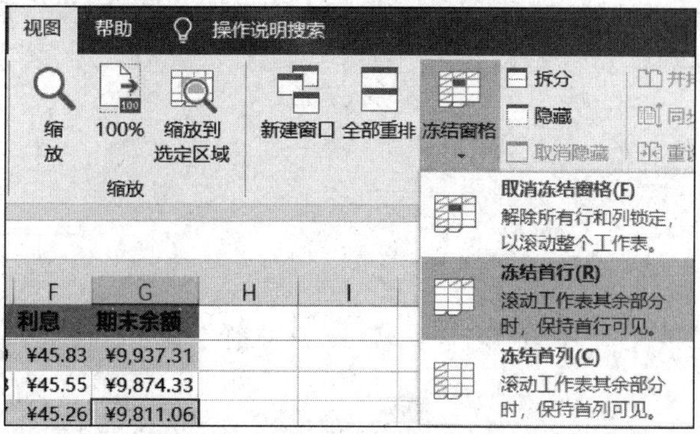

【操作步骤】

图 5.22　冻结首行命令

将"还款期数"和"还款日期"的数据区域 A2:B121 选中,进入【设置单元格格式】对话框→【保护】选项卡,取消【锁定】的勾选,如图 5.23 所示,然后点击【确定】。

图 5.23　取消数据锁定

单击【审阅】选项卡→【更改】功能组→【保护工作表】命令,如图 5.24 所示,在弹出对话框中,仅勾选【允许此工作表的所有用户进行:】选项列表的前两项,如图 5.25 所示。

7. 设置页边距上下左右均为 2 厘米,令数据内容在页面内水平和垂直居中。

【操作步骤】

单击【页面布局】选项卡→【页面设置】功能组→右下角 对话框命令,进入【页面设置】对话框→【页边距】选项卡。

设置相应的页边距距离,在下方【居中】设定中将【水平】与【垂直】选项同时勾选,如图 5.26 所示。点击【确定】完成。

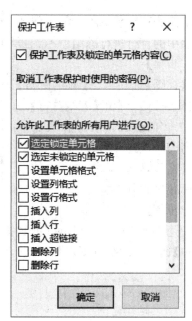

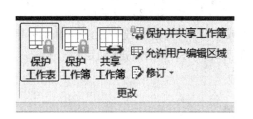

图 5.24　保护工作表命令　　　　　图 5.25　保护工作表对话框

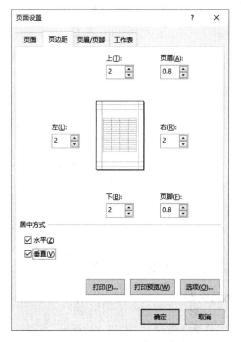

图 5.26　页边距设置与居中方式

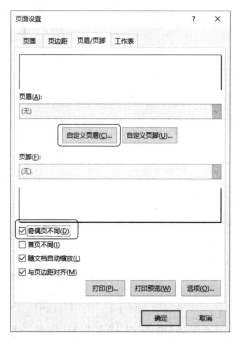

图 5.27　页面设置-页眉页脚

8. 设置打印时的奇数页页眉内容为"第 x 页，每月还贷支出"，偶数页页眉内容为"第 x 页，共 y 页"，页眉均居中显示。

【操作步骤】

参照上题，进入【页面设置】对话框→【页眉/页脚】选项卡，勾选下方的【奇偶页不同】选项，单击【自定义页眉】，如图 5.27 所示。

弹出【页眉】对话框，在【奇数页页眉】的中部编辑区域，输入文本"第页，每月还贷支出"，并将光标移至文本"第"之后,用鼠标左键点击上方的【插入页码】图标。对话框内容如图 5.28 所示。

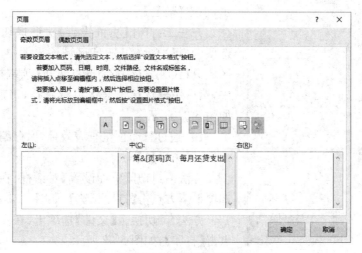

图 5.28　奇数页页眉设置

继续切换到【偶数页页眉】,在中部编辑区域,输入文本"第页,共页",并将光标先移至文本"第"之后,用鼠标左键点击上方的【插入页码】图标;然后再将光标移至文本"共"之后,用鼠标左键点击上方的【插入页数】图标。对话框内容如图 5.29 所示。

图 5.29　偶数页页眉设置

最后再点击【确定】完成。

9. 设置打印区域为 A1:G113,要求打印纸每页顶端均打印列标题。

【操作步骤】

方法一:

① 将 A1:G113 的区域选中后,单击【页面布局】选项卡→【页面设置】选项卡→【打印区域】下拉菜单→【设置打印区域】,如图 5.30 所示。

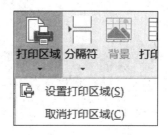

图 5.30　设置打印区域命令

② 点击【打印标题】命令，在顶端标题行的输入框中输入"＄1：＄1"（也可使用相对引用），如图 5.31 所示，点击【确定】。

方法二：打开【页面设置】对话框切换到【工作表】选项卡，将光标置于打印区域输入框中，用鼠标将所需区域 A1:G113 选中；将光标置于【顶端标题行】输入框中，然后用鼠标单击表区域标题行，最后点击【确定】，如图 5.31 所示。

10. 通过打印预览查看效果，保存编辑好的文档。

【操作步骤】

方法一：打开【页面设置】对话框，在对话框内任一选项卡下方点击【打印预览】，如图 5.31 所示。

方法二：切换至【文件】选项卡，在左方选项列表中点击【打印】，如图 5.32 所示。

完成预览后，点击【保存】命令。

图 5.31　页面设置对话框-工作表选项卡

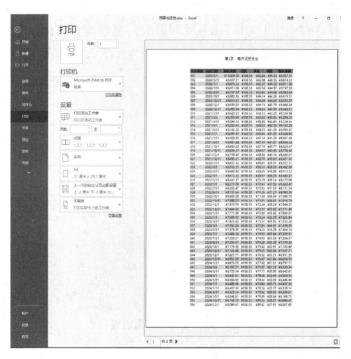

图 5.32　打印预览

实验二　图书销售统计

一、任务目标

通过完成图书销售统计的工作，掌握函数嵌套的概念，并且熟悉四种统计类函数以及高级筛选功能。最终表单结果如图 5.33、图 5.34 以及图 5.35 所示。

	A	B	C	D	E	F	G	H	I
1					销售订单明细表				
2	订单编号	日期	书店名称	图书编号	图书名称	单价	销量（本）	小计	销售评价
3	BTW-08001	2012年1月2日	鼎盛书店	BK-83021	《计算机基础及MS Office应用》	¥ 36.00	12	¥ 432.00	良好
4	BTW-08002	2011年1月4日	博达书店	BK-83033	《嵌入式系统开发技术》	¥ 44.00	5	¥ 220.00	滞销
5	BTW-08003	2011年1月4日	博达书店	BK-83034	《操作系统原理》	¥ 39.00	41	¥ 1,599.00	畅销
6	BTW-08004	2011年1月5日	博达书店	BK-83027	《MySQL数据程序设计》	¥ 40.00	21	¥ 840.00	良好
7	BTW-08005	2011年1月6日	鼎盛书店	BK-83028	《MS Office高级应用》	¥ 39.00	32	¥ 1,248.00	良好
8	BTW-08006	2011年1月9日	鼎盛书店	BK-83029	《网络技术》	¥ 43.00	3	¥ 129.00	滞销
9	BTW-08007	2011年1月9日	博达书店	BK-83030	《数据库技术》	¥ 41.00	1	¥ 41.00	滞销
10	BTW-08008	2011年1月10日	鼎盛书店	BK-83031	《软件测试技术》	¥ 36.00	3	¥ 108.00	滞销
11	BTW-08009	2011年1月11日	鼎盛书店	BK-83035	《计算机组成与接口》	¥ 40.00	43	¥ 1,720.00	畅销
12	BTW-08010	2011年1月11日	隆华书店	BK-83022	《计算机基础及Photoshop应用》	¥ 34.00	22	¥ 748.00	良好
13	BTW-08011	2011年1月11日	鼎盛书店	BK-83032	《C语言程序设计》	¥ 42.00	31	¥ 1,302.00	畅销
14	BTW-08012	2011年1月12日	隆华书店	BK-83032	《信息安全技术》	¥ 39.00	19	¥ 741.00	良好
15	BTW-08013	2011年1月12日	鼎盛书店	BK-83036	《数据库原理》	¥ 37.00	43	¥ 1,591.00	畅销
16	BTW-08014	2011年1月13日	隆华书店	BK-83024	《VB语言程序设计》	¥ 38.00	39	¥ 1,482.00	良好
17	BTW-08015	2011年1月15日	鼎盛书店	BK-83025	《Java语言程序设计》	¥ 39.00	30	¥ 1,170.00	良好
18	BTW-08016	2011年1月16日	鼎盛书店	BK-83026	《Access数据库程序设计》	¥ 41.00	43	¥ 1,763.00	畅销
19	BTW-08017	2011年1月16日	博达书店	BK-83037	《软件工程》	¥ 43.00	40	¥ 1,720.00	畅销
20	BTW-08018	2011年1月17日	鼎盛书店	BK-83021	《计算机基础及MS Office应用》	¥ 36.00	44	¥ 1,584.00	畅销
21	BTW-08019	2011年1月18日	博达书店	BK-83033	《嵌入式系统开发技术》	¥ 44.00	33	¥ 1,452.00	良好
22	BTW-08020	2011年1月19日	博达书店	BK-83034	《操作系统原理》	¥ 39.00	35	¥ 1,365.00	良好
23	BTW-08021	2011年1月22日	博达书店	BK-83027	《MySQL数据程序设计》	¥ 40.00	22	¥ 880.00	良好
24	BTW-08022	2011年1月22日	博达书店	BK-83028	《MS Office高级应用》	¥ 39.00	38	¥ 1,482.00	良好
25	BTW-08023	2011年1月23日	隆华书店	BK-83029	《网络技术》	¥ 43.00	5	¥ 215.00	滞销
26	BTW-08024	2011年1月24日	鼎盛书店	BK-83030	《数据库技术》	¥ 41.00	32	¥ 1,312.00	良好
27	BTW-08025	2011年1月25日	鼎盛书店	BK-83031	《软件测试技术》	¥ 36.00	19	¥ 684.00	良好
28	BTW-08026	2011年1月26日	隆华书店	BK-83035	《计算机组成与接口》	¥ 40.00	38	¥ 1,520.00	良好
29	BTW-08027	2011年1月29日	鼎盛书店	BK-83022	《计算机基础及Photoshop应用》	¥ 34.00	29	¥ 986.00	良好
30	BTW-08028	2011年1月29日	鼎盛书店	BK-83023	《C语言程序设计》	¥ 42.00	45	¥ 1,890.00	畅销
31	BTW-08029	2011年1月30日	鼎盛书店	BK-83032	《信息安全技术》	¥ 39.00	4	¥ 156.00	滞销
32	BTW-08030	2011年1月31日	鼎盛书店	BK-83036	《数据库原理》	¥ 37.00	7	¥ 259.00	滞销
33	BTW-08031	2011年1月31日	鼎盛书店	BK-83024	《VB语言程序设计》	¥ 38.00	34	¥ 1,292.00	良好
34	BTW-08032	2011年2月1日	博达书店	BK-83025	《Java语言程序设计》	¥ 39.00	18	¥ 702.00	良好
35	BTW-08033	2011年2月1日	隆华书店	BK-83026	《Access数据库程序设计》	¥ 41.00	15	¥ 615.00	良好
36	BTW-08034	2011年2月2日	博达书店	BK-83037	《软件工程》	¥ 43.00	11	¥ 473.00	良好
37	BTW-08035	2011年2月5日	鼎盛书店	BK-83030	《数据库技术》	¥ 41.00	30	¥ 1,230.00	良好

订单明细　编号对照　统计报告

图 5.33　订单明细上半部分

	A	B	C	D	E	F	G	H	I
634	BTW-08632	2012年10月29日	博达书店	BK-83032	《信息安全技术》	¥ 39.00	20	¥ 780.00	良好
635	BTW-08633	2012年10月30日	博达书店	BK-83036	《数据库原理》	¥ 37.00	49	¥ 1,813.00	畅销
636	BTW-08634	2012年10月31日	鼎盛书店	BK-83024	《VB语言程序设计》	¥ 38.00	36	¥ 1,368.00	良好
637									
638									
639									
640									
641									
642									
643									
644									
645	图书名称	销量（本）							
646	《数据库原理》	>25							
647									
648									
649									
650	订单编号	日期	书店名称	图书编号	图书名称	单价	销量（本）	小计	销售评价
651	BTW-08013	2011年1月12日	鼎盛书店	BK-83036	《数据库原理》	¥ 37.00	43	¥ 1,591.00	畅销
652	BTW-08052	2011年2月22日	鼎盛书店	BK-83036	《数据库原理》	¥ 37.00	30	¥ 1,110.00	良好
653	BTW-08104	2011年4月24日	博达书店	BK-83036	《数据库原理》	¥ 37.00	48	¥ 1,776.00	畅销
654	BTW-08204	2011年7月31日	鼎盛书店	BK-83036	《数据库原理》	¥ 37.00	36	¥ 1,332.00	良好
655	BTW-08215	2011年8月14日	隆华书店	BK-83036	《数据库原理》	¥ 37.00	35	¥ 1,295.00	良好
656	BTW-08250	2011年9月19日	鼎盛书店	BK-83036	《数据库原理》	¥ 37.00	47	¥ 1,739.00	畅销
657	BTW-08272	2011年10月15日	鼎盛书店	BK-83036	《数据库原理》	¥ 37.00	35	¥ 1,295.00	良好
658	BTW-08298	2011年11月13日	鼎盛书店	BK-83036	《数据库原理》	¥ 37.00	27	¥ 999.00	良好
659	BTW-08337	2011年12月21日	鼎盛书店	BK-83036	《数据库原理》	¥ 37.00	41	¥ 1,517.00	畅销
660	BTW-08361	2012年1月13日	隆华书店	BK-83036	《数据库原理》	¥ 37.00	47	¥ 1,739.00	畅销
661	BTW-08383	2012年2月6日	鼎盛书店	BK-83036	《数据库原理》	¥ 37.00	39	¥ 1,443.00	良好
662	BTW-08405	2012年3月2日	隆华书店	BK-83036	《数据库原理》	¥ 37.00	41	¥ 1,517.00	畅销
663	BTW-08470	2012年5月10日	博达书店	BK-83036	《数据库原理》	¥ 37.00	41	¥ 1,517.00	畅销
664	BTW-08481	2012年5月23日	鼎盛书店	BK-83036	《数据库原理》	¥ 37.00	37	¥ 1,369.00	良好
665	BTW-08494	2012年6月4日	隆华书店	BK-83036	《数据库原理》	¥ 37.00	27	¥ 999.00	良好
666	BTW-08516	2012年6月25日	鼎盛书店	BK-83036	《数据库原理》	¥ 37.00	28	¥ 1,036.00	良好
667	BTW-08522	2012年6月29日	鼎盛书店	BK-83036	《数据库原理》	¥ 37.00	40	¥ 1,480.00	畅销
668	BTW-08538	2012年7月16日	鼎盛书店	BK-83036	《数据库原理》	¥ 37.00	43	¥ 1,591.00	畅销
669	BTW-08583	2012年9月6日	鼎盛书店	BK-83036	《数据库原理》	¥ 37.00	30	¥ 1,110.00	良好
670	BTW-08600	2011年7月13日	鼎盛书店	BK-83036	《数据库原理》	¥ 37.00	49	¥ 1,813.00	畅销
671	BTW-08633	2012年10月30日	博达书店	BK-83036	《数据库原理》	¥ 37.00	49	¥ 1,813.00	畅销
672									
673									

订单明细　编号对照　统计报告

图 5.34　订单明细结尾部分

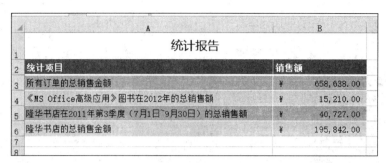

图 5.35 统计报告工作表

二、相关知识

1. 函数嵌套。

2. LOOKUP 与 VLOOKUP 函数。

3. SUMPRODUCT 函数与 SUMIFS 函数。

4. 高级筛选。

三、任务实施

1. 打开"图书销售.xlsx"文档，根据图书编号，请在"订单明细"工作表的"图书名称"列中使用 VLOOKUP 函数完成图书名称的自动填充。"图书名称"和"图书编号"的对应关系在"编号对照"工作表中。

【操作步骤】

选中 E3 单元格，单击功能区命令 f_x（该命令在编辑栏左侧或【公式】选项卡中），在弹出的【插入函数】对话框中输入文本"VLOOKUP"然后单击【转到】，如图 5.36 所示；在函数参数对话框中用鼠标（或者键盘）填入如图 5.37 所示的参数内容，最后单击【确定】。

注意：一定要对 Table_array 的参数使用绝对引用！

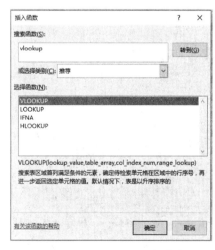

图 5.36 VLOOKUP 函数查找

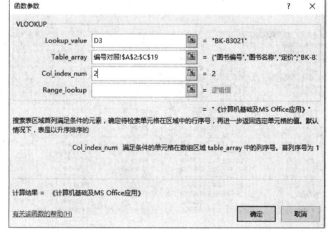

图 5.37 VLOOKUP 函数对话框

使用填充柄将 E4：E636 中的单元格进行填充，完成计算。最终结果如图 5.38 所示。

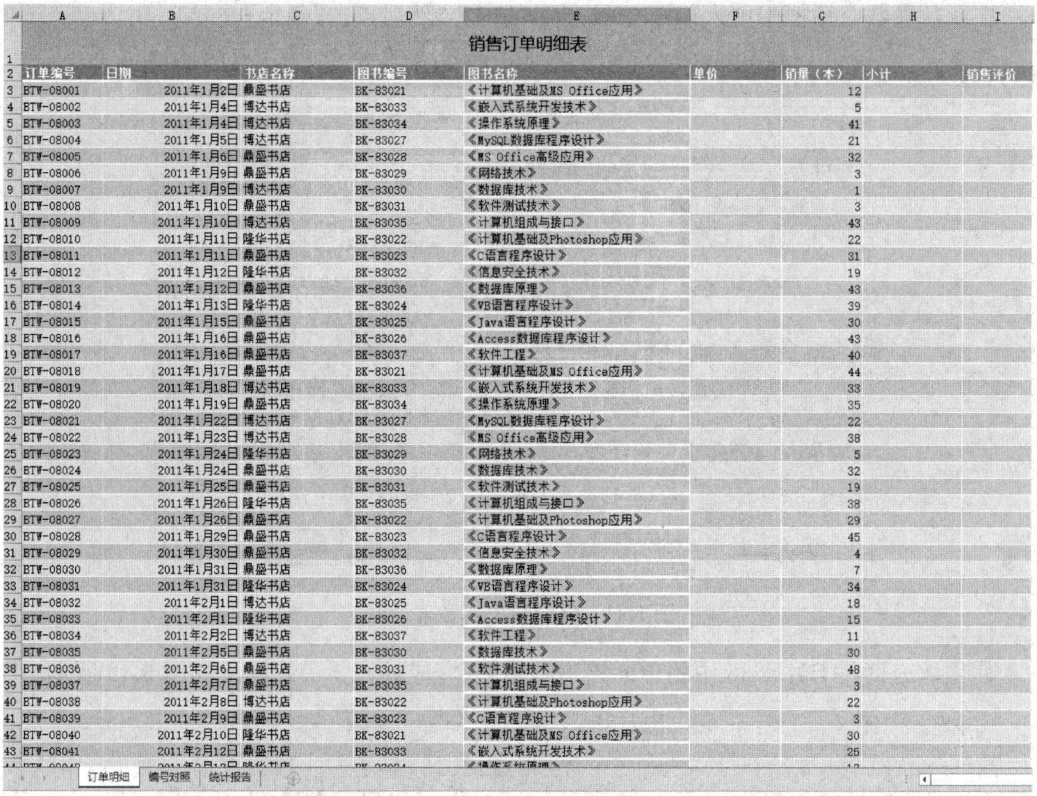

销售订单明细表

订单编号	日期	书店名称	图书编号	图书名称	单价	销量（本）	小计	销售评价
BTW-08001	2011年1月2日	鼎盛书店	BK-83021	《计算机基础及MS Office应用》		12		
BTW-08002	2011年1月4日	博达书店	BK-83033	《嵌入式系统开发技术》		5		
BTW-08003	2011年1月4日	博达书店	BK-83034	《操作系统原理》		41		
BTW-08004	2011年1月5日	鼎盛书店	BK-83027	《MySQL数据库程序设计》		21		
BTW-08005	2011年1月6日	鼎盛书店	BK-83028	《MS Office高级应用》		32		
BTW-08006	2011年1月9日	鼎盛书店	BK-83029	《网络技术》		3		
BTW-08007	2011年1月9日	博达书店	BK-83030	《数据库技术》		1		
BTW-08008	2011年1月10日	鼎盛书店	BK-83031	《软件测试技术》		3		
BTW-08009	2011年1月10日	博达书店	BK-83035	《计算机组成与接口》		43		
BTW-08010	2011年1月11日	隆华书店	BK-83022	《计算机基础及Photoshop应用》		22		
BTW-08011	2011年1月11日	隆华书店	BK-83023	《C语言程序设计》		31		
BTW-08012	2011年1月12日	隆华书店	BK-83032	《信息安全技术》		19		
BTW-08013	2011年1月12日	鼎盛书店	BK-83036	《数据库原理》		43		
BTW-08014	2011年1月13日	隆华书店	BK-83024	《VB语言程序设计》		39		
BTW-08015	2011年1月15日	鼎盛书店	BK-83025	《Java语言程序设计》		30		
BTW-08016	2011年1月16日	鼎盛书店	BK-83026	《Access数据库程序设计》		43		
BTW-08017	2011年1月16日	鼎盛书店	BK-83037	《软件工程》		40		
BTW-08018	2011年1月17日	鼎盛书店	BK-83021	《计算机基础及MS Office应用》		44		
BTW-08019	2011年1月18日	博达书店	BK-83033	《嵌入式系统开发技术》		33		
BTW-08020	2011年1月19日	鼎盛书店	BK-83034	《操作系统原理》		35		
BTW-08021	2011年1月22日	鼎盛书店	BK-83027	《MySQL数据库程序设计》		22		
BTW-08022	2011年1月23日	博达书店	BK-83028	《MS Office高级应用》		38		
BTW-08023	2011年1月24日	隆华书店	BK-83029	《网络技术》		5		
BTW-08024	2011年1月24日	鼎盛书店	BK-83030	《数据库技术》		32		
BTW-08025	2011年1月25日	鼎盛书店	BK-83031	《软件测试技术》		19		
BTW-08026	2011年1月26日	隆华书店	BK-83035	《计算机组成与接口》		38		
BTW-08027	2011年1月26日	鼎盛书店	BK-83022	《计算机基础及Photoshop应用》		29		
BTW-08028	2011年1月26日	鼎盛书店	BK-83023	《C语言程序设计》		45		
BTW-08029	2011年1月30日	鼎盛书店	BK-83032	《信息安全技术》		4		
BTW-08030	2011年1月31日	鼎盛书店	BK-83036	《数据库原理》		7		
BTW-08031	2011年1月31日	鼎盛书店	BK-83024	《VB语言程序设计》		34		
BTW-08032	2011年2月1日	博达书店	BK-83025	《Java语言程序设计》		18		
BTW-08033	2011年2月1日	鼎盛书店	BK-83026	《Access数据库程序设计》		15		
BTW-08034	2011年2月2日	博达书店	BK-83037	《软件工程》		11		
BTW-08035	2011年2月5日	鼎盛书店	BK-83030	《数据库技术》		30		
BTW-08036	2011年2月6日	鼎盛书店	BK-83031	《软件测试技术》		48		
BTW-08037	2011年2月7日	鼎盛书店	BK-83035	《计算机组成与接口》		3		
BTW-08038	2011年2月8日	鼎盛书店	BK-83022	《计算机基础及Photoshop应用》		22		
BTW-08039	2011年2月9日	鼎盛书店	BK-83023	《C语言程序设计》		3		
BTW-08040	2011年2月10日	隆华书店	BK-83021	《计算机基础及MS Office应用》		30		
BTW-08041	2011年2月12日	鼎盛书店	BK-83033	《嵌入式系统开发技术》		25		

订单明细　编号对照　统计报告

图 5.38　VLOOKUP 函数计算结果

2. 请在"订单明细"工作表中，根据"图书编号"使用 LOOKUP 函数完成图书单价的自动填充。"单价"和"图书编号"的对应关系在"编号对照"工作表中。

【操作步骤】

选中 F3 单元格，查找并插入函数 LOOKUP，如图 5.39 所示。在弹出的参数选定对话框里选择第一种形式，如图 5.40 所示。

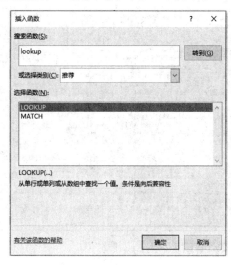

图 5.39　LOOKUP 函数查找

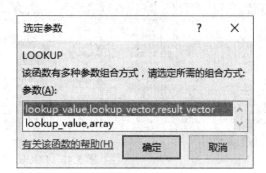

图 5.40　参数类型选择

在函数参数对话框中填入如图 5.41 所示的内容，然后点击【确定】。

注意：一定要对 Lookup_vector 以及 Result_vector 的参数使用绝对引用！

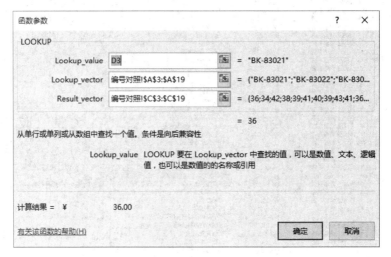

图 5.41 LOOKUP 函数对话框

使用填充柄将 E4:E636 中的单元格进行填充，完成计算。最终结果如图 5.42 所示。

销售订单明细表

	A	B	C	D	E	F	G	H	I
2	订单编号	日期	书店名称	图书编号	图书名称	单价	销量（本）	小计	销售评价
3	BTW-08001	2011年1月2日	鼎盛书店	BK-83021	《计算机基础及MS Office应用》	¥ 36.00	12		
4	BTW-08002	2011年1月4日	博达书店	BK-83033	《嵌入式系统开发技术》	¥ 44.00	5		
5	BTW-08003	2011年1月4日	博达书店	BK-83034	《操作系统原理》	¥ 39.00	41		
6	BTW-08004	2011年1月5日	博达书店	BK-83027	《MySQL数据库程序设计》	¥ 40.00	21		
7	BTW-08005	2011年1月6日	鼎盛书店	BK-83028	《MS Office高级应用》	¥ 39.00	32		
8	BTW-08006	2011年1月9日	鼎盛书店	BK-83029	《网络技术》	¥ 43.00	3		
9	BTW-08007	2011年1月9日	博达书店	BK-83030	《数据库技术》	¥ 41.00	1		
10	BTW-08008	2011年1月10日	鼎盛书店	BK-83031	《软件测试技术》	¥ 36.00	3		
11	BTW-08009	2011年1月10日	博达书店	BK-83035	《计算机组成与接口》	¥ 40.00	43		
12	BTW-08010	2011年1月11日	隆华书店	BK-83022	《计算机基础及Photoshop应用》	¥ 34.00	22		
13	BTW-08011	2011年1月11日	鼎盛书店	BK-83023	《C语言程序设计》	¥ 42.00	31		
14	BTW-08012	2011年1月12日	隆华书店	BK-83032	《信息安全技术》	¥ 39.00	19		
15	BTW-08013	2011年1月12日	鼎盛书店	BK-83036	《数据库原理》	¥ 37.00	43		
16	BTW-08014	2011年1月13日	隆华书店	BK-83024	《VB语言程序设计》	¥ 38.00	39		
17	BTW-08015	2011年1月15日	鼎盛书店	BK-83025	《Java语言程序设计》	¥ 39.00	30		
18	BTW-08016	2011年1月16日	鼎盛书店	BK-83026	《Access数据库程序设计》	¥ 41.00	43		
19	BTW-08017	2011年1月16日	鼎盛书店	BK-83037	《软件工程》	¥ 43.00	40		
20	BTW-08018	2011年1月17日	鼎盛书店	BK-83021	《计算机基础及MS Office应用》	¥ 36.00	44		
21	BTW-08019	2011年1月18日	博达书店	BK-83033	《嵌入式系统开发技术》	¥ 44.00	33		
22	BTW-08020	2011年1月19日	鼎盛书店	BK-83034	《操作系统原理》	¥ 39.00	35		
23	BTW-08021	2011年1月22日	博达书店	BK-83027	《MySQL数据库程序设计》	¥ 40.00	22		
24	BTW-08022	2011年1月23日	博达书店	BK-83028	《MS Office高级应用》	¥ 39.00	38		
25	BTW-08023	2011年1月24日	隆华书店	BK-83029	《网络技术》	¥ 43.00	5		
26	BTW-08024	2011年1月24日	鼎盛书店	BK-83030	《数据库技术》	¥ 41.00	32		
27	BTW-08025	2011年1月25日	鼎盛书店	BK-83031	《软件测试技术》	¥ 36.00	19		
28	BTW-08026	2011年1月26日	隆华书店	BK-83035	《计算机组成与接口》	¥ 40.00	38		
29	BTW-08027	2011年1月26日	鼎盛书店	BK-83022	《计算机基础及Photoshop应用》	¥ 34.00	29		
30	BTW-08028	2011年1月29日	鼎盛书店	BK-83023	《C语言程序设计》	¥ 42.00	45		
31	BTW-08029	2011年1月30日	鼎盛书店	BK-83032	《信息安全技术》	¥ 39.00	4		
32	BTW-08030	2011年1月31日	鼎盛书店	BK-83036	《数据库原理》	¥ 37.00	7		
33	BTW-08031	2011年1月31日	隆华书店	BK-83024	《VB语言程序设计》	¥ 38.00	34		
34	BTW-08032	2011年2月1日	博达书店	BK-83025	《Java语言程序设计》	¥ 39.00	18		
35	BTW-08033	2011年2月1日	隆华书店	BK-83026	《Access数据库程序设计》	¥ 41.00	15		
36	BTW-08034	2011年2月2日	博达书店	BK-83037	《软件工程》	¥ 43.00	11		
37	BTW-08035	2011年2月5日	鼎盛书店	BK-83030	《数据库技术》	¥ 41.00	30		
38	BTW-08036	2011年2月6日	鼎盛书店	BK-83031	《软件测试技术》	¥ 36.00	48		
39	BTW-08037	2011年2月7日	鼎盛书店	BK-83035	《计算机组成与接口》	¥ 40.00	3		
40	BTW-08038	2011年2月8日	博达书店	BK-83022	《计算机基础及Photoshop应用》	¥ 34.00	22		
41	BTW-08039	2011年2月9日	鼎盛书店	BK-83023	《C语言程序设计》	¥ 42.00	3		
42	BTW-08040	2011年2月10日	隆华书店	BK-83021	《计算机基础及MS Office应用》	¥ 36.00	30		
43	BTW-08041	2011年2月12日	鼎盛书店	BK-83033	《嵌入式系统开发技术》	¥ 44.00	25		

订单明细 编号对照 统计报告

图 5.42 LOOKUP 函数计算结果

3. 在“订单明细”工作表中，根据“单价”和“销量(本)”，计算出小计。

【操作步骤】

在 H3 中输入公式"＝F3＊G3"，按下回车完成计算，公式输入状态如图 5.43 所示。

			fx	=F3*G3				
B	C	D	E		F	G	H	I
			销售订单明细表					
	书店名称	图书编号	图书名称		单价	销量（本）	小计	销售评价
2011年1月2日 鼎盛书店	BK-83021	《计算机基础及MS Office应用》		¥	36.00	12	=F3*G3	
2011年1月4日 博达书店	BK-83033	《嵌入式系统开发技术》		¥	44.00	5		
2011年1月4日 博达书店	BK-83034	《操作系统原理》		¥	39.00	41		
2011年1月5日 博达书店	BK-83027	《MySQL数据库程序设计》		¥	40.00	21		
2011年1月6日 鼎盛书店	BK-83028	《MS Office高级应用》		¥	39.00	32		

图 5.43　公式编辑状态

通过填充柄将 H4：H636 中的单元格进行填充，完成计算。最终结果如图 5.44 所示。

A	B	C	D	E	F	G	H	I
				销售订单明细表				
订单编号	日期	书店名称	图书编号	图书名称	单价	销量（本）	小计	销售评价
BTW-08001	2011年1月2日 鼎盛书店		BK-83021	《计算机基础及MS Office应用》	¥ 36.00	12	¥ 432.00	
BTW-08002	2011年1月4日 博达书店		BK-83033	《嵌入式系统开发技术》	¥ 44.00	5	¥ 220.00	
BTW-08003	2011年1月4日 博达书店		BK-83034	《操作系统原理》	¥ 39.00	41	¥ 1,599.00	
BTW-08004	2011年1月5日 博达书店		BK-83027	《MySQL数据库程序设计》	¥ 40.00	21	¥ 840.00	
BTW-08005	2011年1月6日 鼎盛书店		BK-83028	《MS Office高级应用》	¥ 39.00	32	¥ 1,248.00	
BTW-08006	2011年1月9日 博达书店		BK-83029	《网络技术》	¥ 43.00	3	¥ 129.00	
BTW-08007	2011年1月9日 博达书店		BK-83030	《数据库技术》	¥ 41.00	1	¥ 41.00	
BTW-08008	2011年1月10日 鼎盛书店		BK-83031	《软件测试技术》	¥ 36.00	3	¥ 108.00	
BTW-08009	2011年1月10日 博达书店		BK-83035	《计算机组成与接口》	¥ 40.00	43	¥ 1,720.00	
BTW-08010	2011年1月11日 隆华书店		BK-83022	《计算机基础及Photoshop应用》	¥ 34.00	22	¥ 748.00	
BTW-08011	2011年1月11日 鼎盛书店		BK-83023	《C语言程序设计》	¥ 42.00	31	¥ 1,302.00	
BTW-08012	2011年1月12日 鼎盛书店		BK-83032	《信息安全技术》	¥ 39.00	19	¥ 741.00	
BTW-08013	2011年1月12日 鼎盛书店		BK-83036	《数据库原理》	¥ 37.00	43	¥ 1,591.00	
BTW-08014	2011年1月13日 隆华书店		BK-83024	《VB语言程序设计》	¥ 38.00	39	¥ 1,482.00	

图 5.44　小计运算填充后结果

4. 根据"销售（本）"一列中的销售数据，使用 IF 函数对销售进行评价，如果销售＜＝10 本，则评价"滞销"，如果销售＞＝40 本，则评价"畅销"，否则，评价为"良好"。

【操作步骤】

选中 I3 单元格，插入 IF 函数，在对话框中填入如图 5.45 所示内容。

光标先置于Value_if_false 输入框中，接着用鼠标在名称框中单击一下

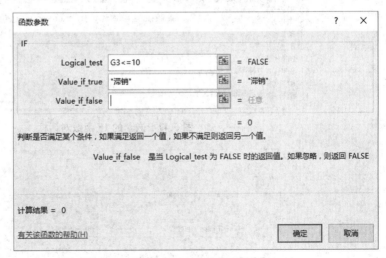

图 5.45　IF 函数对话框

IF 函数名，如图 5.46 所示。单击后，新弹出 IF 函数参数对话框和编辑栏中公式内容如图 5.47 所示。

在新弹出的 IF 函数对话框中填入如所图 5.48 示的参数内容，完成后点击【确定】。学会观察和留意编辑栏中显示的公式内容，此函数也可直接通过键盘输入，结果和公式详情如图 5.49 所示。

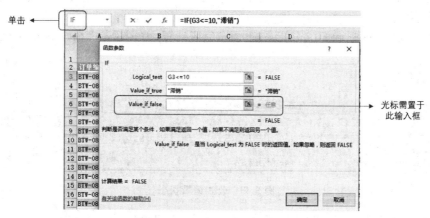

图 5.46　嵌套 IF 函数操作细节

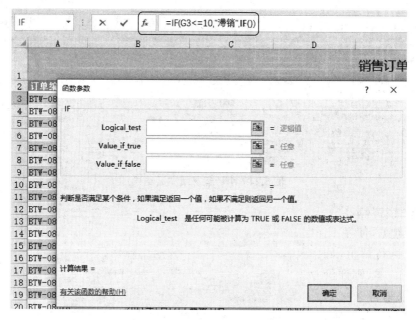

图 5.47　嵌套的 IF 函数对话框

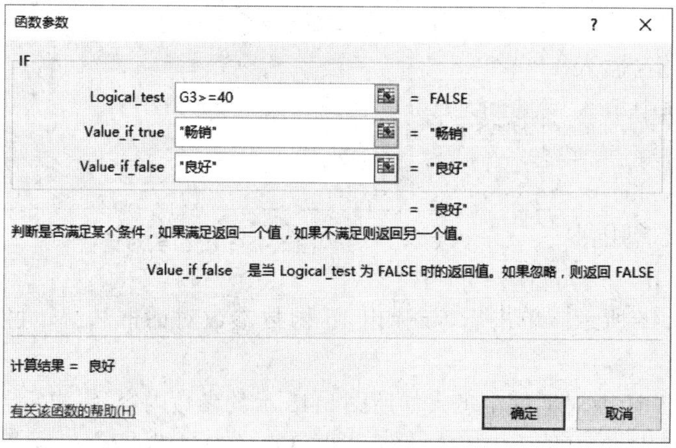

图 5.48　嵌套的 IF 函数对话框

图 5.49　IF 函数运算结果与公式显示

对所有 I4：I636 单元格实现填充。编辑后的工作表结果如图 5.50 所示。

订单编号	日期	书店名称	图书编号	图书名称	单价	销量（本）	小计	销售评价
BTW-08001	2011年1月2日	鼎盛书店	BK-83021	《计算机基础及MS Office应用》	¥ 36.00	12	¥ 432.00	良好
BTW-08002	2011年1月4日	博达书店	BK-83033	《嵌入式系统开发技术》	¥ 44.00	5	¥ 220.00	滞销
BTW-08003	2011年1月4日	博达书店	BK-83034	《操作系统原理》	¥ 39.00	41	¥ 1,599.00	畅销
BTW-08004	2011年1月5日	鼎盛书店	BK-83027	《MySQL数据库程序设计》	¥ 40.00	21	¥ 840.00	良好
BTW-08005	2011年1月9日	鼎盛书店	BK-83028	《MS Office高级应用》	¥ 39.00	32	¥ 1,248.00	良好
BTW-08006	2011年1月9日	鼎盛书店	BK-83029	《网络技术》	¥ 43.00	3	¥ 129.00	滞销
BTW-08007	2011年1月9日	博达书店	BK-83030	《数据库技术》	¥ 41.00	1	¥ 41.00	滞销
BTW-08008	2011年1月10日	鼎盛书店	BK-83031	《软件测试技术》	¥ 36.00	3	¥ 108.00	滞销
BTW-08009	2011年1月10日	博达书店	BK-83035	《计算机组成与接口》	¥ 40.00	43	¥ 1,720.00	畅销
BTW-08010	2011年1月11日	隆华书店	BK-83022	《计算机基础及Photoshop应用》	¥ 34.00	22	¥ 748.00	良好
BTW-08011	2011年1月11日	隆华书店	BK-83023	《C语言程序设计》	¥ 42.00	31	¥ 1,302.00	良好
BTW-08012	2011年1月12日	隆华书店	BK-83032	《信息安全技术》	¥ 39.00	19	¥ 741.00	良好
BTW-08013	2011年1月12日	鼎盛书店	BK-83036	《数据库原理》	¥ 37.00	43	¥ 1,591.00	畅销
BTW-08014	2011年1月13日	隆华书店	BK-83024	《VB语言程序设计》	¥ 38.00	39	¥ 1,482.00	良好
BTW-08015	2011年1月15日	鼎盛书店	BK-83025	《Java语言程序设计》	¥ 39.00	30	¥ 1,170.00	良好
BTW-08016	2011年1月16日	鼎盛书店	BK-83026	《Access数据库程序设计》	¥ 41.00	43	¥ 1,763.00	畅销
BTW-08017	2011年1月16日	鼎盛书店	BK-83037	《软件工程》	¥ 43.00	40	¥ 1,720.00	畅销
BTW-08018	2011年1月17日	鼎盛书店	BK-83021	《计算机基础及MS Office应用》	¥ 36.00	44	¥ 1,584.00	畅销
BTW-08019	2011年1月18日	博达书店	BK-83033	《嵌入式系统开发技术》	¥ 44.00	33	¥ 1,452.00	良好
BTW-08020	2011年1月19日	鼎盛书店	BK-83034	《操作系统原理》	¥ 39.00	35	¥ 1,365.00	良好
BTW-08021	2011年1月22日	博达书店	BK-83027	《MySQL数据库程序设计》	¥ 40.00	22	¥ 880.00	良好
BTW-08022	2011年1月23日	博达书店	BK-83028	《MS Office高级应用》	¥ 39.00	38	¥ 1,482.00	良好
BTW-08023	2011年1月24日	隆华书店	BK-83029	《网络技术》	¥ 43.00	5	¥ 215.00	滞销
BTW-08024	2011年1月25日	鼎盛书店	BK-83030	《数据库技术》	¥ 41.00	32	¥ 1,312.00	良好
BTW-08025	2011年1月25日	隆华书店	BK-83031	《软件测试技术》	¥ 36.00	19	¥ 684.00	良好
BTW-08026	2011年1月26日	隆华书店	BK-83035	《计算机组成与接口》	¥ 40.00	38	¥ 1,520.00	良好
BTW-08027	2011年1月26日	鼎盛书店	BK-83022	《计算机基础及Photoshop应用》	¥ 34.00	29	¥ 986.00	良好
BTW-08028	2011年1月29日	鼎盛书店	BK-83023	《C语言程序设计》	¥ 42.00	45	¥ 1,890.00	畅销
BTW-08029	2011年1月30日	鼎盛书店	BK-83032	《信息安全技术》	¥ 39.00	4	¥ 156.00	滞销
BTW-08030	2011年1月31日	隆华书店	BK-83036	《数据库原理》	¥ 37.00	7	¥ 259.00	滞销
BTW-08031	2011年1月31日	隆华书店	BK-83024	《VB语言程序设计》	¥ 38.00	34	¥ 1,292.00	良好
BTW-08032	2011年2月1日	博达书店	BK-83025	《Java语言程序设计》	¥ 39.00	18	¥ 702.00	良好
BTW-08033	2011年2月2日	博达书店	BK-83026	《Access数据库程序设计》	¥ 41.00	15	¥ 615.00	良好
BTW-08034	2011年2月2日	博达书店	BK-83037	《软件工程》	¥ 43.00	11	¥ 473.00	良好
BTW-08035	2011年2月5日	鼎盛书店	BK-83030	《数据库技术》	¥ 41.00	30	¥ 1,230.00	良好

图 5.50　销售评价计算结果

5. 根据"订单明细"工作表中的销售数据，统计"所有订单的总销售金额"，并将其填写在
"统计报告"工作表的 B3 单元格中。

【操作步骤】

在"统计报告"工作表中的 B3 单元格输入"＝SUM（订单明细！H3：H636）"，或通过
SUM 函数对话框填入需计算的区域，完成销售额的计算。计算结果与公式如图 5.51 所示。

6. 根据"订单明细"工作表中的销售数据，使用 SUMPRODUCT 函数统计《MS Office
高级应用》图书在 2012 年的总销售额，并将其填写在"统计报告"工作表的 B4 单元格中。

【操作步骤】

选中 B4 单元格，参照前面内容插
入 SUMPRODUCT 函数，本题对于函
数参数的填写设置方式有多种，下面给
出两种代表性的编辑方式，其他方式请
自行尝试。

方法一：在 SUMPRODUCT 函数
对话框中填入下述参数内容。

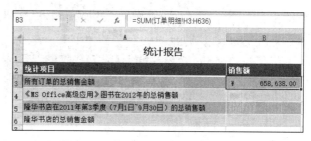

图 5.51　销售额计算

Array1：	1＊(订单明细！B3：B636＞＝Date(2012,1,1))
Array2：	1＊(订单明细！B3：B636 ＜Date(2013,1,1))
Array3：	1＊(订单明细！E3：E636 ＝"《MS Office 高级应用》")
Array4：	订单明细！H3：H636

具体参数编辑操作如图 5.52 所示。

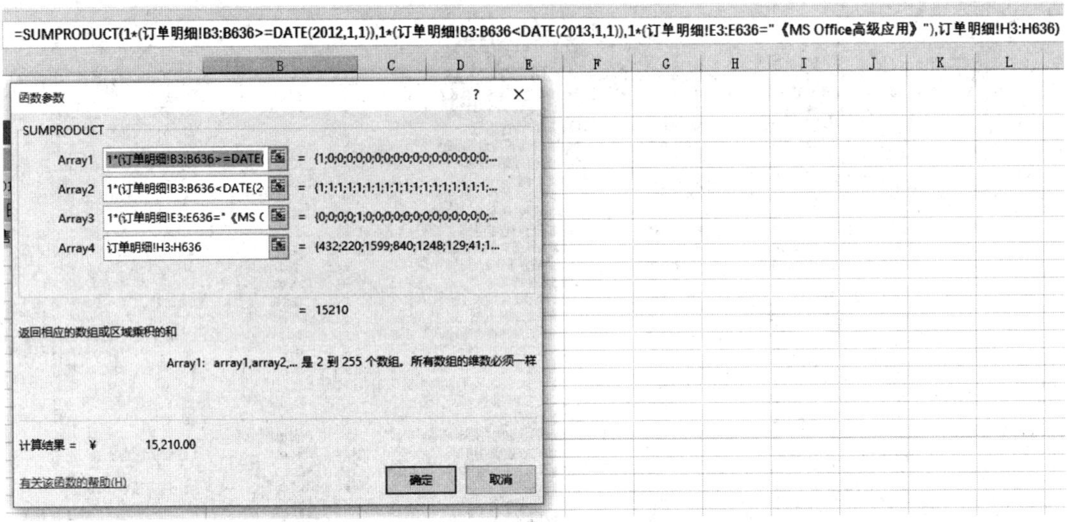

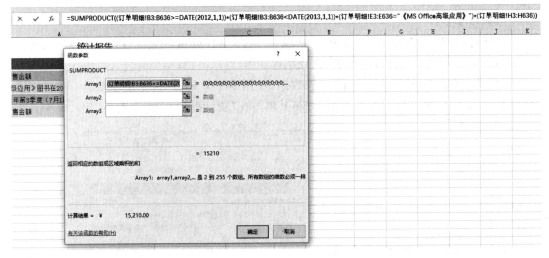

图 5.52　SUMPRODUCT 方法一

方法二：在 SUMPRODUCT 函数对话框中填入下述参数内容。

Array1：(订单明细！B3：B636＞＝Date(2012,1,1))＊(订单明细！B3：B636 ＜Date (2013,1,1))＊(订单明细！E3：E636 ＝"《MS Office 高级应用》")＊(订单明细！H3：H636)

具体参数编辑操作如图 5.53 所示。

图 5.53　SUMPRODUCT 方法二

7. 根据"订单明细"工作表中的销售数据,使用 SUMIFS 统计隆华书店在 2011 年第 3 季度的总销售额,并将其填写在"统计报告"工作表的 B5 单元格中。

【操作步骤】

在"统计报告"工作表的 B5 单元格中插入 SUMIFS 函数,在对话框中填入下述参数内容:

Sum_range:	订单明细! H3:H636
Criteria_range1:	订单明细! B3:B636
Criteria:	">="&Date(2011,7,1)
Criteria_range2:	订单明细! B3:B636
Criteria2:	"<"&Date(2011,10,1)
Criteria_range3:	订单明细! C3:C636
Criteria3:	"隆华书店"

注意:SUMIFS 函数中的条件内容需要加双引号。

具体参数编辑操作如图 5.54 所示。

图 5.54　SUMIFS 函数对话框

8. 根据"订单明细"工作表中的销售数据,使用 SUMPRODUCT 统计隆华书店的总销售额,并将其填写在"统计报告"工作表的 B6 单元格中。

【操作步骤】

在"统计报告"工作表的 B6 单元格中用键盘手动输入以下公式:

=SUMPRODUCT(1∗(订单明细! C3:C636="隆华书店"),订单明细! H3:H636)

按 Enter 键完成计算。操作状态如图 5.55 所示。

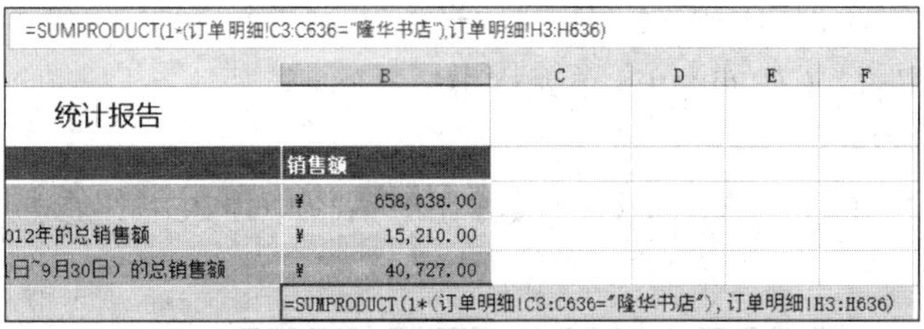

=SUMPRODUCT(1*(订单明细!C3:C636="隆华书店"),订单明细!H3:H636)

		E	C	D	E	F
统计报告						
	销售额					
	¥	658,638.00				
2012年的总销售额	¥	15,210.00				
日~9月30日）的总销售额	¥	40,727.00				

=SUMPRODUCT(1*(订单明细!C3:C636="隆华书店"),订单明细!H3:H636)

:645	图书名称	销量（本）
646	《数据库原理》	>25
:647		

图 5.55　键盘输入 SUMPRODCUT 函数 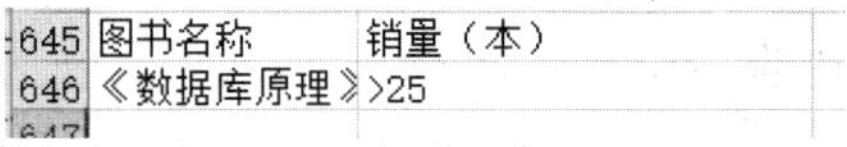　　　　**图 5.56　高级筛选条件区域**

9. 在"订单明细"工作表中使用高级筛选功能，筛选出《数据库原理》销售大于 25 本的数据记录。要求，条件区域自 A645 开始编辑，筛选记录自 A650 放置。

【操作步骤】

在"订单明细"工作表单元格 A645:B646 输入以下内容，如图 5.56 所示。

选中"订单明细"工作表中的 A2:I636 区域（注意：不能包含 A1 单元格的大标题），单击【数据】选项卡→【排序和筛选】功能组→【高级】命令，如图 5.57 所示。

图 5.57　选中表区域并单击【高级】命令

在高级筛选对话框中勾选【将筛选结果复制到其他位置】，用鼠标或键盘输入条件所在的区域，以及设置【复制到】"订单明细！＄A＄650"，具体如图 5.58 所示。完成后点击【确定】。

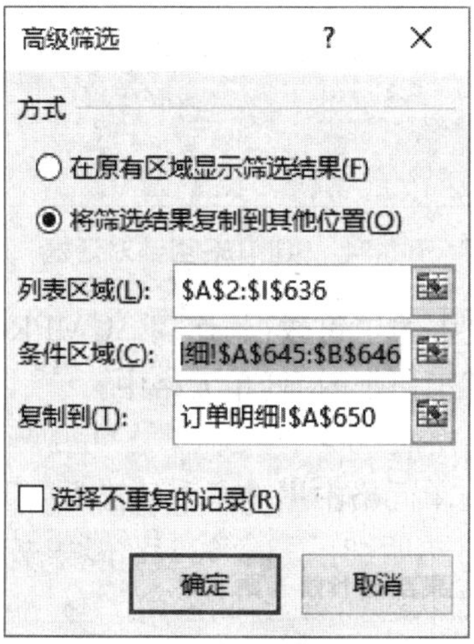

图 5.58　高级筛选对话框

筛选结果如图 5.59 所示。

	图书名称	销量（本）								
645										
646	《数据库原理》	>25								
647										
648										
649										

	订单编号	日期	书店名称	图书编号	图书名称	单价	销量（本）	小计	销售评价
650									
651	BTW-08013	2011年1月12日	鼎盛书店	BK-83036	《数据库原理》	¥ 37.00	43	¥ 1,591.00	畅销
652	BTW-08052	2011年2月22日	鼎盛书店	BK-83036	《数据库原理》	¥ 37.00	30	¥ 1,110.00	良好
653	BTW-08104	2011年4月24日	博达书店	BK-83036	《数据库原理》	¥ 37.00	48	¥ 1,776.00	畅销
654	BTW-08204	2011年7月31日	博达书店	BK-83036	《数据库原理》	¥ 37.00	36	¥ 1,332.00	良好
655	BTW-08215	2011年8月14日	隆华书店	BK-83036	《数据库原理》	¥ 37.00	35	¥ 1,295.00	良好
656	BTW-08250	2011年9月19日	鼎盛书店	BK-83036	《数据库原理》	¥ 37.00	47	¥ 1,739.00	畅销
657	BTW-08272	2011年10月15日	博达书店	BK-83036	《数据库原理》	¥ 37.00	35	¥ 1,295.00	良好
658	BTW-08298	2011年11月13日	博达书店	BK-83036	《数据库原理》	¥ 37.00	27	¥ 999.00	良好
659	BTW-08337	2011年12月21日	博达书店	BK-83036	《数据库原理》	¥ 37.00	41	¥ 1,517.00	畅销
660	BTW-08361	2012年1月13日	博华书店	BK-83036	《数据库原理》	¥ 37.00	47	¥ 1,739.00	畅销
661	BTW-08383	2012年2月6日	鼎盛书店	BK-83036	《数据库原理》	¥ 37.00	39	¥ 1,443.00	良好
662	BTW-08405	2012年3月2日	隆华书店	BK-83036	《数据库原理》	¥ 37.00	41	¥ 1,517.00	畅销
663	BTW-08470	2012年5月10日	博达书店	BK-83036	《数据库原理》	¥ 37.00	41	¥ 1,517.00	畅销
664	BTW-08481	2012年5月23日	博达书店	BK-83036	《数据库原理》	¥ 37.00	37	¥ 1,369.00	良好
665	BTW-08494	2012年6月4日	博华书店	BK-83036	《数据库原理》	¥ 37.00	27	¥ 999.00	良好
666	BTW-08516	2012年6月25日	鼎盛书店	BK-83036	《数据库原理》	¥ 37.00	28	¥ 1,036.00	良好
667	BTW-08522	2012年6月29日	鼎盛书店	BK-83036	《数据库原理》	¥ 37.00	40	¥ 1,480.00	畅销
668	BTW-08538	2012年7月17日	鼎盛书店	BK-83036	《数据库原理》	¥ 37.00	43	¥ 1,591.00	畅销
669	BTW-08583	2012年8月6日	博达书店	BK-83036	《数据库原理》	¥ 37.00	30	¥ 1,110.00	良好
670	BTW-08600	2011年7月13日	鼎盛书店	BK-83036	《数据库原理》	¥ 37.00	49	¥ 1,813.00	畅销
671	BTW-08633	2012年10月30日	博达书店	BK-83036	《数据库原理》	¥ 37.00	49	¥ 1,813.00	畅销
672									

图 5.59　筛选结果显示

10. 保存"图书销售.xlsx"文件。【操作步骤略】

实验三　统计西部地区的降雨量

一、任务目标

通过对西部地区的降雨量进行分析统计,掌握合并计算的概念与操作,能够创建和调整迷你图表,设置数据的有效性,并能够熟悉数据格式自定义的语法,熟悉 INDEX 函数与 MATCH 函数的用法。最终结果如图 5.60 所示。

城市\月	1月	2月	3月	4月	5月	6月	7月	8月	9月	10月	11月	12月	合计降水量	排名	季节分布		城市	3月 - Mar
太原市	干旱	干旱	20.9	63.4	17.6	103.8	23.9	45.2	56.7	17.4	干旱	干旱		11			乌鲁木齐市	17.8
呼和浩特市	干旱	干旱	20.3	7.9	干旱	137.4	165.5	132.7	54.9	24.7	干旱	干旱		7				
南昌市	75.8	48.2	145.3	157.4	104.1	427.6	133.7	68	31	16.6	138.7	干旱		3				
南宁市	76.1	70	18.7	45.2	121.8	300.6	260.1	317.4	187.6	47.6	156	23.9		1				
重庆市	16.2	42.7	43.8	75.1	69.1	254.4	55.1	108.4	54.1	154.3	59.8	29.7		5				
成都市	干旱	16.8	33	47	69.7	124	235.8	147.2	267	58.8	22.6	干旱		6				
贵阳市	15.7	干旱	68.1	62.1	156.9	89.9	275	364.2	98.9	106.1	103.3	17.2		2				
昆明市	干旱	干旱	15.7	干旱	94.5	133.5	281.5	203.4	75.4	49.4	82.7	干旱		4				
拉萨市	干旱	干旱	干旱	干旱	64.1	63	162.3	161.9	49.4	干旱	干旱	干旱		8				
西安市	19.1	干旱	21.7	55.6	22	59.8	83.7	87.3	83.1	73.1	干旱	干旱		9				
兰州市	干旱	干旱	干旱	22	28.1	30.4	49.9	72.1	61.5	23.5	干旱	干旱		12				
西宁市	干旱	干旱	干旱	32.2	48.4	60.9	41.6	99.7	62.9	19.7	干旱	干旱		10				
银川市	干旱	干旱	干旱	16.3	干旱	干旱	79.4	35.8	44.1	干旱	干旱	干旱		13				
乌鲁木齐市	干旱	干旱	17.8	21.7	15.8	干旱	20.9	17.1	16.8	干旱	干旱	干旱		14				

图 5.60　实验三结果样张

二、相关知识

1. 合并计算。

2. 迷你图。

3. 数据有效性。

4. 数据格式自定义。

5. INDEX 函数与 MATCH 函数。

三、任务实施

1. 打开"西部地区降雨量.xlsx"，请将"数据记录（有缺失）"工作表和"补充记录"工作表中的数据进行整合，生成一张完整的数据表放置在新工作表中，并重命名为"完整记录"，然后将前两个工作表删除。接下来所有操作题均在"完整记录"中完成。

【操作步骤】

点击 ⊕ 命令，如图 5.61 所示。生成新的工作表 Sheet1 后，将工作表重命名为"完整记录"。

将光标选中"完整记录"工作表中的 A1 单元格，单击【数据】选项卡→【数据工具】功能组→【合并计算】命令，如图 5.62 所示。

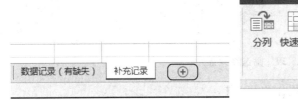

图 5.61　新建"完整记录"工作表　　　　图 5.62　合并计算命令

在合并计算对话框中的【函数】选项中，选择【求和】，如图 5.63 所示；将光标移至引用输入框，用鼠标选中"数据记录（有缺失）"工作表的区域 A1:P15，并在对话框内点击【添加】，如图 5.64 所示；同样，选中"补充记录"工作表的区域 A1:M5，然后在对话框内点击【添加】，如图 5.65 所示。

在对话框中勾选【标签位置】为【首行】与【最左列】，如图 5.66 所示，完成后点击【确定】。

合并后的数据记录如图 5.67 所示。

继续选中 A1 单元格，输入文本"城市（毫米）"。

选中"数据记录（有缺失）"工作表标签后右键，单击【删除】，同样操作删除"补充记录"工作表（也可同时选中两张表标签后删除）。删除工作表如图 5.68 所示。

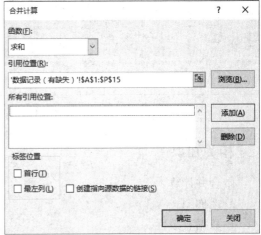

图 5.63　合并计算设置函数　　　　图 5.64　合并计算添加引用位置一

第 5 章 Excel 2016 高级应用 | 201

图 5.65　合并计算添加引用位置二　　　　图 5.66　勾选标签位置

A	1月	2月	3月	4月	5月	6月	7月	8月	9月	10月	11月	12月	合计降水	排名	季节分布
太原taiyu	3.7	2.7	20.9	63.4	17.6	103.8	23.9	45.2	56.7	17.4					
呼和浩特	6.5	2.9	20.3	11.5	7.9	137.4	165.5	132.7	54.9	24.7	6.7				
南昌nancl	75.8	48.2	145.3	157.4	104.1	427.6	133.7	68	31	16.6	138.7	9.7			
南宁nann	76.1	70	18.7	45.2	121.8	300.6	260.1	317.4	187.6	47.6	156	23.9			
重庆chon	16.2	42.7	43.8	75.1	69.1	254.4	55.1	108.4	54.1	154.3	59.8	29.7			
成都cheng	6.3	16.8	33	47	69.7	124	235.8	147.2	267	58.8	22.6				
贵阳guiya	15.7	13.5	68.1	62.1	156.9	89.9	275	364.2	98.9	106.1	103.3	17.2			
昆明kunm	13.6	12.7	15.7	14.4	94.5	133.5	281.5	203.4	75.4	49.4	82.7	5.4			
拉萨lasa	0.2	7.5	3.8	3.8	64.1	63	162.3	161.9	49.4	10.9	6.9				
西安xian	19.1	7.5	21.7	55.6	22	59.8	83.7	87.3	83.1	73.1	12.3				
兰州lanzh	9	2.8	4.6	22	28.1	30.4	49.9	72.1	61.5	23.5	1.4	0.1			
西宁xining	2.6	2.7	7.7	32.2	48.4	60.9	41.6	99.7	62.9	19.7	0.2				
银川yinch	8.1	1.1		16.3	0.2	2.3	79.4	35.8	44.1	7.3					
乌鲁木齐	3	11.6	17.8	21.7	15.8	8.9	20.9	17.1	16.8	12.8	12.8	12.6			

图 5.67　合并计算后的效果

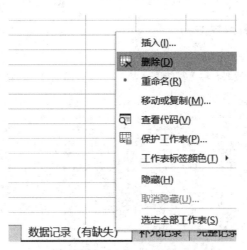

图 5.68　删除工作表

2. 将城市名称中的汉语拼音删除，并在城市名结尾添加文本"市"，如"南昌市"。
【操作步骤】
选择一个远离表区域的空白单元格，比如 S2 单元格，在单元格中输入公式：
＝LEFT(A2,LENB(A2)－LEN(A2))＆"市"

单击 Enter 键完成。公式输入如图 5.69 所示。

图 5.69　截取城市名称公式编辑

使用填充柄，将 S3:S15 区域用相同的公式进行填充，结果如图 5.70 所示。

将 S2:S15 中的内容进行复制，然后选中 A2:A15 单元格，右击后在菜单中选择【粘贴选项】为【值】，如图 5.71 所示。完成后删除 S2:S15 中的内容，工作表中结果如图 5.72 所示。

图 5.70　截取名称运算结果　　　　　图 5.71　粘贴选项

	城市（表米1月	2月	3月	4月	5月	6月	7月	8月	9月	10月	11月	12月	合计降水量排名	季节分布		
1																
2	太原市	3.7	2.7	20.9	63.4	17.6	103.8	23.9	45.2	56.7	17.4					
3	呼和浩特市	6.5	2.9	20.3	11.5	7.9	137.4	165.5	132.7	54.9	24.7	6.7				
4	南昌市	75.8	48.2	145.3	157.4	104.1	427.6	133.7	68	31	16.6	138.7	9.7			
5	南宁市	76.1	70	18.7	45.2	121.8	300.6	260.1	317.4	187.6	47.6	156	23.9			
6	重庆市	16.2	42.7	43.8	75.1	69.1	254.4	55.1	108.4	54.1	154.3	59.8	29.7			
7	成都市	6.3	16.8	33	47	69.7	124	235.8	147.2	267	58.8	22.6				
8	贵阳市	15.7	13.5	68.1	62.1	156.9	89.9	275	364.2	98.9	106.1	103.3	17.2			
9	昆明市	13.6	12.7	15.7	14.4	94.5	133.5	281.5	203.4	75.4	49.4	82.7	5.4			
10	拉萨市	0.2	7.5	3.8	3.8	64.1	63	162.3	161.9	49.4	10.9	6.9				
11	西安市	19.1	7.5	21.7	55.6	22	59.8	83.7	87.3	83.1	73.1	12.3				
12	兰州市	9	2.8	4.6	22	28.1	30.4	49.9	72.1	61.5	23.5	1.4	0.1			
13	西宁市	2.6	2.7	7.7	32.2	48.4	60.9	41.6	99.7	62.9	19.7	0.2				
14	银川市	8.1	1.1		16.3	0.2	2.3	79.4	35.8	44.1	7.3					
15	乌鲁木齐市	3	11.6	17.8	21.7	15.8	8.9	20.9	17.1	16.8	12.8	12.8	12.6			
16																
17																

图 5.72　城市名称删除拼音后的效果

3. 将单元格区域 B2:M15 中所有的空单元格都填入数值 0；然后修改该区域的单元格数字格式，使得值小于 15 的单元格仅显示文本"干旱"（注意，本题不可修改数值本身）。

【操作步骤】

选中 B2:M15 的单元格区域，参照实验一打开【定位条件】对话框，选择【空值】，点击【确定】关闭对话框后，保持当前状态，直接输入 0，按下 Ctrl＋Enter 键。编辑后的表区域如图 5.73 所示。

	A	B	C	D	E	F	G	H	I	J	K	L	M	N	O	P
1	城市（毫米	1月	2月	3月	4月	5月	6月	7月	8月	9月	10月	11月	12月	合计降水量	排名	季节分布
2	太原市	3.7	2.7	20.9	63.4	17.6	103.8	23.9	45.2	56.7	17.4	0	0			
3	呼和浩特市	6.5	2.9	20.3	11.5	7.9	137.4	165.5	132.7	54.9	24.7	6.7	0			
4	南昌市	75.8	48.2	145.3	157.4	104.1	427.6	133.7	68	31	16.6	138.7	9.7			
5	南宁市	76.1	70	18.7	45.2	121.8	300.6	260.1	317.4	187.6	47.6	156	23.9			
6	重庆市	16.2	42.7	43.8	75.1	69.1	254.4	55.1	108.4	54.1	154.3	59.8	29.7			
7	成都市	6.3	16.8	33	47	69.7	124	235.8	147.2	267	58.8	22.6	0			
8	贵阳市	15.7	13.5	68.1	62.1	156.9	89.9	275	364.2	98.9	106.1	103.3	17.2			
9	昆明市	13.6	12.7	15.7	14.4	94.5	133.5	281.5	203.4	75.4	49.4	82.7	5.4			
10	拉萨市	0.2	7.5	3.8	3.8	64.1	63	162.3	161.9	49.4	10.9	6.9	0			
11	西安市	19.1	7.5	21.7	55.6	22	59.8	83.7	87.3	83.1	73.1	12.3	0			
12	兰州市	9	2.8	4.6	22	28.1	30.4	49.9	72.1	61.5	23.5	1.4	0.1			
13	西宁市	2.6	2.7	7.7	32.2	48.4	60.9	41.6	99.7	62.9	19.7	0.2	0			
14	银川市	8.1	1.1	0	16.3	0.2	2.3	79.4	35.8	44.1	7.3	0	0			
15	乌鲁木齐市	3	11.6	17.8	21.7	15.8	8.9	20.9	17.1	16.8	12.8	12.8	12.6			

图 5.73　空值填充 0 值

选中 B2:M15 的单元格区域，打开【设置单元格格式】对话框，在【数字】选项卡内选择分类为【自定义】，输入以下内容：

[<15]”干旱”

对话框内设置如图 5.74 所示，完成后点击【确定】即可。

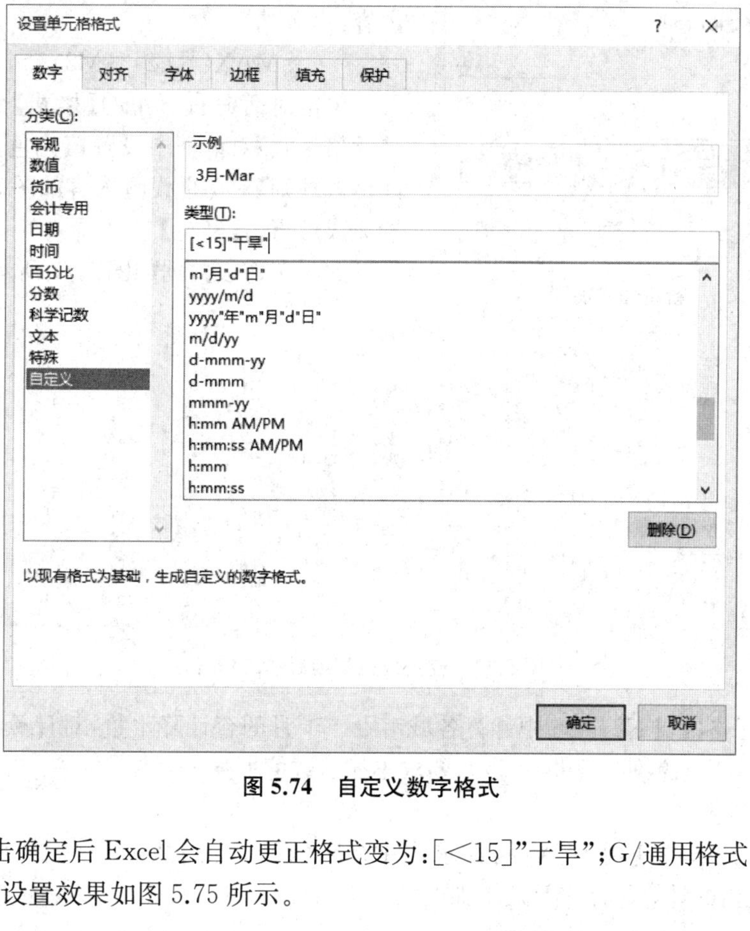

图 5.74　自定义数字格式

注意，点击确定后 Excel 会自动更正格式变为：[<15]”干旱”;G/通用格式。

数字格式设置效果如图 5.75 所示。

城市(毫升)	1月	2月	3月	4月	5月	6月	7月	8月	9月	10月	11月	12月	合计降水量	排名	季节分布
太原市	干旱	干旱	20.9	63.4	17.6	103.8	23.9	45.2	56.7	17.4	干旱	干旱			
呼和浩特市	干旱	干旱	20.3	干旱	干旱	137.4	165.5	132.7	54.9	24.7	干旱	干旱			
南昌市	75.8	48.2	145.3	157.4	104.1	427.6	133.7	68	31	16.6	138.7	干旱			
南宁市	76.1	70	18.7	45.2	121.8	300.6	260.1	317.4	187.6	47.6	156	23.9			
重庆市	16.2	42.7	43.8	75.1	69.1	254.4	55.1	108.4	54.1	154.3	59.8	29.7			
成都市	干旱	16.8	33	47	69.7	124	235.8	147.2	267	58.8	22.6	干旱			
贵阳市	15.7	干旱	68.1	62.1	156.9	89.9	275	364.2	98.9	106.1	103.3	17.2			
昆明市	干旱	干旱	15.7	干旱	94.5	133.5	281.5	203.4	75.4	49.4	82.7	干旱			
拉萨市	干旱	干旱	干旱	干旱	64.1	63	162.3	161.9	49.4	干旱	干旱	干旱			
西安市	19.1	干旱	21.7	55.6	22	59.8	83.7	87.3	83.1	73.1	干旱	干旱			
兰州市	干旱	干旱	干旱	22	28.1	30.4	49.9	72.1	61.5	23.5	干旱	干旱			
西宁市	干旱	干旱	干旱	32.2	48.4	60.9	41.6	99.7	62.9	19.7	干旱	干旱			
银川市	干旱	干旱	干旱	16.3	干旱	干旱	79.4	35.8	44.1	干旱	干旱	干旱			
乌鲁木齐市	干旱	干旱	17.8	21.7	15.8	干旱	20.9	17.1	16.8	干旱	干旱	干旱			

图 5.75　自定义数字格式应用后效果

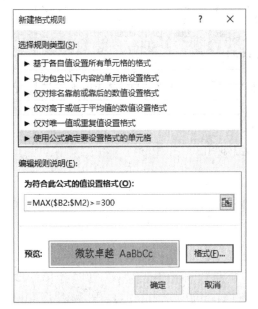

图 5.76　新建公式规则

4. 将降水量最大值超过（含）300 的城市名称显示为"淡绿色填充"。

【操作步骤】

选中 A2：A15 的单元格区域，单击【开始】选项卡→【样式】功能组→【条件格式】下拉菜单→【新建规则】。在【新建格式规则】对话框中，选择【使用公式确定要设置格式的单元格】；在【为符合此公式的值设置格式】输入框中，输入以下内容：

$$=MAX(\$B2:\$M2)>=300$$

单击对话框右下角的【格式】命令，在【设置单元格格式】对话框中设置填充色为浅绿色，【新建格式规则】对话框设置内容如图 5.76 所示。设置完成后点击【确定】。

此时工作表数据如图 5.77 所示。

城市(毫升)	1月	2月	3月	4月	5月	6月	7月	8月	9月	10月	11月	12月	合计降水量	排名	季节分布
太原市	3.7	2.7	20.9	63.4	17.6	103.8	23.9	45.2	56.7	17.4	0	0			
呼和浩特市	6.5	2.9	20.3	11.5	7.9	137.4	165.5	132.7	54.9	24.7	6.7	0			
南昌市	75.8	48.2	145.3	157.4	104.1	427.6	133.7	68	31	16.6	138.7	9.7			
南宁市	76.1	70	18.7	45.2	121.8	300.6	260.1	317.4	187.6	47.6	156	23.9			
重庆市	16.2	42.7	43.8	75.1	69.1	254.4	55.1	108.4	54.1	154.3	59.8	29.7			
成都市	6.3	16.8	33	47	69.7	124	235.8	147.2	267	58.8	22.6	0			
贵阳市	15.7	13.5	68.1	62.1	156.9	89.9	275	364.2	98.9	106.1	103.3	17.2			
昆明市	13.6	12.7	15.7	14.4	94.5	133.5	281.5	203.4	75.4	49.4	82.7	5.4			
拉萨市	0.2	7.5	3.8	3.8	64.1	63	162.3	161.9	49.4	10.9	6.9	0			
西安市	19.1	7.5	21.7	55.6	22	59.8	83.7	87.3	83.1	73.1	12.3	0			
兰州市	9	2.8	4.6	22	28.1	30.4	49.9	72.1	61.5	23.5	1.4	0.1			
西宁市	2.6	2.7	7.7	32.2	48.4	60.9	41.6	99.7	62.9	19.7	0.2	0			
银川市	8.1	1.1	0	16.3	0.2	2.3	79.4	35.8	44.1	7.3	0	0			
乌鲁木齐市	3	11.6	17.8	21.7	15.8	8.9	20.9	17.1	16.8	12.8	12.8	12.6			

图 5.77　应用公式规则后的工作表

5. 在单元格区域 N2：N15 中计算各城市十二个月的合计降水量，对计算出的合计值使用浅蓝色实心填充的数据条进行显示，要求不显示数值本身。

【操作步骤】

在 N2 单元格中利用 SUM 函数求出 B2：M2 区域内的数据和，并利用填充柄实现 N3：N15 单元内的计算。操作后效果如图 5.78 所示。

N2 ▾ ： × ✓ fx =SUM(B2:M2)

城市（毫米	1月	2月	3月	4月	5月	6月	7月	8月	9月	10月	11月	12月	合计降水量	排
太原市	干旱	干旱	20.9	63.4	17.6	103.8	23.9	45.2	56.7	17.4	干旱	干旱	355.3	
呼和浩特市	干旱	干旱	20.3	干旱	干旱	137.4	165.5	132.7	54.9	24.7	干旱	干旱	571	
南昌市	75.8	48.2	145.3	157.4	104.1	427.6	133.7	68	31	16.6	138.7	干旱	1356.1	
南宁市	76.1	70	18.7	45.2	121.8	300.6	260.1	317.4	187.6	47.6	156	23.9	1625	
重庆市	16.2	42.7	43.8	75.1	69.1	254.4	55.1	108.4	54.1	154.3	59.8	29.7	962.7	
成都市	干旱	16.8	33	47	69.7	124	235.8	147.2	267	58.8	22.6	干旱	1028.2	
贵阳市	15.7	干旱	68.1	62.1	156.9	89.9	275	364.2	98.9	106.1	103.3	17.2	1370.9	
昆明市	干旱	干旱	15.7	干旱	94.5	133.5	281.5	203.4	75.4	49.4	82.7	干旱	982.2	
拉萨市	干旱	干旱	干旱	干旱	64.1	63	162.3	161.9	49.4	干旱	干旱	干旱	533.8	
西安市	19.1	干旱	21.7	55.6	干旱	59.8	83.7	87.3	83.1	73.1	干旱	干旱	525.2	
兰州市	干旱	干旱	干旱	22	28.1	30.4	49.9	72.1	61.5	23.5	干旱	干旱	305.4	
西宁市	干旱	干旱	干旱	32.2	48.4	60.9	41.6	99.7	62.9	19.7	干旱	干旱	378.6	
银川市	干旱	干旱	干旱	16.3	干旱	干旱	79.4	35.8	44.1	干旱	干旱	干旱	194.6	
乌鲁木齐市	干旱	干旱	17.8	21.7	15.8	干旱	20.9	17.1	16.8	干旱	干旱	干旱	171.8	

图 5.78　SUM 计算结果

选中 N2：N15 单元格，打开【条件格式】下拉菜单，单击【数据条】菜单中的【其他规则】，如图 5.79 所示。

在【新建格式规则】对话框中，勾选【仅显示数据条】，设置填充为实心填充，颜色为浅蓝色，如图 5.80 所示。

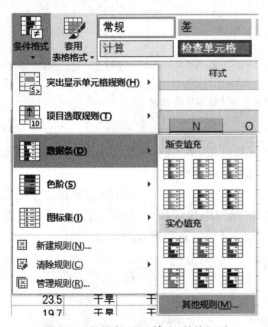

图 5.79　数据条-实心填充-其他规则

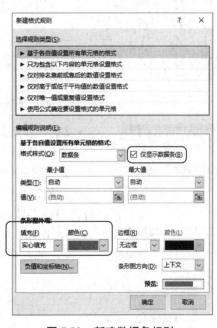

图 5.80　新建数据条规则

填充后效果如图 5.81 所示。

6. 在单元格区域 O2：O15 中根据合计降水量计算排名。

【操作步骤】

使用函数插入或手动键盘输入，在单元格 O2 中完成"Rank. EQ（N2，＄N＄2：＄N＄15，0）"的函数计算。

利用填充柄实现 O3：O15 单元格内的计算。操作后效果如图 5.82 所示。

7. 在单元格区域 P2：P15 中，插入迷你折线图，数据范围为 B2：M15 中的数值，设置折线颜色为浅蓝色，显示高点，并设置其颜色为标准红色。

N2 | × ✓ fx | =SUM(B2:M2)

城市	1月	2月	3月	4月	5月	6月	7月	8月	9月	10月	11月	12月	合计	降水量排名
太原市	干旱	干旱	20.9	63.4	17.6	103.8	23.9	45.2	56.7	17.4	干旱	干旱		
呼和浩特市	干旱	干旱	20.3	干旱	干旱	137.4	165.5	132.7	54.9	24.7	干旱	干旱		
南昌市	75.8	48.2	145.3	157.4	104.1	427.6	133.7	68	31	16.6	138.7	干旱		
南宁市	76.1	70	18.7	45.2	121.8	300.6	260.1	317.4	187.6	47.6	156	23.9		
重庆市	16.2	42.7	43.8	75.1	69.1	254.4	55.1	108.4	54.1	154.3	59.8	29.7		
成都市	干旱	16.8	33	47	69.7	124	235.8	147.2	267	58.8	22.6	干旱		
贵阳市	15.7	干旱	68.1	62.1	156.9	89.9	275	364.2	98.9	106.1	103.3	17.2		
昆明市	干旱	干旱	15.7	干旱	94.5	133.5	281.5	203.4	75.4	49.4	82.7	干旱		
拉萨市	干旱	干旱	干旱	干旱	64.1	63	162.3	161.9	49.4	干旱	干旱	干旱		
西安市	19.1	干旱	21.7	55.6	22	59.8	83.7	87.3	83.1	73.1	干旱	干旱		
兰州市	干旱	干旱	干旱	22	28.1	30.4	49.9	72.1	61.5	23.5	干旱	干旱		
西宁市	干旱	干旱	干旱	32.2	48.4	60.9	41.6	99.7	62.9	19.7	干旱	干旱		
银川市	干旱	干旱	干旱	16.3	干旱	干旱	79.4	35.8	44.1	干旱	干旱	干旱		
乌鲁木齐市	干旱	干旱	17.8	干旱	15.8	干旱	20.9	17.1	16.8	干旱	干旱	干旱		

图 5.81　数据条实心填充后的效果

O2 | × ✓ fx | =RANK.EQ(N2,$N$2:$N$15,0)

2月	3月	4月	5月	6月	7月	8月	9月	10月	11月	12月	合计降水量排名		季节分布
干旱	20.9	63.4	17.6	103.8	23.9	45.2	56.7	17.4	干旱	干旱		11	
干旱	20.3	干旱	干旱	137.4	165.5	132.7	54.9	24.7	干旱	干旱		7	
48.2	145.3	157.4	104.1	427.6	133.7	68	31	16.6	138.7	干旱		3	
70	18.7	45.2	121.8	300.6	260.1	317.4	187.6	47.6	156	23.9		1	
42.7	43.8	75.1	69.1	254.4	55.1	108.4	54.1	154.3	59.8	29.7		6	
16.8	33	47	69.7	124	235.8	147.2	267	58.8	22.6	干旱		7	
干旱	68.1	62.1	156.9	89.9	275	364.2	98.9	106.1	103.3	17.2		2	
干旱	15.7	干旱	94.5	133.5	281.5	203.4	75.4	49.4	82.7	干旱		5	
干旱	干旱	干旱	64.1	63	162.3	161.9	49.4	干旱	干旱	干旱		8	
干旱	21.7	55.6	22	59.8	83.7	87.3	83.1	73.1	干旱	干旱		9	
干旱	干旱	22	28.1	30.4	49.9	72.1	61.5	23.5	干旱	干旱		12	
干旱	干旱	32.2	48.4	60.9	41.6	99.7	62.9	19.7	干旱	干旱		10	
干旱	干旱	16.3	干旱	干旱	79.4	35.8	44.1	干旱	干旱	干旱		13	
干旱	17.8	干旱	15.8	干旱	20.9	17.1	16.8	干旱	干旱	干旱		14	

图 5.82　排名函数 RANK.EQ 与计算结果

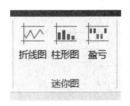

图 5.83　迷你图功能组

【操作步骤】

选中 P2：P15 单元格区域，单击【插入】选项卡→【迷你图】功能组→【折线图】命令，如图 5.83 所示。

在对话框中设置数据范围为 B2：M15，并检查放置迷你图的位置范围是否是 P2：P15（绝对引用或相对引用均可），对话框设置如图 5.84 所示。完成后点击【确定】，效果如图 5.85 所示。

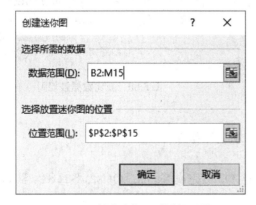

图 5.84　创建迷你图对话框设置

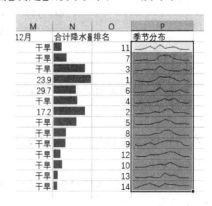

图 5.85　迷你图初始状态

保持 P2：P15 的选中状态，将功能区切换到【迷你图工具】→【设计】选项卡，点开【迷你图颜色】下拉菜单，选择浅蓝色，如图 5.86 所示。

在【显示】功能组勾选【高点】,如图 5.87 所示,并点开【标记颜色】下拉菜单,选择【高点】并设置颜色为标准红色,如图 5.88 所示。

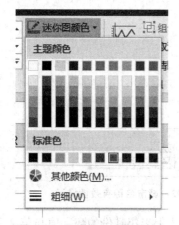

图 5.86　设置迷你图线条颜色

图 5.87　设置显示高点

图 5.88　设置高点颜色

设置完成后效果如图 5.89 所示。

I	J	10月	11月	12月	合计降水量排名	季节分布
45.2	56.7	17.4	干旱	干旱		11	
132.7	54.9	24.7	干旱	干旱		7	
68	31	16.6	138.7	干旱		3	
317.4	187.6	47.6	156	23.9		1	
108.4	54.1	154.3	59.8	29.7		6	
147.2	267	58.8	22.6	干旱		4	
364.2	98.9	106.1	103.3	17.2		2	
203.4	75.4	49.4	82.7	干旱		5	
161.9	49.4	干旱	干旱	干旱		8	
87.3	83.1	73.1	干旱	干旱		9	
72.1	61.5	23.5	干旱	干旱		12	
99.7	62.9	19.7	干旱	干旱		10	
35.8	44.1	干旱	干旱	干旱		13	
17.1	16.8	干旱	干旱	干旱		14	

图 5.89　迷你图最终效果

8. 在 R2 单元格输入文本“城市”,并在 R3 单元格中设置数据有效性,仅允许在该单元格中填入单元格区域 A2:A15 中的城市名称,并提供下拉箭头。完成后在 R3 单元格中选择【乌鲁木齐市】。

【操作步骤】

在 R2 单元格输入文本“城市”。

单击选中 R3 单元格,单击【数据】选项卡→【数据工具】功能组→【数据验证】命令。

在“数据验证”对话框中设置【允许】内容为【序列】,并在【来源】输入框中用鼠标选中 A2:A15 单元格区域,并勾选【提供下拉箭头】,对话框中设定如图 5.91 所示。

在下拉菜单中选择【乌鲁木齐市】,如图 5.92 所示。

图 5.90　数据验证命令

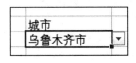

图 5.91　数据验证对话框设置城市名称序列　　图 5.92　城市名称有效性显示

9. 在 S2 单元格中建立数据有效性，仅允许在该单元格中填入上半年月份的数字值与英文简称，格式如"1 月—Jan"，"2 月—Feb"等，并提供下拉菜单。完成后在 S2 单元格选择"3 月—Mar"。

【操作步骤】

参照上一题打开数据验证对话框，并设置【允许】内容为【序列】，在来源输入框中用键盘输入以下内容：

　　　　1 月—Jan，2 月—Feb，3 月—Mar，4 月—Apr，5 月—May，6 月—Jun

对话框中具体设置如图 5.93 所示。

在 S2 中通过下拉菜单选择"3 月—Mar"，如图 5.94 所示。

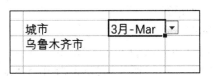

图 5.93　数据验证输入月份序列　　图 5.94　月份有效性结果显示

10. 在 S3 单元格中建立公式，使用 INDEX 函数和 MATCH 函数，根据 R3 单元格中的城市名称和 S2 单元格中的月份名称，查询对应的降水量。

【操作步骤】

利用函数插入命令或手动键盘输入，在单元格 S3 中输入以下内容：

　　　　=INDEX（B2：M15，MATCH（R3，A2：A15，0），LEFT（S2，1））

完成后,单元格内容显示如图 5.95 所示。

| | | fx | =INDEX(B2:M15,MATCH(R3,A2:A15,0),LEFT(52,1)) | | | | | | | | | | |

G	H	I	J	K	L	M	N	O	P	Q	R	S
3月	7月	8月	9月	10月	11月	12月	合计降水量排名		季节分布		城市	3月 - Mar
103.8	23.9	45.2	56.7	17.4	干旱	干旱	11				乌鲁木齐市	17.8
137.4	165.5	132.7	54.9	24.7	干旱	干旱	7					
427.6	133.7	68	31	16.6	138.7	干旱	3					
300.6	260.1	317.4	187.6	47.6	156	23.9						
254.4	55.1	108.4	54.1	154.3	59.8	29.7	6					

图 5.95　INDEX 函数与 MATCH 函数输入与计算结果

11. 保存"西部地区降雨量.xlsx"文件。【操作步骤略】

实验四　成本与销量分析

一、任务目标

通过成本与销量分析,掌握名称定义与超级表的概念,理解超级表中的语法,学会运用"函数帮助"来实时学习和使用新函数,同时进行复杂的图表设置。完成后工作簿结果如图 5.96、图 5.97 所示。

	A	B	C	D	E	F	G	H	I
1	客户代码	客户名称	联系人	联系人职务	城市	地区	实际消费金额	客户等级	
2	QUEDE	兰格英语	王先生	结算经理	北京	华北	4568.32	10级	
3	FOLIG	嘉业	刘先生	助理销售代	石家庄	华北	2975.2	10级	
4	SEVES	艾德高科技	谢小姐	销售经理	天津	华北	12495.9	8级	
5	PARIS	立日	李柏麟	物主	石家庄	华北	0	10级	
6	CHOPS	浩天旅行社	方先生	物主	天津	华北	4406.975	10级	
7	GREAL	仪和贸易	王先生	市场经理	北京	华北	392.2	10级	
8	HILAA	远东开发	王先生	销售代表	深圳	华南	11282.4	8级	
9	ANATR	东南实业	王先生	物主	天津	华北	111	10级	
10	BERGS	通恒机械	黄小姐	采购员	南京	华东	11612.335	8级	
11	LONEP	正太实业	林慧音	销售经理	天津	华北	1307.7	10级	
12	WARTH	升格企业	王俊元	结算经理	石家庄	华北	13999.9	8级	
13	EASTC	中通	林小姐	销售代表	天津	华北	5813.44	9级	
14	RANCH	大东补习班	陈小姐	销售代表	深圳	华南	555.38	10级	
15	LILAS	富泰人寿	陈先生	结算经理	天津	华北	11593.745	8级	
16	RICSU	永大企业	余小姐	销售经理	南京	华东	7561.59	9级	
17	NORTS	富同企业	王先生	销售员	石家庄	华北	352	10级	
18	SANTG	汉光企管	王先生	物主	重庆	西南	1523.6	10级	
19	LEHMS	幸义房屋	刘先生	销售代表	南京	华东	11192.015	8级	
20	VICTE	千固	苏先生	销售代理	秦皇岛	华北	7008.335	9级	
21	SAVEA	大钰贸易	胡继尧	销售代表	重庆	西南	29274.181	5级	
22	HANAR	实翼	谢小姐	结算经理	南昌	华东	5694.1575	9级	
23	SUPRD	福星制衣厂	徐先生	结算经理	天津	华北	15530.75	7级	
24	BLAUS	森通	王先生	销售代表	天津	华北	615.8	10级	
25	PERIC	就业广兑	唐小姐	销售代表	天津	华北	3231.16	10级	
26	GROSR	光远商贸	陈先生	物主	天津	华北	1377.1	10级	
27	BONAP	祥通	刘先生	物主	重庆	西南	10740.46	8级	
28	PICCO	顶上系统	方先生	销售经理	常州	华东	18085.7	7级	
29	SPLIR	昇昕	谢小姐	销售经理	深圳	华南	10425.764	8级	
30	FRANR	国银贸易	余小姐	市场经理	南京	华东	0	10级	
31	VINET	山泰企业	黎先生	结算经理	天津	华北	1607.6	10级	
32	TOMSP	东帝望	成先生	市场经理	青岛	华东	3446.36	10级	
33	BOTTM	广通	王先生	结算经理	重庆	西南	7936.15	9级	
34	BOLID	迈多贸易	陈先生	物主	西安	西北	1227.5	10级	
35	CENTC	三捷实业	王先生	市场经理	大连	东北	126	10级	
36									

图 5.96　产品销售单工作表

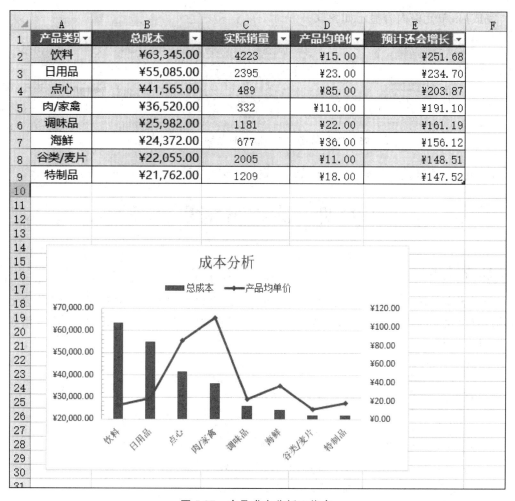

图 5.97　产品成本分析工作表

二、相关知识

1. 名称定义。
2. 超级表。
3. 函数查找与帮助。
4. 图表的高级设置。

三、任务实施

1. 打开"成本与销量分析.xlsx"文档，将"销售定级"工作表中的 A2：B11 区域定义名称为"定级依据"。

【操作步骤】

选中"销售定级"工作表中的 A2：B11 区域，在名称框中输入文本"定级依据"，完成后按下 Enter 键确认，如图 5.98 所示。

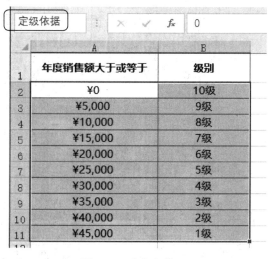

图 5.98　定义名称

2. 在"产品销售单"工作表中根据客户实际消费的金额，并使用上题定义的名称完成 H2：H35 区域内客户等级的计算。

【操作步骤】

在"产品销售单"工作表选中 H2 单元格，插入 VLOOKUP 函数(本题也可用 LOOKUP 函数)，对话框中输入相应参数后，参数如图 5.99 所示，完成后单击确定。

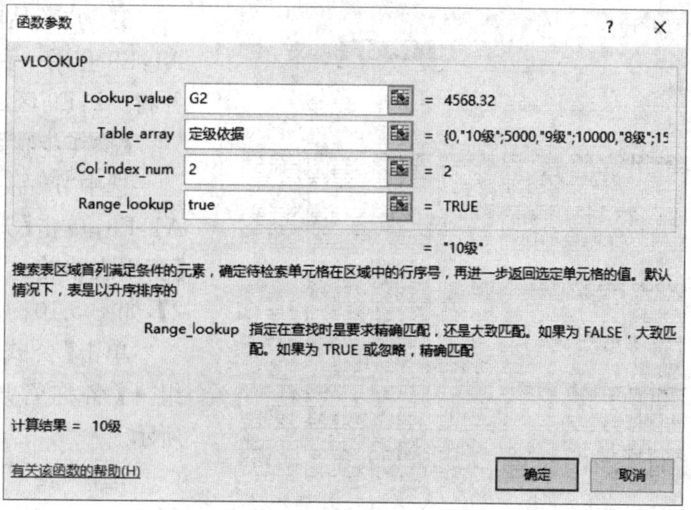

利用自动填充功能实现 H3：H35 单元格中客户等级的额计算。

完成后工作表内容如图 5.100 所示。

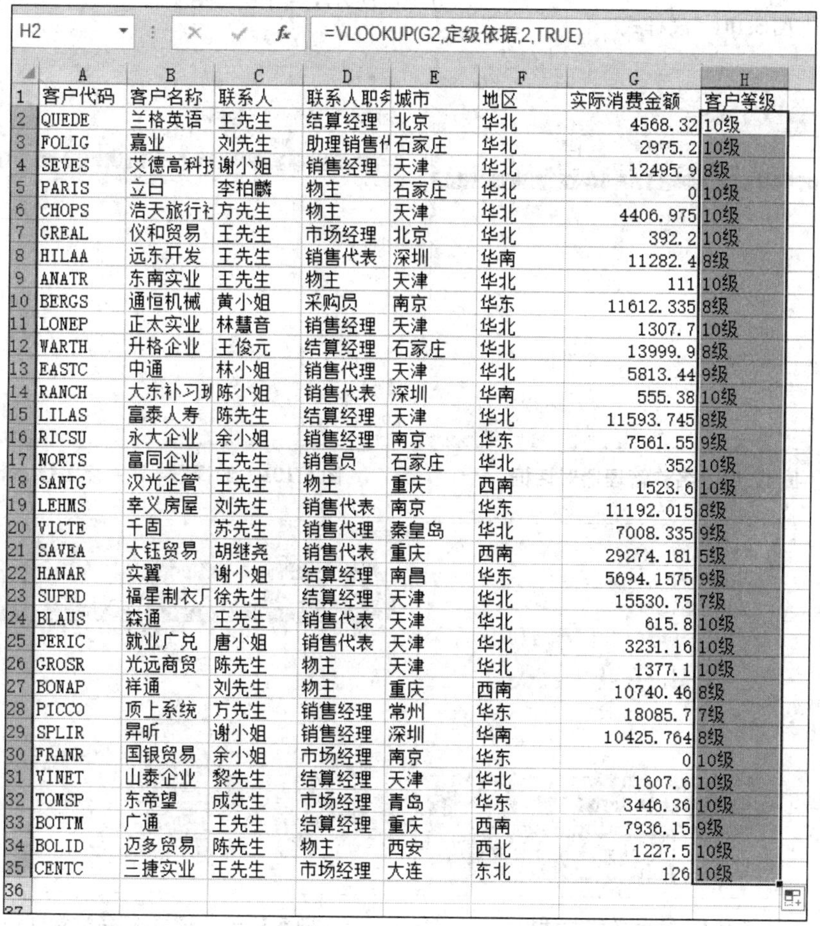

图 5.99　函数中使用名称定义

图 5.100　函数计算后的工作表

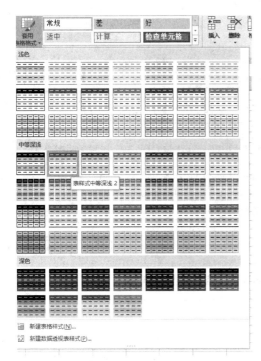

图 5.101　表样式

3. 为"产品成本分析"工作表的单元格区域 A1：E9 套用一种表格格式：表样式中等深浅 2，并将 A2：E9 区域的名称修改为"成本分析"。

【操作步骤】

选中"产品成本分析"工作表的单元格区域 A1：E9，单击【开始】选项卡→【样式】功能组→【套用表格格式】下拉菜单→【表样式中等深浅 2】，如图 5.101 所示。

单击【公式】选项卡→【定义的名称】工作组→【名称管理器】，打开对话框如图 5.102 所示。

选择"表 1"后，单击【编辑】命令，如图 5.103 所示。

在弹出的【名称编辑】对话框中修改名称为"成本分析"，如图 5.104 所示，并单击【确定】。

编辑后【名称管理器】对话框中内容如图 5.105 所示，点击【关闭】。

图 5.102　名称管理器对话框

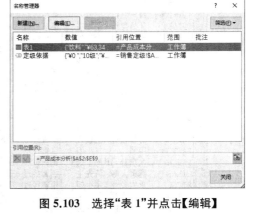

图 5.103　选择"表 1"并点击【编辑】

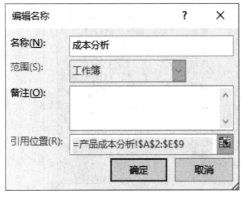

图 5.104　编辑名称对话框

图 5.105　编辑后的名称管理器

4. 为"产品成本分析"工作表的 B2：B9 区域使用计算式："实际销量"×"产品均单价"，计算"总成本"。

【操作步骤】

选中"产品成本分析"工作表中的 B2 单元，输入"＝"，并通过鼠标先后选中 C2 和 D2 单元格的方式完成计算式的编辑，或者手动输入以下内容：

＝[@实际销量]＊[@产品均单价]

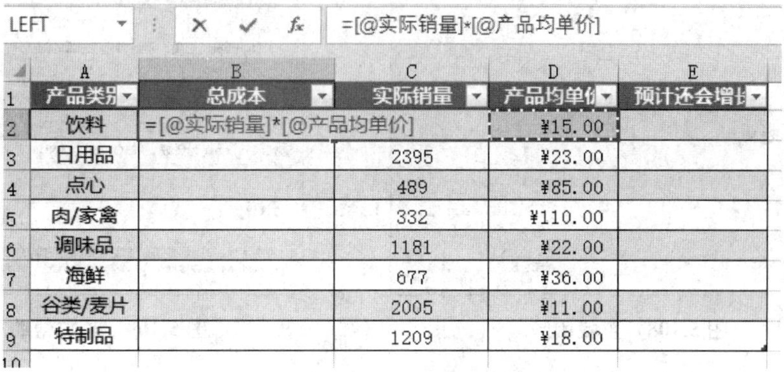

图 5.106 超级表公式计算

按下 Enter 键完成运算，完成后工作表数据如图 5.107 所示。

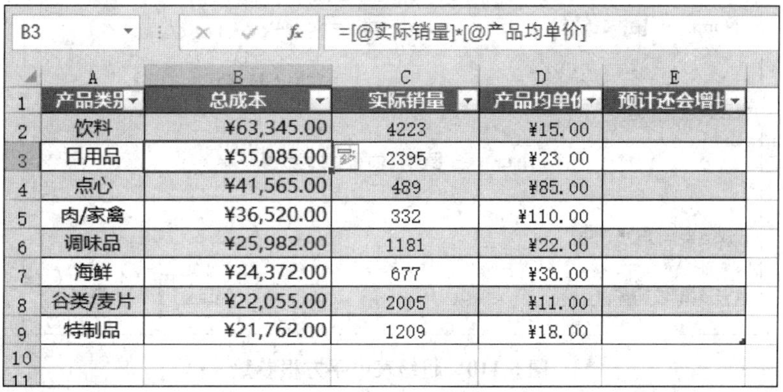

图 5.107 总成本计算结果

5. 借助函数查找功能，在工作表"产品成本分析"的 E2：E9 单元格中，计算"预计还会增长成本"值，计算式为：预计还会增长成本＝$\sqrt{\text{总成本}}$。

【操作步骤】

选中 E2 单元格后打开【插入函数】对话框，在【搜索函数】输入框内输入文本"平方根"，点击【转到】，如图 5.108 所示。

选中 SQRT 函数，点击左下角【有关函数的帮助】，弹出帮助窗口如图 5.109 所示。

关闭帮助窗口，返回【插入函数】对话框单击【确定】，在函数参数对话框中输入参数为"[@总成本]"，如图 5.110 所示。

单击【确定】后，工作表数据如图 5.111 所示。

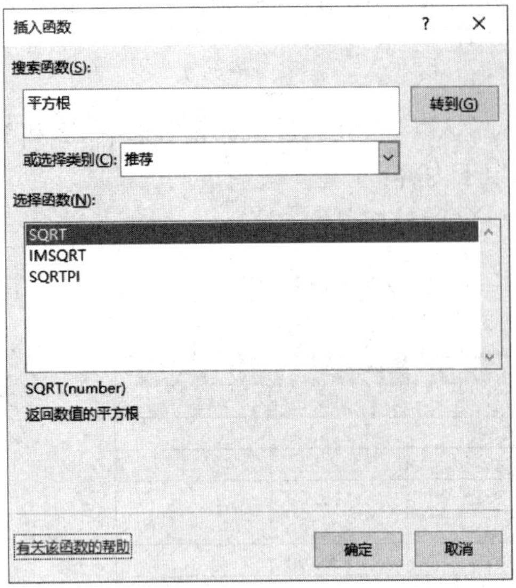

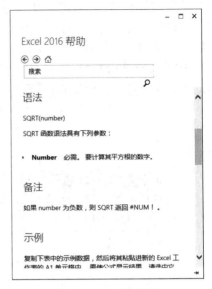

图 5.108　查找函数

图 5.109　函数帮助

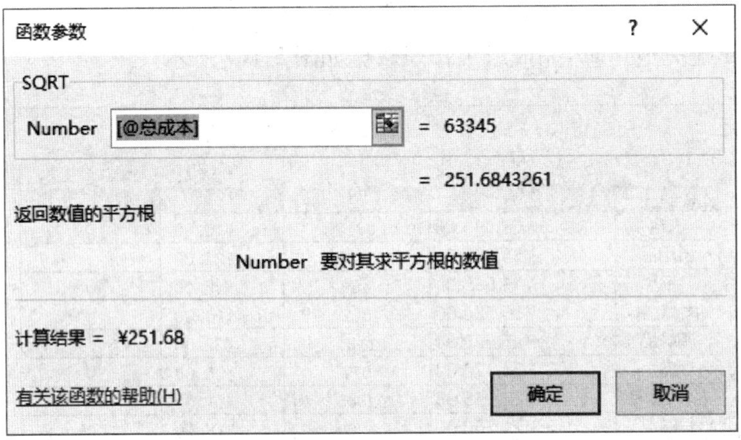

图 5.110　超级表中平方根参数

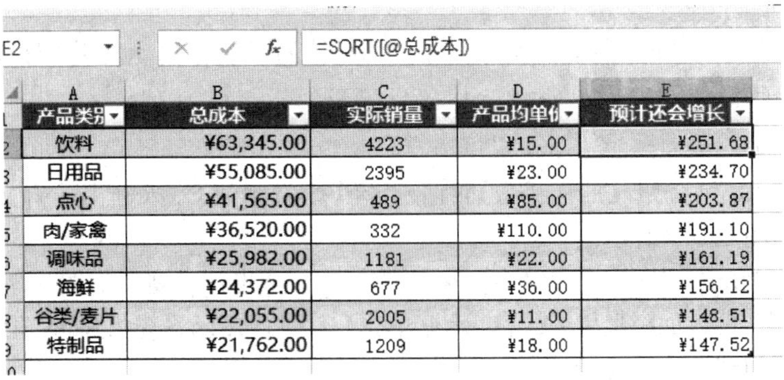

	A	B	C	D	E
	产品类别	总成本	实际销量	产品均单价	预计还会增长
	饮料	¥63,345.00	4223	¥15.00	¥251.68
	日用品	¥55,085.00	2395	¥23.00	¥234.70
	点心	¥41,565.00	489	¥85.00	¥203.87
	肉/家禽	¥36,520.00	332	¥110.00	¥191.10
	调味品	¥25,982.00	1181	¥22.00	¥161.19
	海鲜	¥24,372.00	677	¥36.00	¥156.12
	谷类/麦片	¥22,055.00	2005	¥11.00	¥148.51
	特制品	¥21,762.00	1209	¥18.00	¥147.52

E2　=SQRT([@总成本])

图 5.111　平方根函数计算结果

6. 在"产品成本分析"工作表中,根据"产品类别"、"总成本"和"产品均单价"创建图表,图表类型为"带数据标记的折线图",添加图表标题为"成本分析",图例位置位于图表顶部。

【操作步骤】

在远离数据区域的空白单元格处插入一个空白的图表,类型为"带数据标记的折线图"。

选中空白图表,在上方功能区【设计】选项卡中或者右键菜单中,打开【选择数据】对话框,如图 5.112 所示。

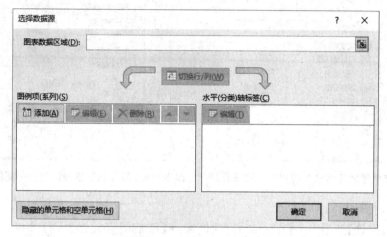

图 5.112 选择数据对话框

首先将光标置于对话框中"图表数据区域"输入框内,利用鼠标配合 Ctrl 键,将 B1:B9,D1:D9 两列数据同时选中;然后单击"水平(分类)轴标签"下方的【编辑】命令,用鼠标在【轴标签】对话框中设置"轴标签区域"为"产品成本分析! $A$2: $A$9",如图 5.113 所示。编辑后对话框内容如图 5.114 所示,最后点击【确定】。

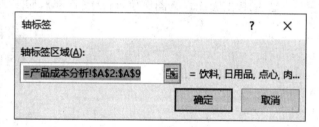

图 5.113 轴标签区域设置

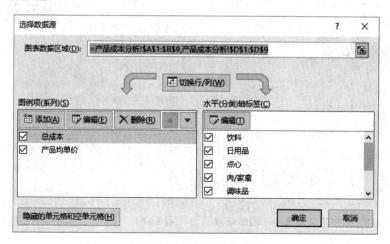

图 5.114 编辑后的对话框

添加图表标题与图例方法一：

① 单价图表右上角的 ➕ ，在图表标题的右侧下拉菜单中选择【图表上方】，如图 5.115 所示。

② 同样的方法设置图例位置位于【顶部】，如图 5.116 所示。

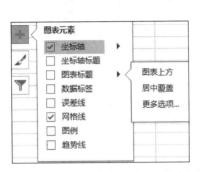

图 5.115　图表元素快捷设置——图表标题　　　图 5.116　图表元素快捷设置——图例添加

添加图表标题与图例方法二：

① 打开【设计】选项卡→【图表布局】功能组→【添加图表元素】下拉菜单，选择【图表标题】→【图表上方】，如图 5.117 所示。

② 同样的方法设置图例位置位于【顶部】，如图 5.118 所示。

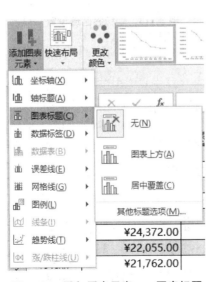

图 5.117　添加图表元素——图表标题　　　图 5.118　添加图表元素——图例设置

将图表标题的内容修改为"成本分析",如图 5.119 所示。

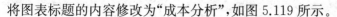

图 5.119　图表标题文本编辑

7. 设置"成本分析"图表为双坐标轴显示,令"产品均单价"绘制在次坐标轴。

【操作步骤】

方法一:选中图表中的"产品均单价"数据系列,状态如图 5.120 所示,右键【设置数据系列格式】(或者双击),在右侧弹出【设置数据点格式】窗格,切换至【系列选项】,图标为 ，勾选【次坐标轴】,如图 5.121 所示。

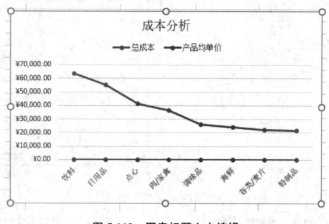

图 5.120　选中"产品均单价"数据系列　　**图 5.121　设置系列绘制在次坐标轴**

注意:弹出右侧对应窗格有多种方式,比如还可以直接双击图表区域,有兴趣的可以自行了解。但是其他方式通常需要将窗格内的选项设置内容进行切换。

方法二:选中图表后,单击【设计】选项卡→【更改图表类型】命令,弹出对话框如图 5.122 所示。在对话框内选择【组合】,为"总成本"与"产品均单价"选择图表类型为"带数据标记的折线图",并将"产品均单价"勾选为【次坐标轴】,如图 5.123 所示。完成后,图表状态如图 5.124 所示。

8. 更改"成本分析"图表中的"总成本"的数据系列类型,令其显示为"簇状柱形图",并更改折线数据标记形状为菱形◆。

【操作步骤】

选中图表后,参照上题,打开【更改图表类型】对话框,在【组合】菜单中设置"总成本"的图表类型为"簇状柱形图",对话框如图 5.125 所示。

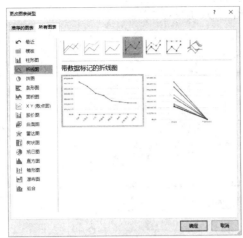

图 5.122　更改图表类型对话框

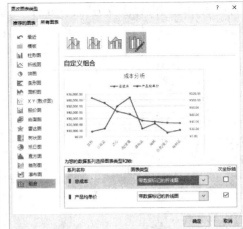

图 5.123　更改图表组合类型

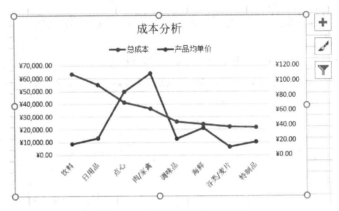

图 5.124　图表双坐标轴显示

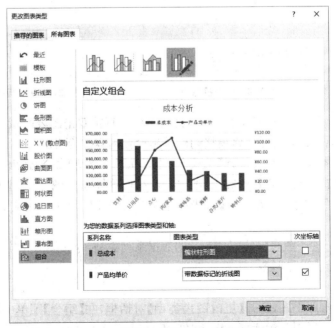

图 5.125　更改组合类型——柱形图类型

点击【确定】后图表如图 5.126 所示。

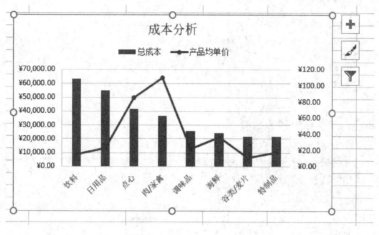

图 5.126　双图表类型

参照上题选中"产品均单价"数据系列，右键单击菜单中选择【设置数据系列格式】，在右侧弹出窗格中，切换至【填充与线条】，选择【标记】，如图 5.127 所示。

点开【数据标记选项】，勾选【内置】，在类型下拉菜单中选择菱形◆，如图 5.128 所示。

图 5.127　设置数据标记窗格

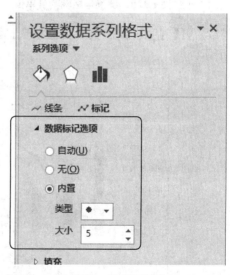

图 5.128　设置标记选项

9. 更改"成本分析"图表中主垂直轴的最大值 70000，最小值 20000；设置主要刻度单位为 10000，次要刻度单位为 2000，并显示内部次要刻度线。

【操作步骤】

鼠标双击主垂直坐标轴左侧刻度数字区域，在右侧弹出窗格【设置坐标轴格式】中，窗格中切换选项卡至【坐标轴选项】，图标为 ▓。点开下方的【坐标轴选项】设置，修改其中边界值为最小值为 20000，最大值为 70000，单位选项中主要值为 10000，次要值为 2000，如图 5.129 所示。

图 5.129　设置坐标轴刻度单位　　图 5.130　显示内部次要刻度线

　　继续点开【刻度线】，在次要类型中选择【内部】，如图 5.130 所示。完成后的图表如图 5.131 所示。

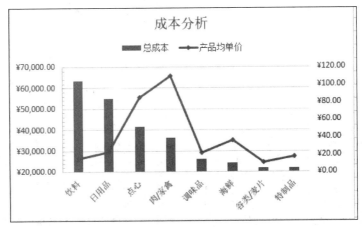

图 5.131　图表最终状态

　　10. 保存编辑好的文档。【操作步骤略】

实验五　降雨量透视表分析

一、任务目标

　　通过为降雨量创建透视表分析，掌握新建功能区命令的操作，掌握创建透视表的多种方式和类别，并能够熟练编辑字段和透视表的布局内容。最终透视表如图 5.132、图 5.133 所示。

图 5.132 实验五透视表样张一

城市名称	拉萨市	
行标签	降水量	占比
1月	0.2	0.04%
2月	7.5	1.41%
3月	3.8	0.71%
4月	3.8	0.71%
5月	64.1	12.01%
6月	63	11.80%
7月	162.3	30.40%
8月	161.9	30.33%
9月	49.4	9.25%
10月	10.9	2.04%
11月	6.9	1.29%
12月	0	0.00%
总计	533.8	100.00%

城市名称：成都市、贵阳市、呼和浩特市、昆明市、拉萨市、兰州市、南昌市、南宁市

图 5.133 实验五透视表样张二

行标签	求和项:1月	求和项:2月	求和项:3月
数据组1			
成都市	6.3	16.8	33
贵阳市	15.7	13.5	68.1
呼和浩特市	6.5	2.9	20.3
昆明市	13.6	12.7	15.7
拉萨市	0.2	7.5	3.8
兰州市	9	2.8	4.6
南昌市	75.8	48.2	145.3
数据组2			
南宁市	76.1	70	18.7
太原市	3.7	2.7	20.9
乌鲁木齐市	3	11.6	17.8
西安市	19.1	7.5	21.7
西宁市	2.6	2.7	-7.7
银川市	8.1	1.1	0
重庆市	16.2	42.7	43.8
总计	255.9	242.7	421.4

二、相关知识

1. 添加新功能区命令。
2. 使用向导创建数据透视表。
3. 透视表字段编辑。
4. 透视表切片器。

三、任务实施

1. 打开"降雨量透视表.xlsx"文档，在【插入】选项卡中添加"数据透视表和数据透视图"命令，设置该命令位于新建功能组【透视表向导】中。

【操作步骤】

切换到【文件】选项卡→【选项】菜单，点击后，弹出【Excel 选项】对话框，如图 5.134、图 5.135 所示。

图 5.134 文件选项卡-选项命令

图 5.135 Excel 选项对话框

将对话框切换至【自定义功能区】，在右侧【自定义功能区】→【主选项卡】列表框中，点击展开【插入】选项卡，并单击【新建组】命令，如图 5.136 所示。

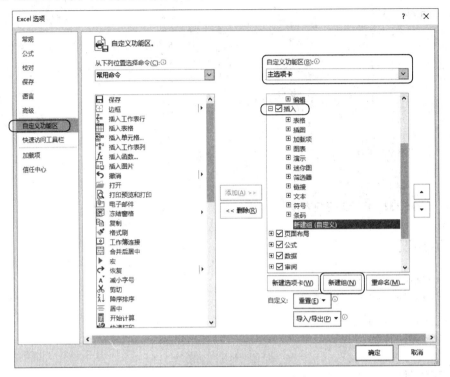

图 5.136　【插入】选项卡中新建功能组

单击选中【新建组（自定义）】，单击【重命名】命令，在【重命名】对话框中修改组名为"透视表向导"，完成后点击【确定】，如图 5.137 所示。

图 5.137　功能组重命名

在【Excel 选项】对话框左侧的【从下列位置选择命令】中选择【不在功能区中的命令】，如图 5.138 所示。

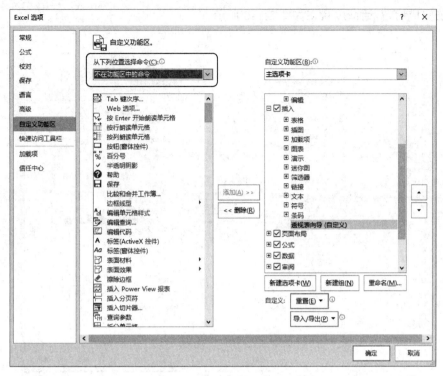

图 5.138　列出不在功能区中的命令

在左侧【不在功能区中的命令】列表中，找到【数据透视表和数据透视图向导】，单击选中，并点击对话框中间的【添加】命令，如图 5.139 所示。

图 5.139　添加【数据透视表和数据透视图向导】命令

添加完成后，对话框内状态如图 5.140 所示。

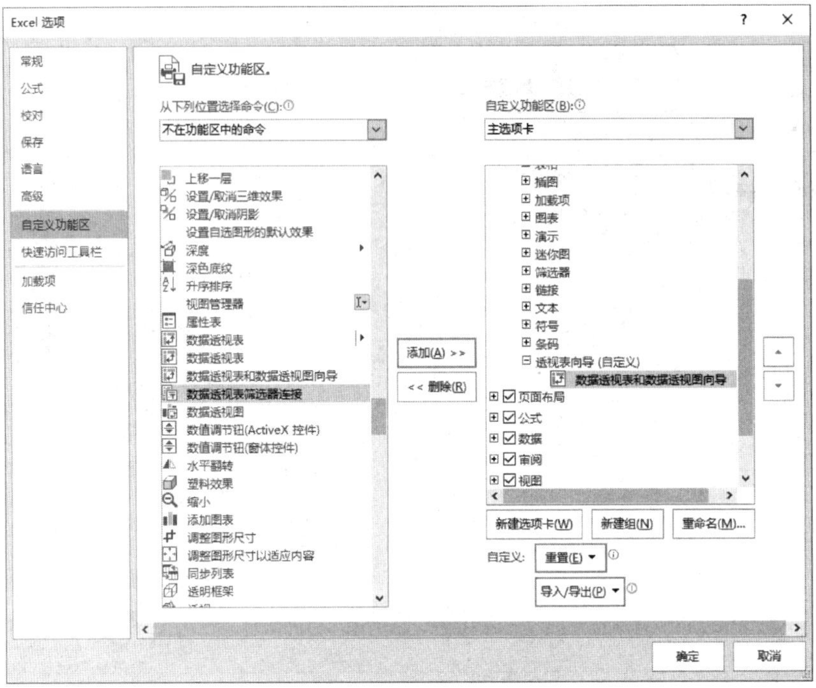

图 5.140　命令添加完成状态

2. 为"降水量记录"工作表 A1:M15 区域，创建一个数据源为"多重合并计算数据区域"的单页字段数据透视表，要求透视表放置于新工作表中，新工作表命名为"多重透视表"。

【操作步骤】

将光标置于"降水量记录"工作表中，单击选择【插入】选项卡→【透视表】向导→【数据透视表和数据透视图向导】命令，在向导对话框中勾选数据源类型为【多重合并计算数据区域】，报表类型为【数据透视表】，如图 5.141 所示。

单击【下一步】，进入向导第 2(a) 步，勾选【创建单页字段】，如图 5.142 所示。

图 5.141　数据透视表向导-步骤 1

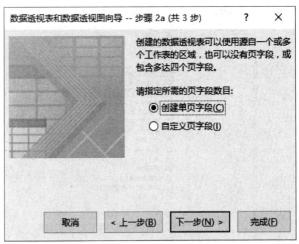

图 5.142　数据透视表向导-步骤 2(a)

继续单击【下一步】，进入第 2(b) 步，在【选定区域】的输入框中用鼠标将表区域 A1:M15 全部框选，选中区域后单击【添加】，此时对话框如图 5.143 所示。

图 5.143　数据透视表向导——步骤 2(b)

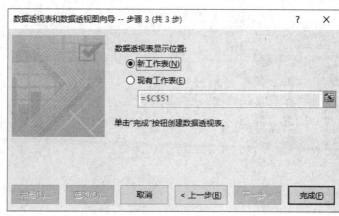

图 5.144　数据透视表向导——步骤 3

再次单击【下一步】，进入步骤 3，在【数据透视表显示位置】中勾选【新工作表】，如图 5.144 所示。点击【完成】后，新工作表中的透视表状态如图 5.145 所示。

行标签	10月	11月	12月	1月	2月	3月	4月	5月	6月	7月	8月	9月	总计
成都市	58.8	22.6	0	6.3	16.8	33	47	69.7	124	235.8	147.2	267	1028.2
贵阳市	106.1	103.3	17.2	15.7	13.5	68.1	62.1	156.9	89.9	275	364.2	98.9	1370.9
呼和浩特市	24.7	6.7	0	6.5	2.9	20.3	11.5	7.9	137.4	165.5	132.7	54.9	571
昆明市	49.4	82.7	5.4	13.6	12.7	15.7	14.4	94.5	133.5	281.5	203.4	75.4	982.2
拉萨市	10.9	6.9	0	0.2	7.5	3.8	3.8	64.1	63	162.3	161.9	49.4	533.8
兰州市	23.5	1.4	0.1	9	2.8	4.6	22	28.1	30.4	49.9	72.1	61.5	305.4
南昌市	16.6	138.7	9.7	75.8	48.2	145.3	157.4	104.1	427.6	133.7	68	31	1356.1
南宁市	47.6	156	23.9	76.1	70	18.7	45.2	121.8	300.6	260.1	317.4	187.6	1625
太原市	17.4	0	0	3.7	2.7	20.9	63.4	17.6	103.8	23.9	45.2	56.7	355.3
乌鲁木齐市	12.8	12.8	12.6	3	11.6	17.8	21.7	15.8	8.9	20.9	17.1	16.8	171.8
西安市	73.1	12.3	0	19.1	7.5	21.7	55.6	22	59.8	83.7	87.3	83.1	525.2
西宁市	19.7	0.2	0	2.6	2.7	7.7	32.2	48.4	60.9	41.6	99.7	62.9	378.6
银川市	7.3	0	0	8.1	1.1	0	16.3	2.2	3	79.4	35.8	44.1	194.6
重庆市	154.3	59.8	29.7	16.2	42.7	43.8	75.1	69.1	254.4	55.1	108.4	54.1	962.7
总计	622.2	603.4	98.6	255.9	242.7	421.4	627.7	820.2	1796.5	1868.4	1860.4	1143.4	10360.8

图 5.145　数据透视表初始状态

最后将新工作表重命名为"多重透视表"。

3. 修改数据透视表的布局，让透视表能够根据城市进行筛选（设置筛选器为城市），根据城市的选择显示其对应月份和降水量数据。要求月份显示在透视表 A 列，每月降水量显示在 B 列，并能够在 C 列显示为每月降水量占总计的百分比。

【操作步骤】

观察当前透视表中的内容，分析出"行"字段对应的内容即城市名称，"列"字段对应的是月份。

注意：行标签不等同于"行"字段，列标签不等同于"列"字段。

将"行"字段拖至【筛选器】区域中，并将"页 1"字段从【筛选器】中删除。

将"列"字段拖至【行】区域中。

将"值"字段拖至【值】区域中,此时【值】区域将有两个"值"字段,当前数据透视表及其字段的设置如图 5.146 所示。

图 5.146　数据透视表布局调整

打开【值字段设置】对话框,方法可采用以下两种:

① 单击【值】区域内的"求和项:值 2",在弹出菜单中选择【值字段设置】,如图 5.147 所示。

② 或者,鼠标选中透视表第三列"求和项:值 2"中的任一数据单元格,单击功能区【分析】选项卡→【活动字段】功能组→【字段设置】命令,如图 5.148 所示。

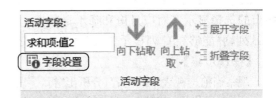

图 5.147　区域内单击字段后的菜单　　　　**图 5.148　功能区中的【字段设置】命令**

在弹出的【值字段设置】对话框中切换至【值显示方式】,在下拉列表中选择"列汇总的百分比",如图 5.149 所示。

完成后点击【确定】,此时数据透视表如图 5.150 所示。

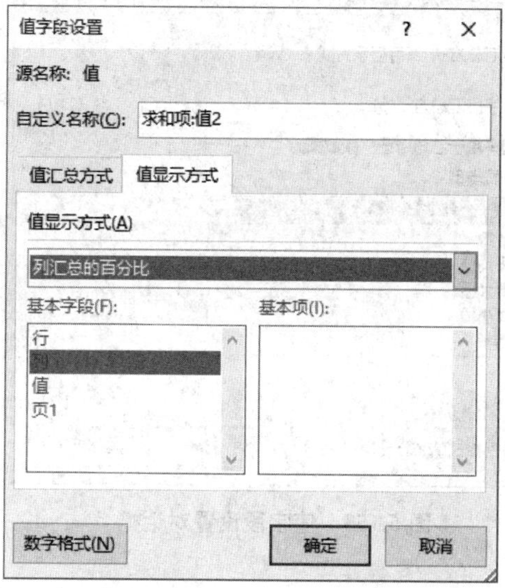

值字段设置界面	数据透视表

图 5.149　值显示方式的设置 　　　　图 5.150　数据透视表布局设置完成状态

4. 将"行"字段名称修改为"城市名称","列"字段修改名称为"月份",将两个"求和项:值"字段分别命名为"降水量"和"占比"。

【操作步骤】

方法一:在透视表区域,直接用鼠标选中 A2 单元格,并在【分析】选项卡→【活动字段】输入框中输入文本"城市名称",以 Enter 键结束,如图 5.151 所示。用同样的方式完成其他字段名称的修改。

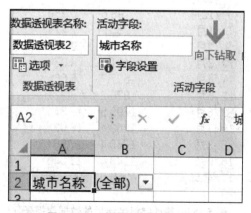

图 5.151　功能区字段名称修改

方法二:在右侧窗格的区域内,参照上题,选中【行】字段,在弹出菜单中选择【字段设置】,在对话框中编辑名称,如图 5.152 所示。同样的方式设置"列"字段名称。提醒,"值"字段对应的对话框为【值字段设置】,如图 5.153 所示。

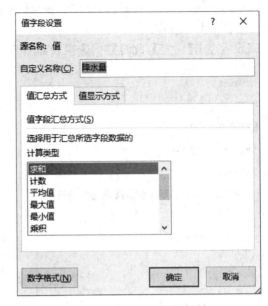

图 5.152　字段设置对话框修改名称　　　　图 5.153　值字段设置对话框

编辑完成后的透视表如图 5.154 所示。

注意： 因行标签不等同于"行"字段，因此，编辑"行"字段名称，行标签不受影响。

行标签	降水量	占比
10月	622.2	6.01%
11月	603.4	5.82%
12月	98.6	0.95%
1月	255.9	2.47%
2月	242.7	2.34%
3月	421.4	4.07%
4月	627.7	6.06%
5月	820.2	7.92%
6月	1796.5	17.34%
7月	1868.4	18.03%
8月	1860.4	17.96%
9月	1143.4	11.04%
总计	10360.8	100.00%

城市名称　（全部）

图 5.154　修改字段名称后的数据透视表

5. 插入"城市名称"的切片器，并显示拉萨的数据。

【操作步骤】

将光标置于透视表中，单击【分析】选项卡→【筛选】功能组→【插入切片器】，在弹出的对话框中勾选"城市名称"，如图 5.155 所示，然后单击【确定】。

图 5.155　插入切片器"城市名称"　　　　　图 5.156　添加为切片器

本操作也可以在【数据透视表字段】中选中"城市名称",然后右击选择【添加为切片器】,如图 5.156 所示。

在切片器中选择【拉萨市】,此时透视表如图 5.157 所示。

	A	B	C	D	E	F	G	H	I
1									
2	城市名称	拉萨市 ▼							
3									
4	行标签 ▼	降水量	占比			城市名称			
5	10月	10.9	2.04%			成都市			
6	11月	6.9	1.29%			贵阳市			
7	12月	0	0.00%			呼和浩特市			
8	1月	0.2	0.04%			昆明市			
9	2月	7.5	1.41%						
10	3月	3.8	0.71%			拉萨市			
11	4月	3.8	0.71%			兰州市			
12	5月	64.1	12.01%			南昌市			
13	6月	63	11.80%			南宁市			
14	7月	162.3	30.40%						
15	8月	161.9	30.33%						
16	9月	49.4	9.25%						
17	总计	533.8	100.00%						
18									
19									

图 5.157　设置完切片器的数据透视表

6. 将透视表中的月份按照 1~12 月顺序排列。

【操作步骤】

参照前面内容,打开【Excel 选项】对话框,切换至【高级】设置,如图 5.158 所示。

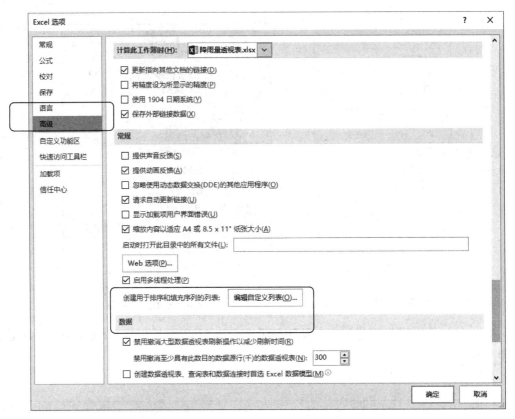

图 5.158　【Excel 选项】对话框【高级】设置

在【常规】设定中，单击【编辑自定义列表】，弹出对话框中输入自定义的月份序列，如图 5.159 所示。

图 5.159　【自定义序列】对话框

输入完序列后,点击【添加】,然后关闭所有对话框。

在数据透视表中单击【行标签】右侧的下拉菜单,选择【升序】,如图 5.160 所示。排序后的透视表如图 5.161 所示。

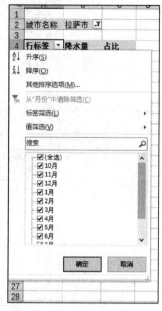

图 5.160 【行标签】下拉菜单

图 5.161 排序后的数据透视表

7. 为"降水量记录"工作表中的 A1:D15 区域创建一个普通的数据透视表,将透视表放置在新工作表中,重命名该工作表为"第一季度透视表"。

【操作步骤】

将光标置于"降水量记录"工作表中,单击【插入】选项卡→【表格】功能组→【数据透视表】命令,在【表/区域】输入框中用鼠标选中 A1:D15 的单元格区域,并勾选【新工作表】选项,如图 5.162 所示。

初始空透视表状态以及字段如图 5.163 所示。

修改工作表名为"第一季度透视表"。

8. 修改"第一季度透视表"布局,令 A 列为城市名称,B 列为一月数据,C 列为二月数据,D 列为三月数据,将所有城市分成两个分组显示,每个分组包含 7 个城市。

【操作步骤】

将字段"城市(毫米)"拖至【行】区域中,将"1月"、"2月"、"3月"拖至【值】区域中,如图 5.164 所示。

选中前 7 行数据,单击【分析】选项卡→【分组】功能组→【组选择】命令,如图 5.165 所示,设置后透视表变化如图 5.166 所示。

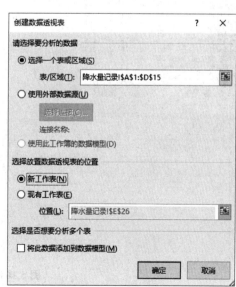

图 5.162 创建数据透视表对话框

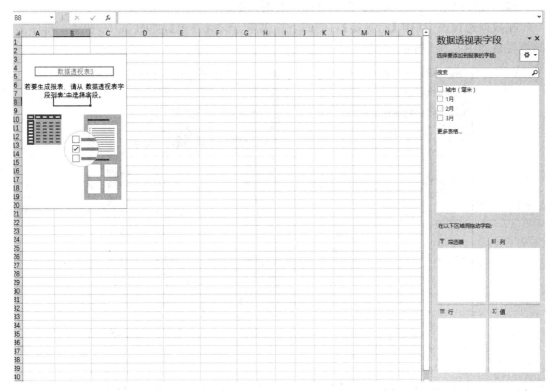

图 5.163　空透视表状态

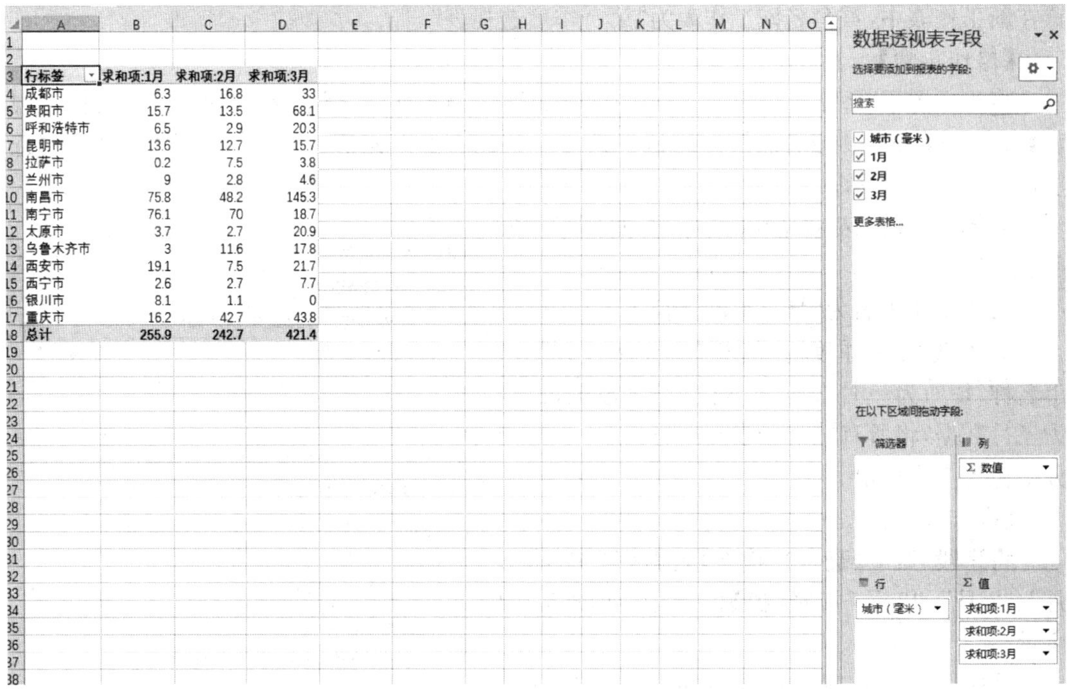

图 5.164　透视表布局调整

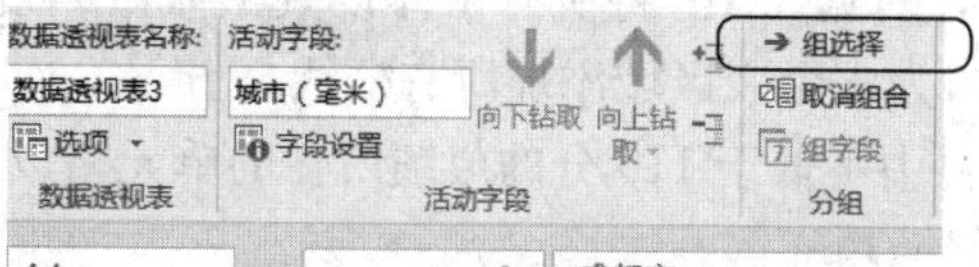

	A	B	C	D	E
1					
2					
3	行标签	求和项:1月	求和项:2月	求和项:3月	
4	成都市	6.3	16.8	33	
5	贵阳市	15.7	13.5	68.1	
6	呼和浩特市	6.5	2.9	20.3	
7	昆明市	13.6	12.7	15.7	
8	拉萨市	0.2	7.5	3.8	
9	兰州市	9	2.8	4.6	
10	南昌市	75.8	48.2	145.3	
11	南宁市	76.1	70	18.7	
12	太原市	3.7	2.7	20.9	
13	乌鲁木齐市	3	11.6	17.8	
14	西安市	19.1	7.5	21.7	
15	西宁市	2.6	2.7	7.7	
16	银川市	8.1	1.1	0	
17	重庆市	16.2	42.7	43.8	
18	总计	255.9	242.7	421.4	
19					

图 5.165　创建数据组 1 操作

行标签	求和项:1月	求和项:2月	求和项:3月
⊟数据组1			
成都市	6.3	16.8	33
贵阳市	15.7	13.5	68.1
呼和浩特市	6.5	2.9	20.3
昆明市	13.6	12.7	15.7
拉萨市	0.2	7.5	3.8
兰州市	9	2.8	4.6
南昌市	75.8	48.2	145.3
⊟南宁市			
南宁市	76.1	70	18.7
⊟太原市			
太原市	3.7	2.7	20.9
⊟乌鲁木齐市			
乌鲁木齐市	3	11.6	17.8
⊟西安市			
西安市	19.1	7.5	21.7
⊟西宁市			
西宁市	2.6	2.7	7.7
⊟银川市			
银川市	8.1	1.1	0
⊟重庆市			
重庆市	16.2	42.7	43.8
总计	255.9	242.7	421.4

图 5.166　数据组 1 效果

同样的方式选中剩余数据行，创建数据组 2，如图 5.167、图 5.168 所示。

行标签	求和项:1月	求和项:2月	求和项:3月
⊟数据组1			
成都市	6.3	16.8	33
贵阳市	15.7	13.5	68.1
呼和浩特市	6.5	2.9	20.3
昆明市	13.6	12.7	15.7
拉萨市	0.2	7.5	3.8
兰州市	9	2.8	4.6
南昌市	75.8	48.2	145.3
⊟南宁市			
南宁市	76.1	70	18.7
⊟太原市			
太原市	3.7	2.7	20.9
⊟乌鲁木齐市			
乌鲁木齐市	3	11.6	17.8
⊟西安市			
西安市	19.1	7.5	21.7
⊟西宁市			
西宁市	2.6	2.7	7.7
⊟银川市			
银川市	8.1	1.1	0
⊟重庆市			
重庆市	16.2	42.7	43.8
总计	255.9	242.7	421.4

图 5.167　选中剩余城市名称

行标签	求和项:1月	求和项:2月	求和项:3月
⊟数据组1			
成都市	6.3	16.8	33
贵阳市	15.7	13.5	68.1
呼和浩特市	6.5	2.9	20.3
昆明市	13.6	12.7	15.7
拉萨市	0.2	7.5	3.8
兰州市	9	2.8	4.6
南昌市	75.8	48.2	145.3
⊟数据组2			
南宁市	76.1	70	18.7
太原市	3.7	2.7	20.9
乌鲁木齐市	3	11.6	17.8
西安市	19.1	7.5	21.7
西宁市	2.6	2.7	7.7
银川市	8.1	1.1	0
重庆市	16.2	42.7	43.8
总计	255.9	242.7	421.4

图 5.168　分组后的效果

9. 将编辑好的工作表进行保存。【操作步骤略】

综合练习

一、打开工作簿文件“学生成绩单.xlsx”，根据下列要求对该成绩单进行整理和分析。

1. 在工作表“期末成绩”中导入“成绩记录.txt”中的数据，要求将“学号”以文本类型导入；设置 A1:L19 区域内的单元格行高为 15，所有列宽为 10，将所有字体设置黑体，10 磅字号大小，并设置对齐方式为水平与垂直都为居中，为整个表区域添加所有框线。

2. 利用条件格式功能将语文、数学、英语三科中不低于 110 分的成绩所在的单元格以一种浅蓝色填充，其他四科中高于 95 分的成绩以绿色填充。

3. 用 SUM 和 AVERAGE 函数计算每一个学生的总分及平均成绩，设置所有分数数据的显示保留两位小数。

4. 使用 LOOKUP 函数根据每个学生的"学号"信息计算出所在的"班级"，学号与班级的对应关系如下：

"学号"的 3、4 位对应班级：

01	1 班
02	2 班
03	3 班

5. 复制工作表"期末成绩"到原表所处位置的后面，改变该副本表标签的颜色为紫色，并重新命名"成绩分类汇总"。

6. 在"成绩分类汇总"工作表中通过分类汇总功能求出每个班各科的平均成绩，并将每组结果分页显示。

7. 在"成绩分类汇总"工作表中，根据每个班各科平均成绩，创建一个簇状柱形图，要求：水平轴标签为学科名称，数据系列为三个班每科的平均成绩，无图表标题，图例显示在顶部，并将该图表放置在一个名为"柱状分析图"新工作表中。

8. 保存编辑好的"学生成绩单.xlsx"工作簿文件。

二、打开"人口普查.xlsx"文件，完成下列操作并保存。

1. 将网页文件"第五次全国人口普查公报.htm"中的"2000 年第五次全国人口普查主要数据"表格导入到工作表"第五次普查数据"中；以及网页文件"第六次全国人口普查公报.htm"中的"2010 年第六次全国人口普查主要数据"表格导入到工作表"第六次普查数据"中（要求均从 A1 单元格开始导入，不得对两个工作表中的数据进行排序）。

2. 对两个工作表中的表区域（A1:C34）均设置粗外框线，内部细实线，并将所有人口数据的数字格式设为带千分位分隔符的整数，无小数位数。设置"第五次普查数据"标题行为橙色底纹填充，"第六次普查数据"标题行为浅绿色填充。

3. 将两个工作表内容整合成一张表，整合后的内容放置在新工作表"对比分析"中（自A1 单元格开始，A1 单元格内容为"地区"），对合并后的工作表添加所有框线，并应用单元格样式为：20%-着色 4。以"地区"为关键字对工作表"对比分析"进行升序排列。

4. 在工作表"比较数据"表区域的最右侧依次增加"增长数（万人）"和"比重增幅"两列，使用公式计算这两列的值，其中：增长数（万人）= 2010 年人口数－2000 年人口数；比重增幅＝2010 年比重－2000 年比重。

5. 打开工作簿"统计指标.xlsx"，将工作表"统计数据"复制到正在编辑的文档"人口普查.xlsx"中，要求复制后的工作表位于"对比分析"的右侧，并修改工作表名为"统计分析"。完成后关闭"统计指标.xlsx"文件（提醒：受单元格样式影响，复制后的表区域颜色可能会发生变化）。

6. 在工作表"统计分析"中的相应单元格内，使用适合的函数计算统计结果。

7. 基于工作表"对比分析"创建一个数据透视表,将其单独存放在一个名为"透视表"的工作表中。"透视表"中要求筛选出 2010 年人口数超过 5000 万的地区及其人口数、2010 年所占比重、增长数,并按人口数从多到少排序(提示:行标签为"地区",数值项依次为 2010 年人口数、2010 年比重、人口增长数)。

8. 保存编辑好的"人口普查.xlsx"工作簿文件。

三、打开"差旅费.xlsx"文件,完成下列操作并保存。

1. 在"费用报销管理"工作表总,令"日期"数据能显示具体星期几,例如"2019 年 2 月 1 日"应显示为"2019 年 2 月 1 日星期日"。

2. 根据"日期"列中的内容,使用 IF 函数在"是否加班"列的单元格中填入相应内容,如果是星期六或者星期日,则填入"是",否则填入"否"。

3. 使用公式统计每个活动地点所在的省份或直辖市,并将其填写在"地区"列对应的单元格中,例如"北京市"、"浙江省"。

4. 根据"费用类别编号",使用 VLOOKUP 函数,在"费用类别"中填入相应的类别信息。对照关系参考"费用类别"工作表。

5. 在"差旅成本分析报告"工作表 B3 单元格中,统计 2019 年第三季度发生在北京市的餐饮费用总金额。

6. 在"差旅成本分析报告"工作表 B4 单元格中,统计 2019 年员工刘露露报销的燃油费用总额。

7. 在"差旅成本分析报告"工作表 B5 单元格中,统计 2019 年差旅费用中,火车票费用占所有报销费用的比例,并保留 2 位小数。

8. 在"差旅成本分析报告"工作表 B6 单元格中,统计 2019 年发生在周末(星期六和星期日)的通讯补助总金额。

9. 保存编辑好的"差旅费.xlsx"工作簿文件。

四、打开"销量全年统计表.xlsx"文件,完成下列操作并保存。

1. 将"sheet1"工作表命名为"销售实况",将"sheet2"命名为"均价"。

2. 在"销售实况"工作表中最左侧插入一个新列,A3 单元格中输入列标题为"序号",并以"001、002、003……"的内容进行填充。

3. 将工作表"销售实况"的标题在 A1:F1 区域内合并后居中,设置字体为微软雅黑,12 磅字号,红色加粗显示。设置表区域行高为自动调整,列宽为 12,水平居中对齐,并设置"销售额"的数值格式(保留 2 位小数),并为表区域(A1:F83)增加所有框线。

4. 工作表"均价"中的区域 B3:C7 定义名称为"商品均价",并根据"销量"信息,结合 VLOOKUP 函数查找对应产品均价,计算工作表"销售实况"中的"销售额"。要求公式中引用所定义的名称"商品均价"。

5. 为"销售实况"工作表中的表区域创建一个数据透视表,放置在新工作表中,并重命名为"透视分析"。要求:能够根据商品名称进行报表筛选,调整透视表布局,令透视表 A 列显示为店铺,B~E 列显示为四个季度信息,F 列为销售额求和。

6. 在透视表下方创建一个簇状柱形图,图表中仅对各门店四个季度笔记本的销售额进行比较,无图表标题,图例显示在右侧。

7. 保存编辑好的"销量全年统计表.xlsx"工作簿文件。

五、打开"市场销售.xlsx"文件，完成下列操作并保存。

1. 按照下列要求对"第2周"工作表进行完善：

(1) 将工作表中C～F 4个销量列的空白单元格中输入数字0。

(2) 计算工作表中4个销售部的周销量合计值以及周销售总额，分别填入G列与H列。

(3) 将工作表中的整个表区域(A1:H147)定义为与工作表相同的名称。

2. 将4个工作表中的数据以求和方式合并到新工作表"月销售合计"中，合并数据自工作表A1单元格开始填列。

3. 按照下列要求对新工作表"月销售合计"中的数据进行调整、完善：

(1) 依据下表输入或修改列标题，并按"名称"升序排列数据区域。

单元格	列标题内容
A1	名称
B1	平均单价
H1	月销售额

(2) 将数据区域中月销量为零的菜品行删除。

(3) 删除B列中的数据，根据合并后的月销量及月销售总额重新计算平均单价。

(4) 在A、B两列之间插入一个空列，列标题输入"类别"。

(5) 为整个表区域套用表格样式：绿色，表样式中等深浅7，设置行高为14，并自动调整列宽。

(6) 冻结工作表的第1行，使页面移动时始终可见。

4. 新建一个工作表放置在最后，重命名为"品种目录"，工作表标签颜色设为黄色。

5. 将文本文件"蔬菜主要品种目录.txt"自A1单元格开始导入到工作表"品种目录"中，要求"编号"列保持原格式。

6. 根据工作表"品种目录"中的数据，在工作表"月销售合计"的B列中为每个菜品填入相应的"类别"，如果某一菜品不属于"品种目录"的任何一个类别，则填入文本"其他"。

7. 本题有多种方法。（提示：使用可以判断错误的函数或利用查找和选择功能）。

8. 以"月销售合计"为数据源创建数据透视表，透视表放置于新工作表"数据透视"的A3单元格中，同时要求如下：

(1) 透视表A列包含类别和菜品名称，每一个类别展开后可显示其中的菜品名称；B列为月销售额数据，C列为月销量数据。

(2) 修改"行标签"名称为"类别"，修改字段"月销售额"为"月销售额(元)"，字段"月销量"改为"月销量(斤)"。

(3) 按月销售额由高到低进行排序，仅"茄果类"展开。

(4) 设置销售额和销量数据保留两位小数，设置透视表样式为：浅蓝，数据透视表样式中等深浅23。

9. 保存编辑好的"市场销售.xlsx"工作簿文件。

【微信扫码】
参考答案 & 相关资源

第6章

PowerPoint 2016 高级应用

实验一　图书策划方案演示文稿

一、任务目标

将某图书策划方案 Word 文档中的内容制作为如图 6.1 所示的 PowerPoint 演示文稿。

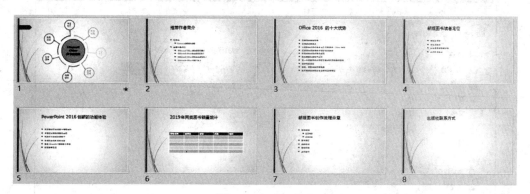

图 6.1　实验一样张

二、相关知识

1. Word 文档转换成 PPT 幻灯片的方法。
2. 利用形状合并设计导航目录。
3. 动画效果设计。
4. 幻灯片的版式设计。
5. 表格的插入。
6. 自定义放映的设置。

三、任务实施

1. 创建一个名为"PPT.pptx"的新演示文稿,该演示文稿内容需要严格遵循"图书策划

图 6.2　新建幻灯片（从大纲）

方案.docx"文档中的内容顺序，并仅需要包含 Word 文档中应用了"标题 1"、"标题 2"、"标题 3"样式的文字内容。其中 Word 文档中应用了"标题 1"、"标题 2"、"标题 3"样式的文本内容分别对应演示文稿中的每页幻灯片的标题文字、第一级文本内容、第二级文本内容。

【操作步骤】

Word 文档中的标题样式的文字可以直接转换成 PPT，可以采取两种方法：

方法一：打开"PowerPoint"，单击【开始】选项卡→【幻灯片】功能组→【新建幻灯片】→【幻灯片（从大纲）】，如图 6.2 所示，弹出如图 6.3 所示"插入大纲"文件选择对话框。

选择"图书策划方案.docx"，可以直接将 Word 文档转换成幻灯片。转换好后删除 PowerPoint 自己创建的第一张空白的幻灯片。

图 6.3　插入大纲

方法二：在 Word 中打开"图书策划方案.docx"，选择【文件】选项卡→【选项】命令→【Word 选项】对话框中，选择【快速访问工具栏】选项，在"从下列位置选择命令"列表框中选择【不在功能区中的命令】，找到"发送到 Microsoft PowerPoint"，如图 6.4 所示。将其添加到右侧列表框后单击【确定】按钮，这时 Word 应用窗口最上方的快速访问工具栏中会增加如图 6.5 所示的图标，点击此图标就可以将文档内容直接转换成幻灯片。

注意：如果"图书策划方案.docx"文件已经打开，则在导入素材之前需要将其关闭。

图 6.4 添加"发送到 Microsoft PowerPoint"命令

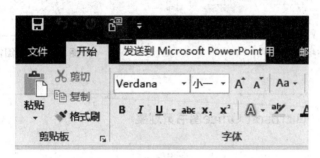

图 6.5 "发送到 Microsoft PowerPoint"命令按钮

2. 利用形状合并的方法为第 1 张幻灯片制作如图 6.6 所示的导航目录。

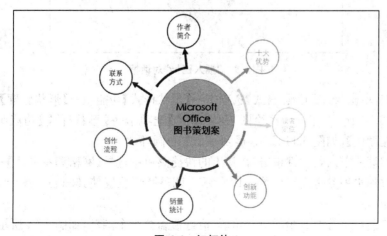

图 6.6 幻灯片 1

【操作步骤】

选中第1张幻灯片，单击【开始】选项卡→【幻灯片】功能组→【版式】下拉列表，将版式改为"空白"，如图6.7所示。

然后单击【插入】选项卡→【插图】功能组→【形状】按钮，选择【基本形状】→【椭圆】，如图6.8所示。在绘制之前按下 Shift 键不放，再拖动鼠标绘制，得到如图6.9所示的正圆形（此处圆的直径为10厘米）。

图6.7 标题幻灯片

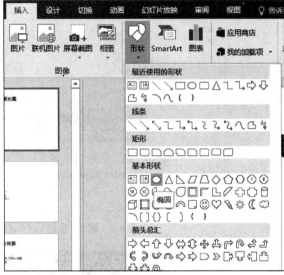

图6.8 插入图标

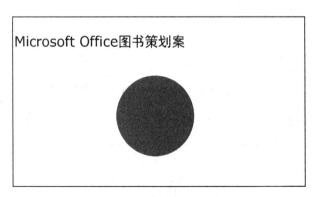

图6.9 "插入图标"对话框

选中正圆，单击【绘图工具/格式】选项卡→【形状样式】功能组→【形状轮廓】→【粗细】→【6磅】，如图6.10所示。再单击【绘图工具/格式】选项卡→【形状样式】功能组→【形状填充】→【无填充颜色】，如图6.11所示，得到一个空心圆环。

接着在幻灯片空白处右键单击，在弹出的快捷菜单中选择【网格和参考线】→【添加垂直参考线】（及添加水平参考线），如图6.12所示。调整圆环位置使其圆心对齐十字线的中心，如图6.13所示。

然后再绘制一个等腰直角的斜三角形，恰好覆盖掉半个圆环，如图6.14所示。

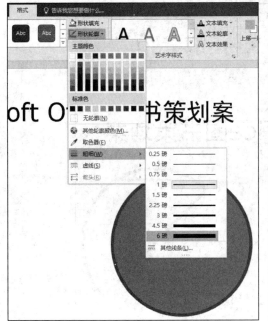

图 6.10　设置形状轮廓　　　　　　　图 6.11　设置形状填充

图 6.12　添加垂直和水平参考线

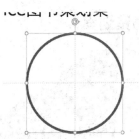

图 6.13　圆环对齐参考线中心

接着全部选中三角形和圆环，单击【绘图工具/格式】选项卡→【插入形状】功能组→【合并形状】→【剪除】模式，如图 6.15 所示，即可得到一个半圆形的圆环。

接下来再绘制一个直角三角形，直角的一边对齐垂直参考线，覆盖住圆环的一侧然后将直角三角形略作旋转，并稍移位置，确保直角线经过十字参考线的中心，如图 6.16 所示。

再次选中全部三角形和圆环，再次使用【合并形状】→【剪除】模式，即可得到一个小的弧形，如图 6.17 所示。

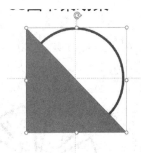

图 6.14　绘制等腰直角三角形

接下来就是复制这个弧形并粘贴出多个，围绕十字中心线旋转排列，成一个圆形，如图 6.18 所示。

然后分别选中不同的弧形，利用【绘图工具/格式】选项卡→【形状样式】功能组→【形状轮廓】下拉列表（图 6.19）为每个弧形赋予不同的色彩（图 6.20）。

然后再绘制一个正圆形将中间部分覆盖，如图 6.21 所示。

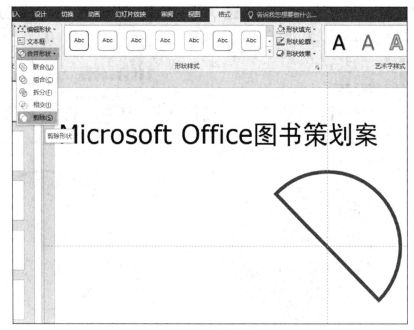

图 6.15 动画窗格

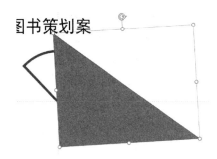

图 6.16 另一个三角形

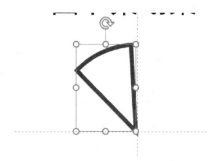

图 6.17 弧形

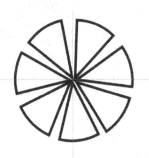

图 6.18 复制出多个弧形

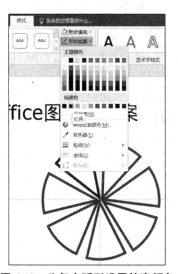

图 6.19 为每个弧形设置轮廓颜色

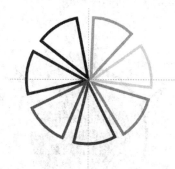

图 6.20　每个弧形有不同的颜色

图 6.21　中间覆盖正圆

　　选中覆盖的圆,单击【绘图工具/格式】选项卡→【形状样式】功能组→【形状填充】→【主题颜色】,将其填充色改变为"白色,背景 1",接着选择【形状轮廓】→【无轮廓】,得到如图 6.22所示的彩色虚线圆环图形。

　　再绘制一个正圆形(直径 7 厘米,对齐参考线中心),参考上题步骤,设置此圆的填充色为"灰色- 50％,个性色 3,淡色40％"。右键单击此圆,在弹出的快捷菜单上选择【编辑文字】,如图 6.23 所示,将文本框文字"Microsoft Office 图书策划案"剪切到圆中,并删除文本框。设置圆中文本字体为"华文细黑"、"黑色"、"加粗",调整文字大小为"24",得到如图 6.24 所示的齿轮图形。

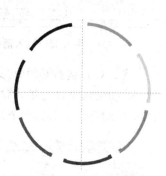

图 6.22　彩色齿轮图形

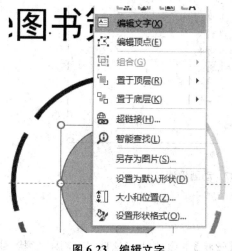

图 6.23　编辑文字

图 6.24　齿轮图

　　接下来,再绘制箭头形状(图 6.25)置于齿轮之上,通过旋转调整好位置,并将颜色一一对应,得到图 6.26 所展示的导航图形效果。

　　在每个箭头对应位置添加统一色调的圆圈图形(直径 3 厘米),将其余幻灯片的标题文字简称编辑进来,得到如图 6.6 所示的幻灯片 1。

图 6.25　插入箭头形状

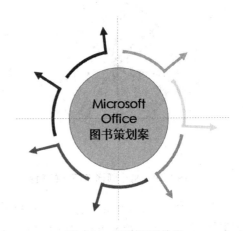

图 6.26　导航图形效果

按下 Ctrl 键按顺时针依次选中标题文字圆圈，单击【动画】选项卡→【动画】功能组中的"飞入"动画效果，并在【计时】功能组→【开始】命令中选择"上一动画之后"，如图 6.27(a)所示，播放幻灯片会看到 7 个标题圆圈依次飞入，如图 6.27(b)所示。

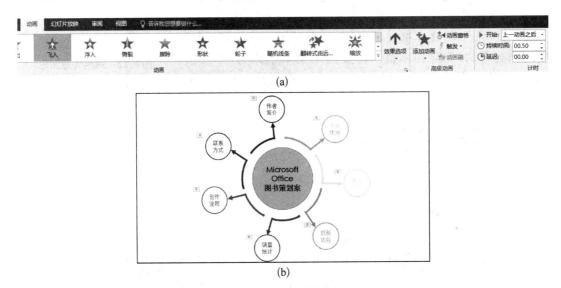

(a)

(b)

图 6.27　动画设计

3. 为所有幻灯片应用"丝状"主题样式。

【操作步骤】

单击【设计】选项卡→【主题】功能组→【丝状】主题，则所有幻灯片应用"丝状"主题，如图 6.28 所示。

4. 在标题为"2019 年同类图书销量统计"的幻灯片页中，插入一个 6 行、5 列的表格，列标题分别为"图书名称"、"出版社"、"作者"、"定价"、"销量"。

【操作步骤】

在【插入】选项卡→【表格】功能组中选择"5×6 表格"，如图 6.29(a)所示，调整表格大小和位置输入相应列标题，如图 6.29(b)所示。

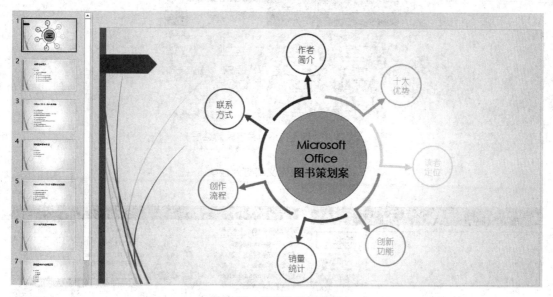

图 6.28　幻灯片主题设置

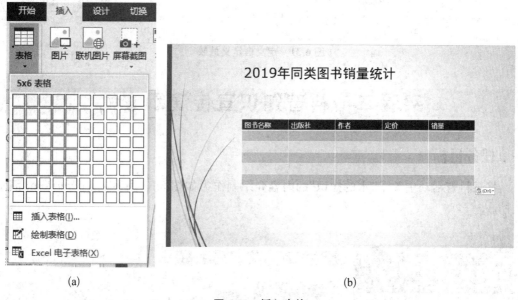

(a)　　　　　　　　　　　　　　(b)

图 6.29　插入表格

5. 在演示文稿中创建一个演示方案,该演示方案包含第 1、2、4、7 页幻灯片,并将该演示方案命名为"放映方案 1"。

【操作步骤】

选择【幻灯片放映】选项卡→【自定义幻灯片放映】→【自定义放映】,如图 6.30 所示。

在"自定义放映"对话框中选择【新建】,如图 6.31(a)所示。在弹出的"定义自定义放映"对话框中设置"幻灯片放映名称"为"放映方案 1",勾选幻灯片 1、2、4、7,单击【确定】按钮,如图 6.31(b)所示,然后关闭"自定义放映"对话框。

6. 以"PPT.pptx"为文件名保存制作完成的演示文稿,操作步骤略。

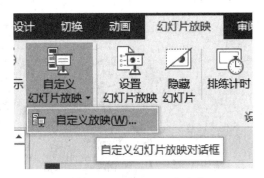

图 6.30   自定义幻灯片放映

(a)   (b)

图 6.31   定义自定义放映

实验二   科普知识宣传演示文稿

一、任务目标

将某科普活动中关于"水的知识"的内容介绍制作为如图 6.32 所示的 PowerPoint 演示文稿。

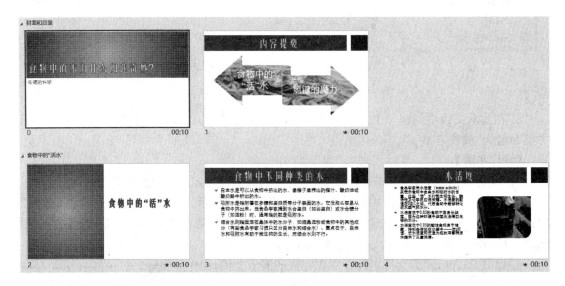

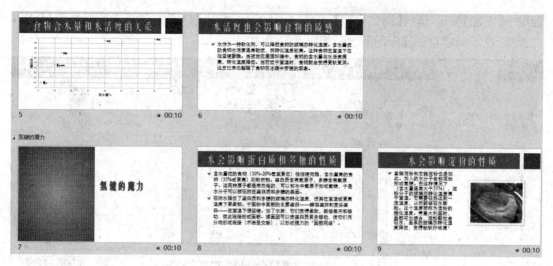

图 6.32　实验二样张

二、相关知识

1. 幻灯片母版设计。
2. 创建 SmartArt 图形。
3. 插入图表及图表的动画效果。
4. 将幻灯片组织成节的形式。
5. 幻灯片切换效果设置。
6. 幻灯片黑白打印模式设置。
7. 了解检查文档功能。

三、任务实施

1. 将"PPT 素材.pptx"文件另存为"PPT.pptx"("pptx"为扩展名)。

【操作步骤】

单击【文件】选项卡→【另存为】命令,弹出【另存为】对话框,将文件名修改为"PPT",单击【保存】按钮。

2. 修改幻灯片母版。

(1) 为幻灯片母版应用"绿色.thmx"的主题。

【操作步骤】

单击【视图】选项卡→【母版视图】功能组→【幻灯片母版】按钮,如图 6.33 所示,打开幻灯片母版视图。

在左侧导航窗格中选中第 1 张幻灯片母版,单击【幻灯片母版】选项卡→【编辑主题】功

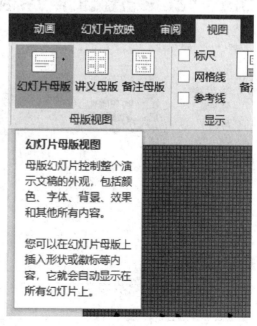

图 6.33　打开幻灯片母版

能组→【主题】按钮，选择【浏览主题】，如图 6.34 所示，弹出【选择主题或主题文档】对话框，选择"绿色.thmx"，点击【应用】按钮，如图 6.35 所示。

图 6.34　浏览主题

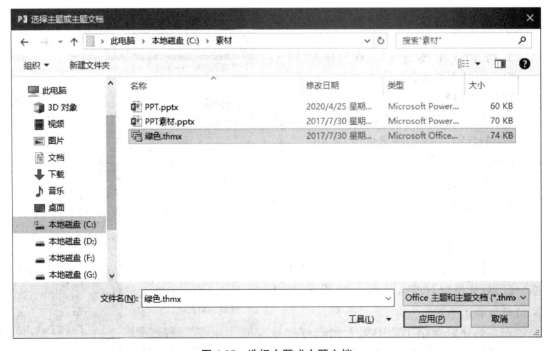

图 6.35　选择主题或主题文档

（2）自定义幻灯片母版主题字体为"水的知识"，设置其中文标题字体为"方正姚体"，西文标题字体为"Arial"，标题占位符左对齐；中文正文字体为"华文细黑"，西文正文字体为"Times New Roman"。

【操作步骤】

单击【幻灯片母版】选项卡→【背景】功能组→【字体】→【自定义字体】，如图 6.36（a）所示，弹出【新建主题字体】对话框，设置值如图 6.36（b）所示，将【名称】设为"水的知识"，单击【保存】。

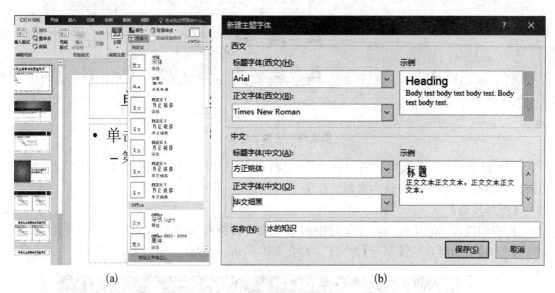

（a）　　　　　　　　　　　　　　　　　　　　　（b）

图 6.36　自定义主题字体

（3）设置幻灯片母版标题占位符左对齐，并为其中的文本设置"填充-白色，轮廓-着色 1，发光-着色 1"的艺术字样式。

【操作步骤】

选择母版标题占位符，单击【格式】选项卡→【排列】功能组→【对齐】→【左对齐】，如图 6.37 所示。

图 6.37　标题占位符对齐方式

接着，单击【格式】选项卡→【艺术字样式】功能组，选择"填充-白色，轮廓-着色1，发光-着色1"的艺术字样式，如图6.38所示。

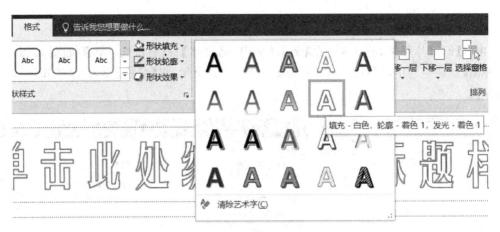

图6.38　艺术字样式

（4）设置幻灯片母版内容占位符中第一级（最上层）项目符号列表的文字字号为"28"，并将该级别的项目符号修改为素材文件夹下的"水滴.jpg"图片。

【操作步骤】

选中幻灯片母版中的内容点位符中的第一级项目符号列表中的文本，选择【开始】选项卡→【字体】功能组，设置【字号】为"28"，如图6.39所示。

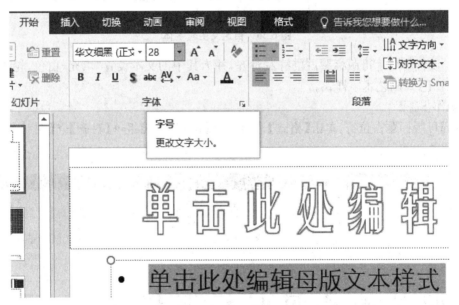

图6.39　字号

选择【开始】选项卡→【段落】功能组→【项目符号】→【项目符号和编号】按钮，如图6.40(a)所示，弹出"项目符号和编号"对话框，如图6.40(b)所示。

单击【图片】按钮→【插入图片】→【来自文件】，选择素材文件夹下的"水滴.jpg"点击【插入】按钮，将该级别的项目符号修改为"水滴.jpg"图片，如图6.41所示。

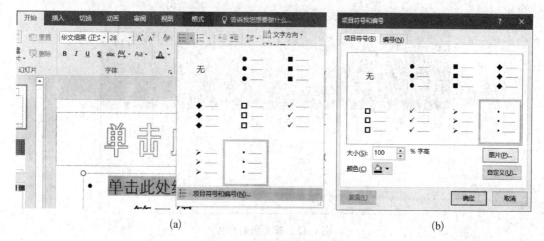

(a)　　　　　　　　　　　(b)

图 6.40　项目符号和编号

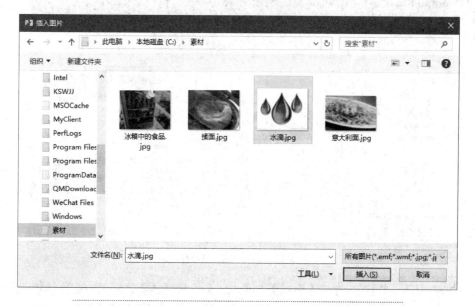

图 6.41　图片作为项目符号

关闭母版视图,调整第 1 张幻灯片中的文本,将其分别置于标题和副标题占位符中,如图 6.42 所示。

3. 在第 2 张幻灯片中插入布局为"带形箭头"的 SmartArt 图形,将素材文件夹下的"意大利.jpg"设置为带形箭头形状的背景,将图片透明度调整为 15%,在左侧和右侧形状中分别填入第 3 张和第 8 张幻灯片中的文字内容,并使用适当的字体颜色。

【操作步骤】

在第 2 张幻灯片中选择"插入 SmartArt 图形",选择版式为"带形箭头"的 SmartArt 图形,如图 6.43 所示。

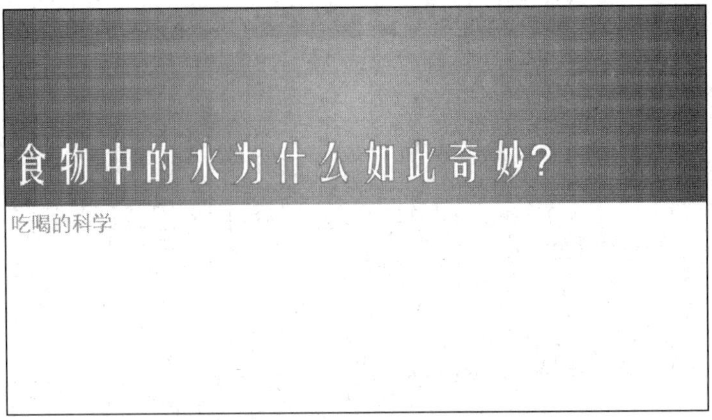

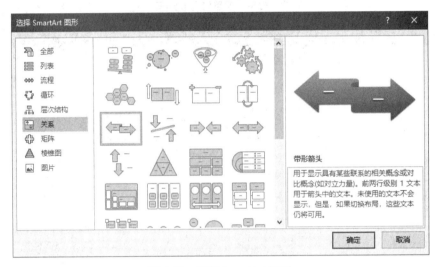

食物中的水为什么如此奇妙？

吃喝的科学

图 6.42　第 1 张幻灯片

图 6.43　选择 SmartArt 图形

选中"带形箭头"形状，单击【格式】选项卡→【形状样式】功能组→【形状填充】→【纹理】→【其他纹理】，然后在右侧出现"设置形状格式"任务窗格中选择【图片或纹理填充】，单击【插入图片/文件】按钮，如图 6.44 所示，在弹出的"插入图片"对话框中选择素材文件夹下的"意大利面.jpg"，点击【插入】，将其设置为带形箭头形状的背景，同时将图片透明度调整为15％，如图 6.44 所示。

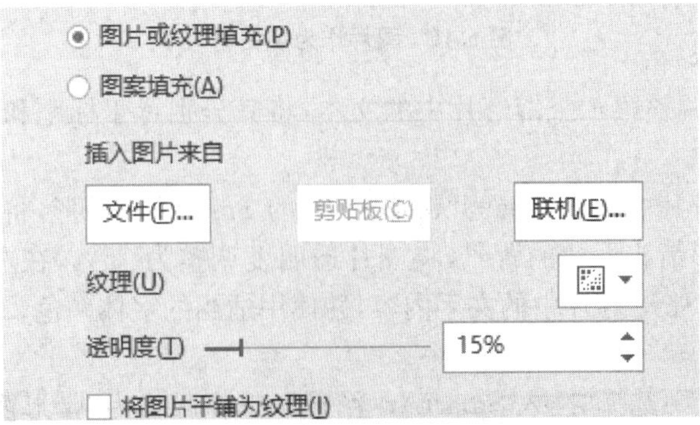

图 6.44　插入图片/调整透明度

分别复制第 3 张和第 8 张幻灯片标题中的文字内容，粘贴在第 2 张幻灯片左侧和右侧文本位置，并调整为适当的字体大小和颜色，如图 6.45 所示。

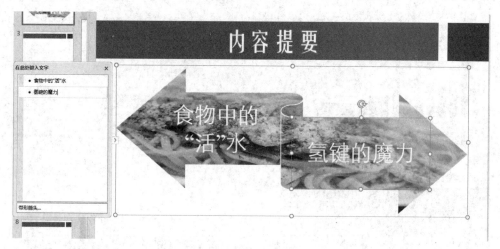

图 6.45　添加文本

4. 将第 3 张和第 8 张幻灯片的版式修改为"节标题"，并将标题文本的填充颜色修改为绿色。

【操作步骤】

按下 Ctrl 键，在左侧大纲窗格中同时选中第 3 张和第 8 张幻灯片，单击【开始】选项卡→【幻灯片】功能组→【版式】→【节标题】按钮，如图 6.46 所示，将第 3 张和第 8 张幻灯片版式修改为"节标题"。

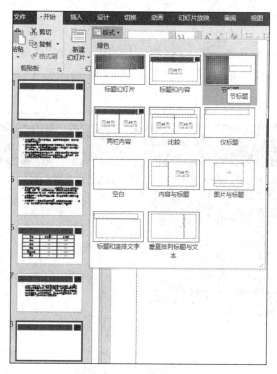

图 6.46　修改版式为"节标题"

分别选中第 3 张和第 8 张幻灯片的标题文本，单击【开始】选项卡→【字体】功能组→【字体颜色】→【标准色-绿色】按钮，将文本填充颜色修改为绿色，如图 6.47 所示。

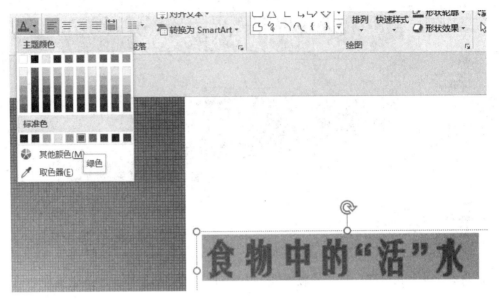

图 6.47　设置文本颜色

5. 将第 5 张和第 10 张幻灯片的版式修改为"两栏内容"，并分别在右侧栏中插入素材文件夹下的图片"冰箱中的食品.jpg"和"揉面.jpg"。为图片"冰箱中的食品.jpg"应用"圆形对角，白色"的图片样式，为图片"揉面.jpg"应用"旋转，白色"的图片样式，并将图片的旋转角度调整为 6°。

【操作步骤】

参考上一题操作，将第 5 张和第 10 张幻灯片的版式修改为"两栏内容"。分别在第 5 张和第 10 张幻灯片右侧栏中点击"图片"，如图 6.48 所示，插入图片"冰箱中的食品.jpg"和"揉面.jpg"。

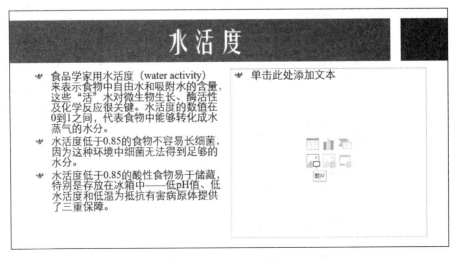

图 6.48　插入图片

通过【格式】选项卡→【图片样式】功能组,为幻灯片 5 中的图片"冰箱中的食品.jpg"应用"圆形对角,白色"的图片样式,如图 6.49 所示。

图 6.49　设置图片样式

同样的方法,为幻灯片 10 中的图片"揉面.jpg"应用"旋转,白色"的图片样式,并通过【格式】选项卡→【排列】功能组→【旋转】→【其他旋转选项】,如图 6.50(a)所示,将图片的旋转角度调整为 6°,如图 6.50(b)所示。

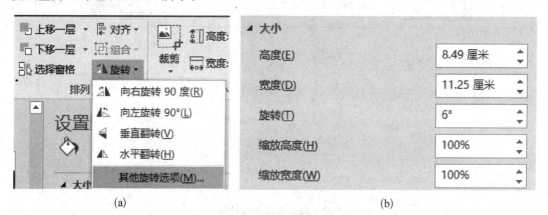

(a)　　　　　　　　　　　　　　　　(b)

图 6.50　旋转图片

6. 参考示例,在第 6 张幻灯片中创建一个散点图图表,并进行相应的格式设置。

【操作步骤】

选中第 6 张幻灯片,剪切原表格,单击【插入】选项卡→【插图】功能组→【图表】命令,在弹出的【插入图表】对话框中选择【XY 散点图】→【散点图】,如图 6.51 所示,点击【确定】按钮。

把原表格数据粘贴到【Microsoft PowerPoint 中的图表】中,如图 6.52 所示。

单击【图表工具/设计】选项卡→【数据】功能组→【选择数据】命令,如图 6.53 所示,弹出【选择数据源】对话框,如图 6.54 所示。

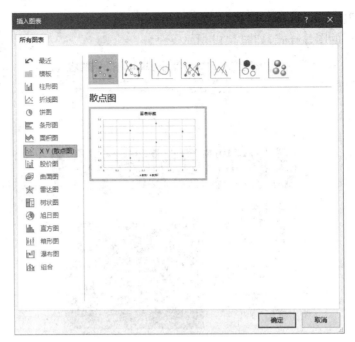

图 6.51　插入图表

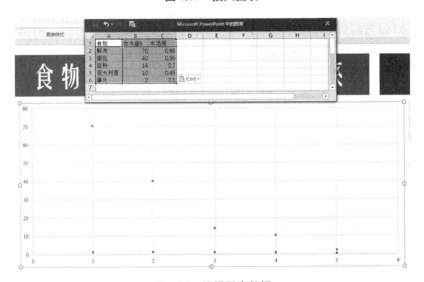

图 6.52　编辑图表数据

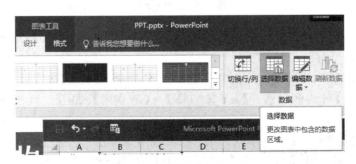

图 6.53　选择数据源-第 1 步

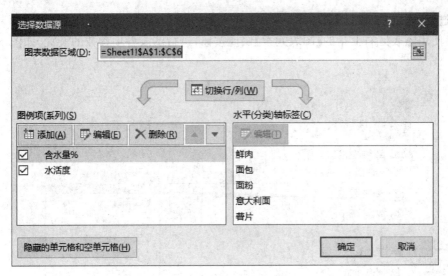

图 6.54　选择数据源-第 2 步

点击"图表数据区域"右侧按钮,然后选择 Excel 表格中的"含水量%"列和"水活度"列(即 B1:C6)作为数据源,如图 6.55 所示。

图 6.55　选择数据源-第 3 步

单击"选择数据源"右侧按钮返回,单击【确定】按钮后得到如图 6.56 所示图表。

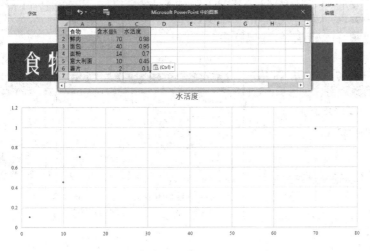

图 6.56　散点图

通过【图表工具/设计】选项卡→【图表布局】功能组→【添加图表元素】,如图 6.57(a)所示,或者使用图表区右上角的【图表元素】快捷按钮,进行图表各项参数的设置,如图 6.57(b)所示。

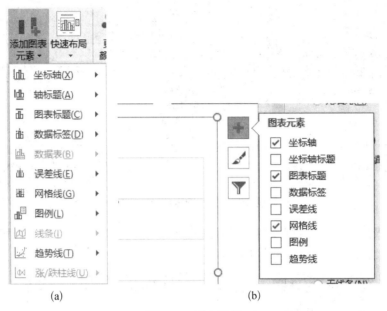

(a)   (b)

图 6.57   图表元素

注意:选中图表中不同位置的对象,可以对其进行相应的格式设置。例如选中图表水平轴和垂直轴,可以设置刻度单位、刻度线、数据标记的类型和网格线等格式。

(1) 选中散点图,参考图 6.58 完成如下设置:不显示图表标题(图 a)和图例(图 b);横坐标轴标题为"含水量％",纵坐标轴标题为"水活度"(图 c);标题字体均为"黑体,20"(图 d 和 e);并且设置纵坐标轴标题文字方向为"竖排"(图 f)。

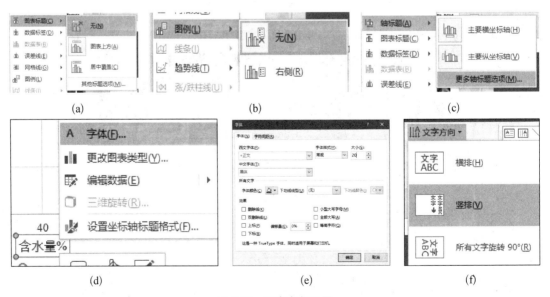

(a)   (b)   (c)

(d)   (e)   (f)

图 6.58   图表参数设置

（2）选中垂直坐标轴，设置其"边界/最大值"为"1.0"，坐标轴"单位/主要"为"0.2"，如图 6.59 所示。

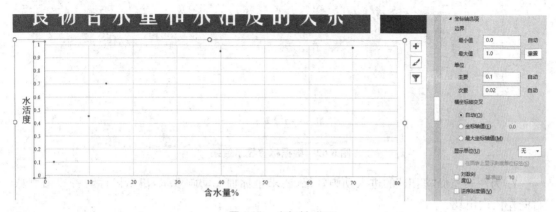

图 6.59　坐标轴选项

（3）设置每个数据点的数据标签。选择图表上的散点，图表区右上角的【图表元素】快捷按钮，选择【数据标签】→【右】，如图 6.60 所示，设置右侧显示数据标签。

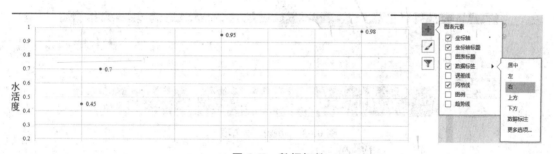

图 6.60　数据标签

进一步单击【更多选项…】，在右侧展开的【设置数据标签格式】任务窗格中，选择【标签选项】→【单元格中的值】，如图 6.61（a）所示，在弹出的【Microsoft PowerPoint 中的图表】中选择"食物"列数据（A2:A6），如图 6.61（b）所示，不勾选"Y 值"和"引导线"，如图 6.61（c）所示，单击【重设标签文本】后，数据标签显示如图 6.62 所示的食物名称。

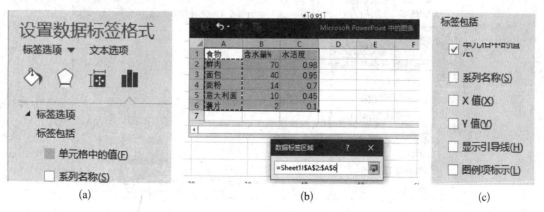

图 6.61　设置数据标签格式

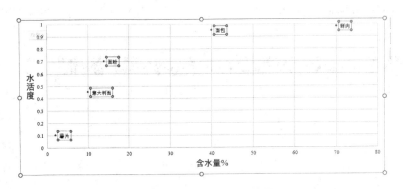

图 6.62   数据标签显示结果

7. 为图表添加"淡出"的进入动画效果，要求坐标轴无动画效果，单击鼠标时各数据点从右向左依次出现。

【操作步骤】

选中图表区，单击【动画】选项卡→【动画】功能区→【淡化】按钮，在【效果选项】下拉列表中选择【按系列】，如图 6.63 所示。

图 6.63   动画效果选项

展开【动画窗格】，单击【内容占位符：系列】右侧的下拉列表，选择【效果选项】，如图6.64（a）所示，在弹出的【淡化】对话框中，选择【图表动画】选项卡→【组合图表】→【按分类】，如图6.64(b)所示。播放动画时，可以看到各数据点从右向左依次出现。

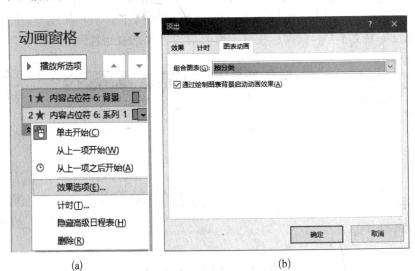

图 6.64   按分类组合图表动画

8. 按下表所示要求为幻灯片分节。

节名称	节包含的幻灯片
封面和目录	第 1 张和第 2 张幻灯片
食物中的"活水"	第 3~7 张幻灯片
氢键的魔力	第 8~10 张幻灯片

【操作步骤】

光标定位在需要分节的第 1 张幻灯片之前，点击【开始】选项卡→【幻灯片】功能组→【节】→【新增节】，如图 6.65(a)所示，幻灯片 1 上方出现"无标题节"字样，右键单击"无标题节"，在弹出的快捷菜单中选择【重命名节】，如图 6.65(b)所示，在弹出的"重命名节"对话框中输入相应的节名称，如图 6.65(c)所示。接下来，应用同样的方法依次完成对其他幻灯片的分节。

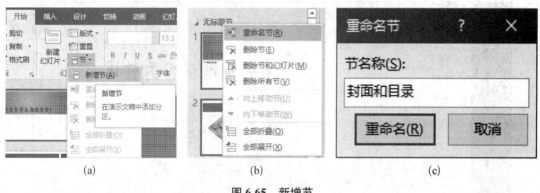

(a)   (b)   (c)

图 6.65 新增节

9. 设置所有幻灯片的自动换片时间为 10 秒；除第 1 张幻灯片无切换效果外，其他幻灯片的切换方式均设置为自右侧推进效果。

【操作步骤】

勾选【切换】选项卡→【计时】功能组→【换片方式-设置制动换片时间】，将值设置为为 10 秒，如图 6.66(a)所示。选择【切换到此幻灯片】功能组→【推进】命令，单击【效果选项】→【自右侧】，然后选择【全部应用】按钮，如图 6.66(b)所示，将切换效果应用到所有幻灯片。接着，选中第 1 张幻灯片，选择【切换到此幻灯片】功能组→【无】，使其无切换效果。

(a)   (b)

图 6.66 幻灯片切换

10. 设置演示文稿使用黑白模式打印时，第 5 张和第 10 张幻灯片中的图片不会被打印。

【操作步骤】

选择【视图】选项卡→【颜色/灰度】功能组→【黑白模式】，如图 6.67(a)所示，进入黑白模式视图。然后，分别选中第 5 张和第 10 张幻灯片中的图片，单击【黑白模式】选项卡→【更改所选对象】功能组→【不显示】按钮，如图 6.67(b)所示，使图片在黑白模式下不显示。

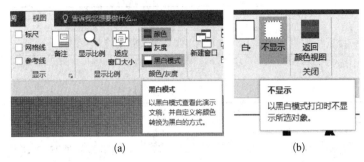

（a）　　　　　　　　　　　　　（b）

图 6.67　黑白模式

单击【文件】选项卡→【打印】命令，选择【纯黑白】，如图 6.68 所示，可以看到打印预览效果。

图 6.68　纯黑白打印

11. 删除所有演示文稿备注内容。

【操作步骤】

单击【文件】选项卡，选择【信息】→【检查问题】→【检查文档】，如图 6.69(a)所示，弹出【文档检查器】对话框，如图 6.69(b)所示。

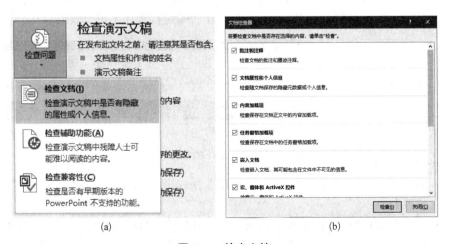

（a）　　　　　　　　　　　　　（b）

图 6.69　检查文档

单击【检查】按钮,得到如图 6.70 所示的检查结果。单击【演示文稿备注】右侧的【全部删除】按钮,删除演示文稿中的所有备注内容,然后【关闭】。

图 6.70　检查结果

12. 为演示文稿添加幻灯片编号,要求首页幻灯片不显示编号,第 2～10 张幻灯片编号依次为 1～9,且编号显示在幻灯片底部正中。

【操作步骤】

单击【视图】选项卡→【母版视图】功能组→【幻灯片母版】按钮,切换到幻灯片母版视图界面。然后,在左侧大纲窗格中选择第 1 张幻灯片母版,删除其中的页脚占位符文本框,选中页码占位符文本框对象,单击【绘图工具/格式】选项卡→【排列】功能组→【对齐】按钮,在下拉列表中选择【水平居中】,将光标置于页码占位符文本框内,单击【开始】选项卡→【段落】功能组→【居中】按钮,设置页码居中显示,得到如图 6.71 所示幻灯片编号格式,最后【关闭母版视图】。

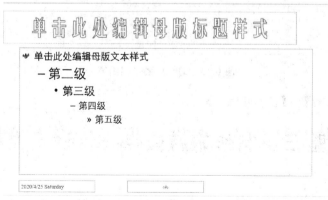

图 6.71　幻灯片母版编号格式

单击【插入】选项卡→【文本】功能组→【幻灯片编号】按钮,弹出【页眉和页脚】对话框,勾选【幻灯片编号】和【标题幻灯片中不显示】复选框,如图 6.72 所示,单击【全部应用】按钮。

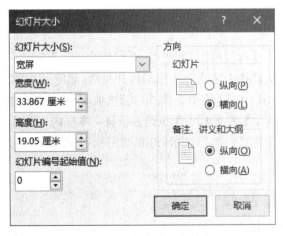

图 6.72　幻灯片编号设置

单击【设计】选项卡→【自定义】功能组→【幻灯片大小】按钮,弹出【幻灯片大小】对话框,将【幻灯片编号起始值】设置为"0",如图 6.73 所示,单击【确定】按钮。

图 6.73　幻灯片编号起始值

13. 保存演示文稿。【操作步骤略】

实验三　制作旅游景点宣传演示文稿

一、任务目标

将某旅游景点的宣传资料设计制作成如图 6.74 所示的 PowerPoint 演示文稿。

图 6.74 实验三样张

二、相关知识

1. 演示文稿的主题设置。

2. 幻灯片背景设置。

3. 幻灯片文本内容分栏设置。

4. 幻灯片的拆分与合并。

5. SmartArt 图形的动画。

6. 图片的艺术效果。

7. 相册的制作。

8. 插入媒体文件。

9. 打包演示文稿。

三、任务实施

1. 打开素材文件夹下的演示文稿"PPT 素材.pptx",将其另存为"PPT.pptx"("pptx"为文件扩展名)。【操作步骤略】

2. 为整个演示文稿应用素材文件夹下的设计主题"龙腾";将所有幻灯片右上角的龙形

图片统一替换为 Logo.jpg，将其水平翻转、设置图片底色透明，并对齐至幻灯片的底部及右侧；并为所有幻灯片应用新背景图形"Background.png"。

【操作步骤】

单击【设计】选项卡→【主题】功能组→【其他】按钮，如图 6.75 所示，在展开的列表窗口中选择【浏览主题】。

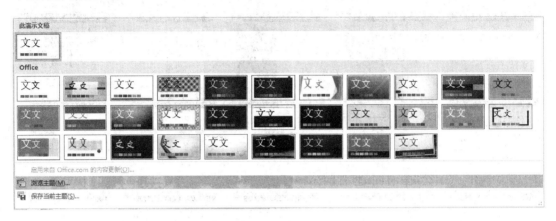

图 6.75　浏览主题

在弹出的"选择主题或主题文档"对话框，如图 6.76 所示，浏览并选中素材文件夹下的"龙腾.thmx"文件，单击【应用】按钮。

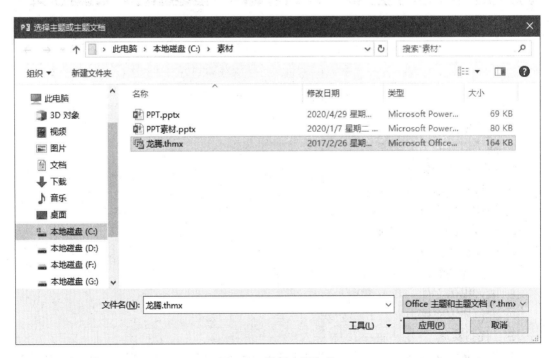

图 6.76　选择主题文件

单击【视图】选项卡→【母版视图】功能组→【幻灯片母版】按钮，进入幻灯片母版视图。

选中第 1 张幻灯片母版中的"龙形"图片对象,单击鼠标右键,在弹出的快捷菜单中选择【更改图片】命令,如图 6.77 所示。选择"从文件"插入图片,弹出"插入图片"对话框,如图 6.78 所示,浏览并选中素材文件夹下的"Logo.jpg"文件,单击【插入】按钮。

图 6.77　更改图片　　　　　　　　　　图 6.78　插入图片

选中插入的图片对象,单击【图片工具/格式】选项卡→【排列】功能组→【旋转】按钮,在下拉列表中选择"水平翻转",如图 6.79 所示。

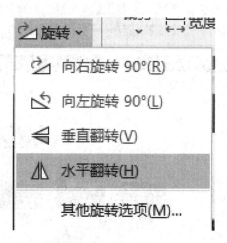

图 6.79　图片水平旋转

单击【图片工具/格式】选项卡→【调整】功能组→【颜色】按钮,在下拉列表中选择"设置透明色",然后使用鼠标左键单击图片对象。

继续选中此图片对象,单击【排列】功能组→【对齐】按钮,在下拉列表中选择"底端对齐"和"右对齐"。

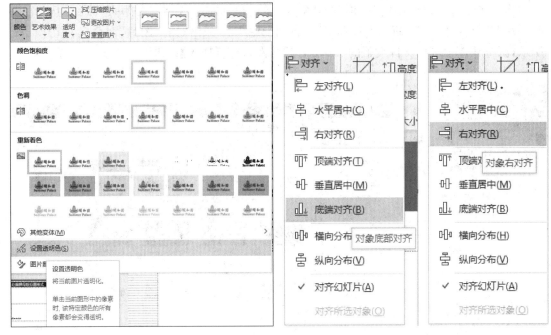

图 6.80　设置透明色　　　　　　　　　　　　　　　图 6.81　对齐格式

单击【幻灯片母版】选项卡→【背景】功能组→【背景样式】→【设置背景格式】,在右侧出现的"设置背景格式"任务窗格中选择【图片或纹理填充】,然后选择【插入图片来自】→【文件】,如图 6.82（a）所示,弹出的"插入图片"对话框中浏览并选中素材文件夹下的"Background.png"文件,如图 6.82(b)所示,单击【插入】按钮,然后单击【全部应用】按钮。

单击【幻灯片母版】选项卡→【关闭】功能组→【关闭母版视图】按钮,回到普通视图。

(a)　　　　　　　　　　　　　　　　　　　　　　　　(b)

图 6.82　设置背景格式

3. 隐藏第 1 张标题幻灯片的背景图形,并将图片替换为"颐和园.jpg",应用边缘柔化 25 磅的"柔化边缘椭圆"样式,并为图片"颐和园.jpg"及标题设定动画效果:"单击后图片以圆形扩展路径进入",图片进入后 2 秒,标题和副标题分别以"跷跷板"和"彩色脉冲"的强调方式进入。

【操作步骤】

单击【视图】选项卡→【母版视图】功能组→【幻灯片母版】按钮,打开"幻灯片母版"视图,在左侧大纲窗格中选中【标题幻灯片版式】,勾选【幻灯片母版】选项卡→【背景】功能组→【隐藏背景图形】复选框,如图 6.83 所示。

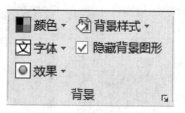

图 6.83　隐藏背景图形

选中"标题幻灯片版式"中的图片对象,单击鼠标右键,在弹出的快捷菜单中选择【更改图片】命令,将图片更改为素材文件夹下的"颐和园.jpg"文件。

单击【图片工具/格式】选项卡→【图片样式】功能组→【其他】下拉按钮,展开所有图片样式,选中【柔化边缘椭圆】样式;再单击右侧的【图片效果】按钮,在下拉列表中选择【柔化边缘】→【25 磅】,如图 6.84 所示。

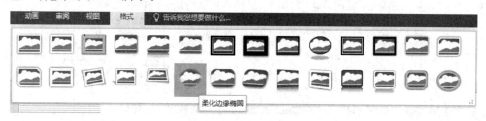

(a)　"柔化边缘椭圆"样式

(b)　"柔化边缘/25磅"图片效果

图 6.84　图片样式

选中"颐和园.jpg"图片对象,单击【动画】选项卡→【高级动画】功能组→【添加动画】,在下拉窗口中选择【其他动作路径】,在弹出的"添加动作路径"对话框中选择【圆形扩展】,如图 6.85 所示。

同样的方法,选中下方的标题占位符,单击【动画】选项卡→【高级动画】功能组→【添加动画】,在下拉窗口中选择【强调】→【跷跷板】,并设置【计时】功能组→【开始】为"上一动画之

(a)   (b)

图 6.85   "动作路径"动画

后"，将【延迟】设置为"02.00"；选中下方的副标题占位符，单击【动画】选项卡→【高级动画】
功能组→【添加动画】，在下拉窗口中选择【强调】→【彩色脉冲】，将【计时】功能组→【开始】设
置为"与上一动画同时"。

单击【幻灯片母版】选项卡→【关闭】功能组→【关闭母版视图】，回到普通视图。

4. 将第 2 张幻灯片的文本内容分为三栏，在文本框的垂直方向上中部对齐。取消第一
级文本数字序号前的项目符号，并将第一级文本分别链接到对应标题的首张幻灯片。

【操作步骤】

选中第 2 张幻灯片中的内容文本，单击【开始】选项卡→【段落】功能组→【添加或删除
栏】按钮，在下拉列表中选择【三列】，如图 6.86(a)所示；单击右侧【对齐文本】按钮，在下拉列
表中选择【中部对齐】，如图 6.86(b)所示；单击【段落】功能组→【项目符号】按钮，在下拉列表
中选择【无】，如图 6.86(c)所示。

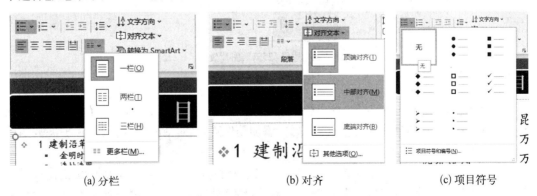

(a) 分栏   (b) 对齐   (c) 项目符号

图 6.86   设置内容文本格式

选中"1 建制沿革",单击【插入】选项卡→【链接】功能组→【超链接】按钮,如图 6.87(a)所示,弹出【插入超链接】对话框,在【链接到】列表框中选择【本文档中的位置】,在右侧列表框中选择"3 建制沿革",如图 6.87(b)所示,单击【确定】按钮。按照同样的方法将其他第一级文本分别链接到对应标题的首张幻灯片。

(a) 插入链接

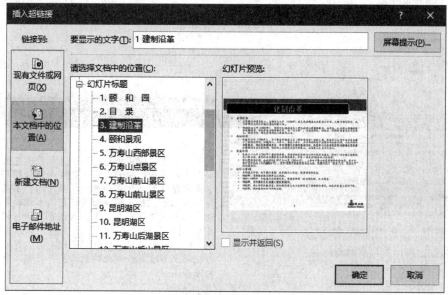

(b) 插入超链接对话框

图 6.87　超链接设置

5. 将第 3 张幻灯片自每个第一级文本处拆分为 4 张,标题均为"建制沿革"。

【操作步骤】

选中第 3 张幻灯片,单击【视图】选项卡→【演示文稿视图】功能组→【大纲视图】按钮,则左侧大纲窗格中显示幻灯片大纲内容。

将光标置于"…魏忠贤曾将好山园据为己有。"之后的位置,按键盘上的 Enter 键产生一个新的段落,单击两次【开始】选项卡→【段落】功能组→【降低列表级别】按钮,产生一张新的幻灯片,如图 6.89 所示。

按照上述同样的方法,在"……并将瓮山改名为万寿山。"、"……宛自天开的造园准则。"之后新增幻灯片。

切换到普通视图,将第 3 张幻灯片中的标题文本"建制沿革"复制粘贴到第 4、5、6 张幻灯片的标题中(操作步骤略)。

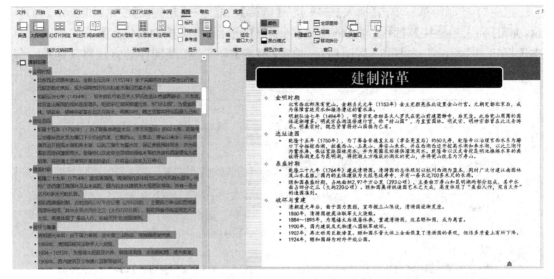

图 6.88　大纲视图

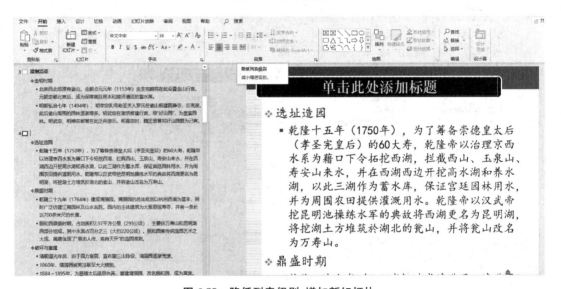

图 6.89　降低列表级别-增加新幻灯片

6. 将第 6 张幻灯片中的文本内容转换为"线型列表"布局的 SmartArt 图形、参考图 6.95 适当更改其颜色、样式以及字体的大小和颜色。

【操作步骤】

选中第 6 张幻灯片中的内容文本，单击【开始】选项卡→【段落】功能组中【转换为 SmartArt】按钮，在下拉列表中选择【其他 SmartArt 图形】，如图 6.90（a）所示，弹出【选择 SmartArt 图形】对话框，在左侧列表框中选中"列表"，在右侧列表框中选中"线型列表"，单击【确定】按钮，如图 6.90（b）所示。

单击【SmartArt 工具/设计】选项卡→【SmartArt 样式】功能组→【其他】下拉按钮，在展开的列表框中选择"三维/砖块场景"，如图 6.91 所示；再单击【更改颜色】按钮，在下拉列表中选择"彩色范围-个性色 5 至 6"，如图 6.92 所示。

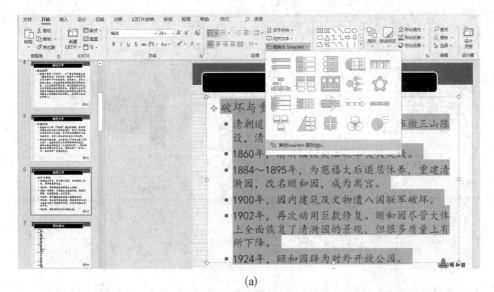

(a)

(b)

图 6.90　转换为 SmartArt

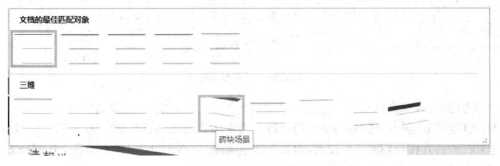

图 6.91　SmartArt 样式

图 6.92　SmartArt 更改颜色

选中 SmartArt 图形中右侧的所有文本内容（可以通过文本窗格进行选择），单击【开始】选项卡→【段落】功能组中右下角的对话框启动器按钮，弹出【段落】对话框。单击下方的【制表位】按钮，弹出【制表位】对话框，设置【制表位位置】为"10 厘米"，如图 6.93 所示，然后单击【确定】按钮，关闭所有对话框。

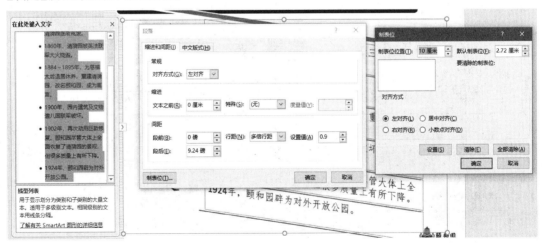

图 6.93　设置制表位

参考图 6.94，将光标置于第一行"由于国力衰弱"之前的位置，按键盘上的 Tab 键设置间距；勾选【视图】选项卡→【显示】功能组→【标尺】复选框，调出标尺，然后拖动标尺中的【悬挂缩进】按钮，将其移动到制表位位置，再将字体适当缩小（本例设为 12）。按照上述同样方法，设置下方其他行的制表位、悬挂缩进和字体大小。

将每行的开头文本适当增大字号（本例设为 32），删除每行中出现的第一个"，"。将 SmartArt 图形中所有文本全部选中，单击【开始】选项卡→【字体】功能组→【字体颜色】下拉按钮,在下拉列表中选择"标准色/蓝色";单击【开始】选项卡→【段落】功能组→【对齐文本】按钮,在下拉列表中选择"中部对齐"方式,得到如图 6.95 所示幻灯片 6。

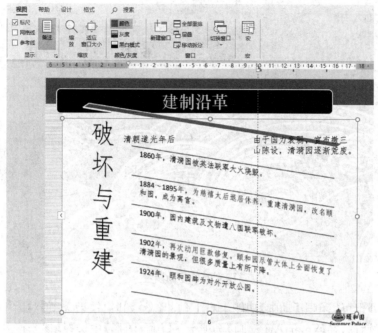

图 6.94　利用标尺调整悬挂缩进

图 6.95　调整字体颜色和对齐方式

7. 为 SmartArt 图形添加动画效果,令 SmartArt 图形中的文字部分逐个按分支自左下方飞入,但其背景线条不设动画。

【操作步骤】

选中 SmartArt 图形对象,单击【动画】选项卡→【动画】功能组→【飞入】效果,单击右侧的【效果选项】按钮,在下拉列表中选择【方向/自左下部】【序列/逐个】,如图 6.96 所示。

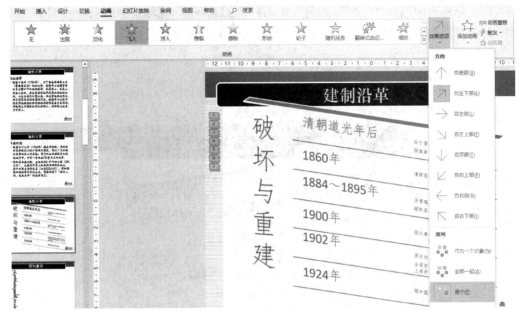

图 6.96　动画设置

注意：此处也可以单击【动画】功能组右下角的【显示其他效果选项】对话框启动器按钮，弹出【飞入】对话框，在【SmartArt 动画】选项卡→【组合图形】中选择【逐个按分支】，单击【确定】按钮，如图 6.97 所示。

单击【高级动画】功能组→【动画窗格】按钮，在右侧的【动画窗格】任务窗格中展开所有动画效果，将 7 个背景线条动画效果（即写着"直接连接符"的动画）全部选中（选中不连续的对象使用 Ctrl 键），然后单击鼠标右键，在弹出的快捷菜单中选择【删除】命令，如图 6.98 所示。

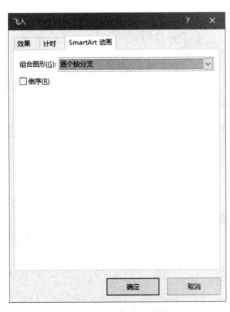

图 6.97　动画设置对话框

图 6.98　删除部分动画

在任务窗格中选中全部动画效果（先单击选中第 1 个，再按住 Shift 键选中最后一个），将【计时】功能组→【开始】设置为"上一动画之后"，如图 6.99 所示。最后关闭任务窗格。

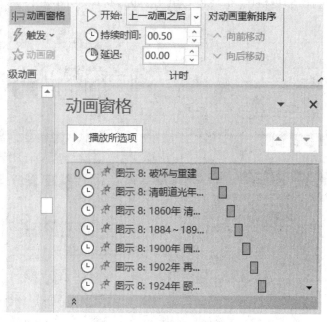

图 6.99　设置动画"开始"方式

8. 将第 7 张幻灯片中的文本内容转换为"梯形列表"布局的 SmartArt 图形，更改其颜色，应用一个三维样式，将图形中所有文本字体更改为幼圆、黑色。

【操作步骤】

选中第 7 张幻灯片中的文本内容，单击【开始】选项卡→【段落】功能组中【转换为 SmartArt】按钮，在下拉列表中选择【其他 SmartArt 图形】，弹出【选择 SmartArt 图形】对话框，在左侧列表框中选中"列表"，在右侧列表框中选中"梯形列表"，如图 6.100 所示，单击【确定】按钮。

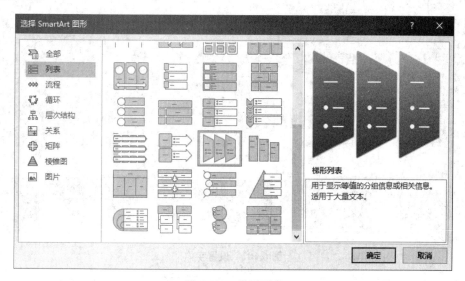

图 6.100　梯形列表

选中该 SmartArt 图形对象，单击【SmartArt 工具/设计】选项卡→【SmartArt 样式】功能组→【其他】下拉按钮，在展开的列表中选择"卡通"三维样式；单击左侧的【更改颜色】按钮，在下拉列表中选择"彩色范围-个性色 3 至 4"，如图 6.101 所示。

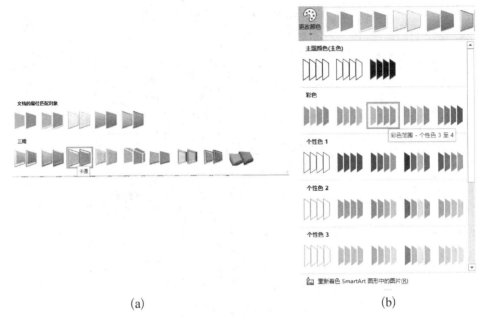

(a)   (b)

图 6.101　选择 SmartArt 样式

在左侧的文本窗格中选中所有文本内容，在【开始】选项卡→【字体】功能组中设置字体为"幼圆"，设置字体颜色为"黑色，文字 1"，如图 6.102 所示。

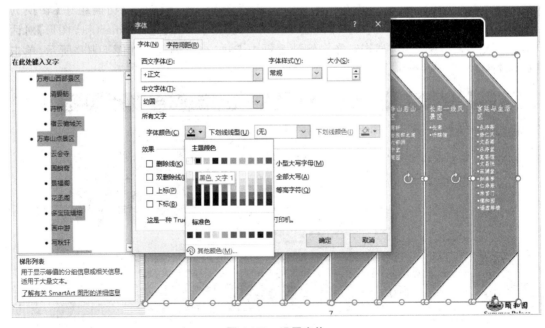

图 6.102　设置字体

9. 为第 8 张幻灯片中的图片应用"纹理化"艺术效果。

【操作步骤】

在第 8 张幻灯片中选中图片对象,单击【图片工具/格式】选项卡→【调整】功能组→【艺术效果】按钮,在下拉列表中选择"纹理化"效果,如图 6.103 所示。

10. 将素材文件夹中的图片"十七孔桥.jpg"以 75％的透明度作为第 12 张幻灯片的背景格式。

【操作步骤】

单击【设计】选项卡→【自定义】功能组→【设置背景格式】按钮,在弹出的【设置背景格式】任务窗格中选择【填充/图片或纹理填充】,选择【插入图片来自】→【文件】,在弹出的【插入图片】对话框选中素材文件夹下的"十七孔桥.jpg"文件,单击【插入】按钮,然后在对话框中将"透明度"调整为"75％",设置结果如图 6.104 所示,单击【关闭】按钮。

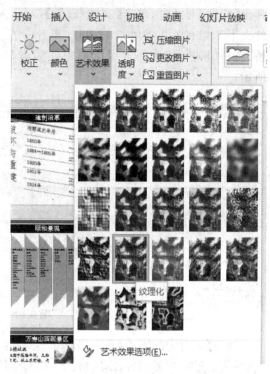

图 6.103　艺术效果

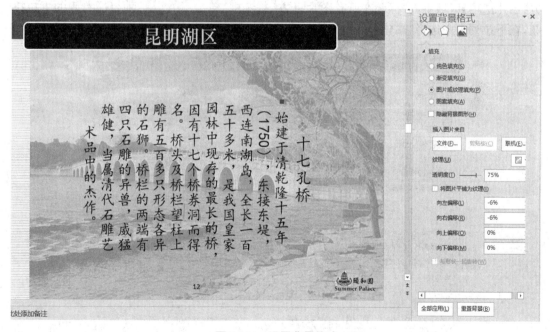

图 6.104　设置背景格式

11. 利用素材文件夹下的 8 幅图片生成有关西堤风景的相册,要求每张幻灯片包含 4 张图片,每张图片的下方显示与图片文件名相同的说明文字,相框形状采用"柔化边缘矩形"。

【操作步骤】

单击【插入】选项卡→【图像】功能组→【相册】按钮,在下拉列表中选择【新建相册】命令,弹出【相册】对话框，单击【文件/磁盘】按钮，弹出【插入新图片】对话框，浏览并选中素材文件夹下8幅有关西堤风景的图片（图片分别为西堤、景明楼、界湖桥、幽风桥、玉带桥、镜桥、练桥、柳桥，选中不连续的对象使用键盘上的Ctrl键），单击【插入】按钮，如图6.105所示。

图6.105　新建相册

使用【相册中的图片】列表框下方的上下箭头，调整图片的显示顺序（图片显示顺序依次为：西堤、景明楼、界湖桥、幽风桥、玉带桥、镜桥、练桥、柳桥）。

单击下方"图片版式"右侧的下拉按钮，在下拉列表中选择【4张图片（带标题）】，勾选上方【图片选项】区域中的"标题在所有图片下方"复选框，单击下方【相框形状】右侧的下拉按钮，在下拉列表中选择"柔化边缘矩形"，结果如图6.106所示，最后单击【创建】按钮。

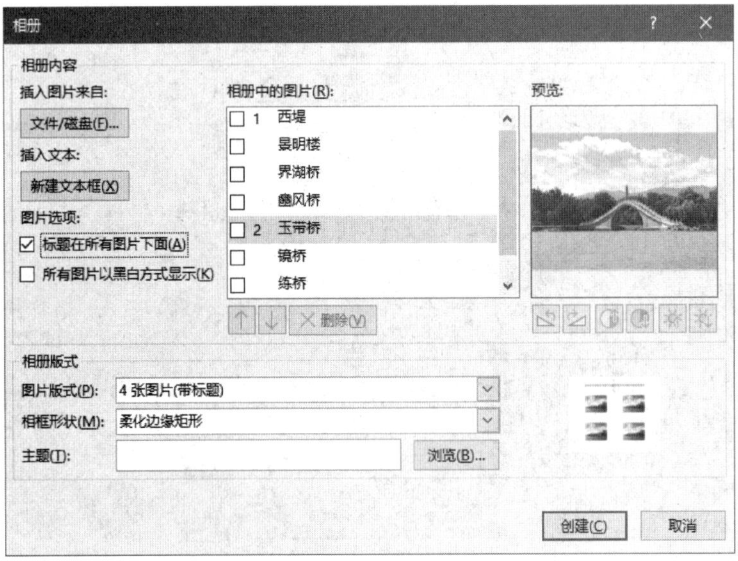

图6.106　相册参数设置

12. 将相册中包含图片的两张幻灯片插入到"演示文稿PPT.pptx"的第13张和第14张幻灯片之间，为这两张新插入的幻灯片应用与其他幻灯片相同的设计主题，并分别输入标题"西堤美景"。

【操作步骤】

选中生成的两张相册幻灯片（使用 Ctrl 键分别选中），单击鼠标右键，在弹出的快捷菜单中选择【复制】；然后在"PPT.pptx"演示文稿中选中第 13 张幻灯片，单击鼠标右键，在弹出的快捷菜单中选择【粘贴选项/使用目标主题】，在第 13 和 14 张幻灯片之间插入两张幻灯片，如图 6.107 所示。

在新插入的两张幻灯片的标题处输入标题文本"西堤美景"，最后关闭新生成的相册演示文稿文件（可以不保存）。

13. 将第 23 张幻灯片中的文字"截至 2005 年……出版图书《颐和园建筑彩画艺术》。"移至备注中。为其中的表格应用一个表格样式，并调整表格中的字体字号及颜色。

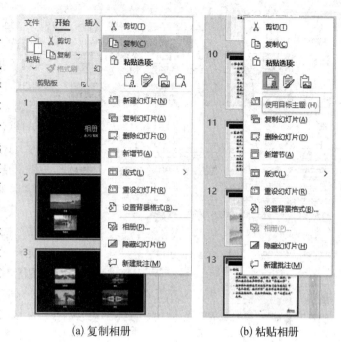

(a) 复制相册　　　　(b) 粘贴相册

图 6.107　插入幻灯片

【操作步骤】

选中第 23 张幻灯片中的文本内容"截至 2005 年…出版图书《颐和园建筑彩画艺术》。"，单击鼠标右键，在弹出的快捷菜单中选择【剪切】，然后在下方的备注中单击鼠标右键，在弹出的快捷菜单中选择【粘贴/只保留文本】，得到如图 6.108 所示结果。

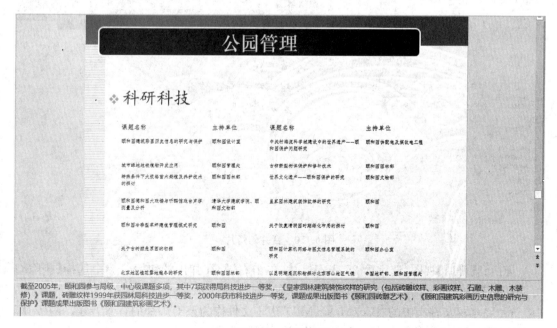

图 6.108　粘贴备注

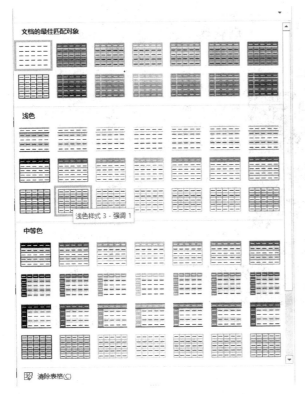

图 6.109 表格样式

选中表格对象，单击【表格工具/设计】选项卡→【表格样式】功能组→【其他】下拉按钮，在下拉列表中选择"浅色样式 3 - 强调 1"样式，如图 6.109 所示，适当调整表格中文字的字体、字号及颜色（与默认值有区别即可，此处操作略）。

14. 将"公园管理"标题下的第 24、25 和 26 三张幻灯片合并为一张。删除标题为"颐和美图"的幻灯片。

【操作步骤】

选中第 24 张幻灯片，单击【视图】选项卡→【演示文稿视图】功能组→【大纲视图】按钮，在左侧大纲窗格中选中"25 公园管理"的标题"公园管理"，按键盘上的 Delete 键将其删除。按照同样的方法将下方新出现的"25 公园管理"的标题"公园管理"删除，此时三张幻灯片合并为一张，删除中间出现的空段落，结果如图 6.110 所示。

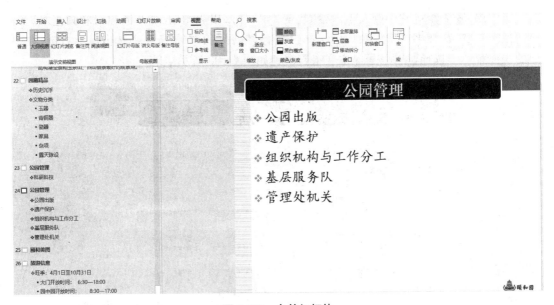

图 6.110 合并幻灯片

切换到【普通】视图，选中第 25 张幻灯片，单击右键，在弹出的快捷菜单中选择【删除幻灯片】（或者按键盘上的 Delete 键）将其删除，如图 6.111 所示。

15. 将素材文件夹中的"BackMusic.MID"声音文件作为该幻灯片的背景音乐，并在幻灯片放映时按照单击顺序跨幻灯片开始播放，放映时隐藏音频工具。

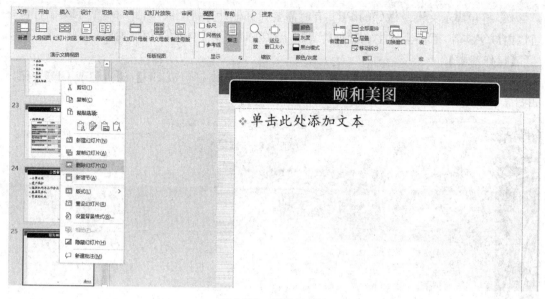

图 6.111　删除幻灯片

【操作步骤】

选择第一张幻灯片,单击【插入】选项卡→【媒体】功能组→【音频】下拉列表→【PC 上的音频】,如图 6.112(a)所示,在弹出"插入音频"对话框中选择素材文件夹下的"BackMusic.MID"文件,单击【插入】,如图 6.112(b)所示,可以看到幻灯片页面上出现小喇叭形状的音频图标。

选择音频图标,在【音频工具/播放】选项卡→【音频选项】功能组中勾选【跨幻灯片播放】和【放映时隐藏】复选框,如图 6.112(c)所示。

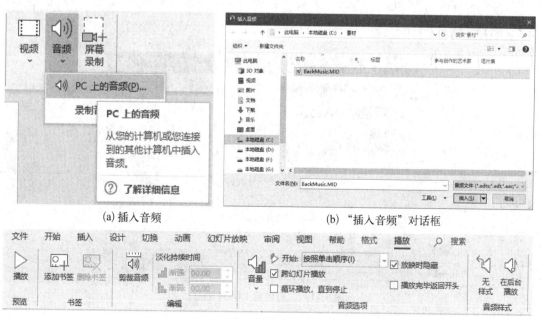

(a) 插入音频　　　　　　　　(b) "插入音频"对话框

(c) 音频选项

图 6.112　音频设置

16. 打包演示文稿。做好的 PPT 有时需要在其他计算机上放映,此时将演示文稿打包,可以内嵌字体等,就不会发生在其他计算机上放映时缺少字体而跳版等现象。

【操作步骤】

单击【文件】选项卡→【导出】选项命令→【将演示文稿打包成 CD】→【打包成 CD】按钮,如图 6.113 所示。

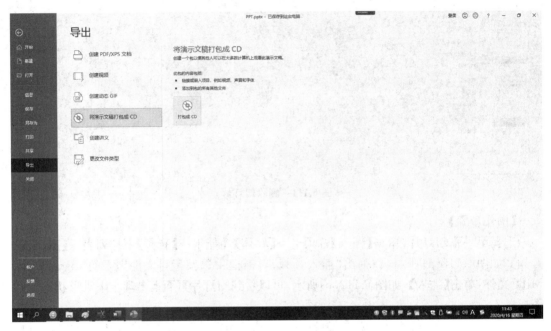

图 6.113　演示文稿打包成 CD

在打开的"打包成 CD"对话框中,选择要复制的文件,修改 CD 命名,如图 6.114 所示,单击【复制到文件夹】按钮。

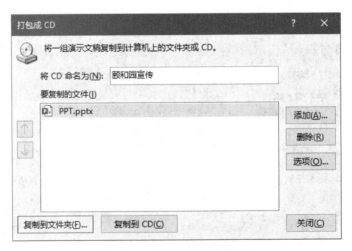

图 6.114　"打包成 CD"对话框

在打开的【复制到文件夹】对话框中,输入文件夹名称,如图 6.115 所示,并设置保存位置,单击【确定】按钮。

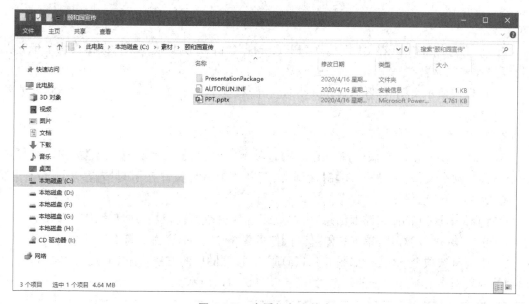

图 6.115　"复制文件夹"对话框

在打开的对话框汇总提示是否一起打包链接文件，如图 6.116 所示，单击【是】按钮，系统开始自动打包演示文稿。完成后返回"打包成 CD"对话框。

图 6.116　打包过程选项

打包完成后系统会自动打开打包文件夹，如图 6.117 所示。

图 6.117　查看打包文件夹

实验四　新员工培训演示文稿

一、任务目标

某公司要对来自港澳的新入职员工进行规章制度培训，完成如图所示的培训演示文稿。

图 6.118　实验四样张

二、相关知识

1. 幻灯片内容的比较与合并。
2. 对形状的高级动画设置。
3. 项目符号与编号设置。
4. 放映时的指针选项。
5. 中文简繁转换。

三、任务实施

1. 将"PPT 素材.pptx"文件另存为"PPT.pptx"（"pptx"为扩展名），后续操作均基于此文件。【操作步骤略】

2. 比较与演示文稿"内容修订.pptx"的差异，接受其对于文字内容的所有修改（其他差异可忽略）。

【操作步骤】

在"PPT.pptx"演示文稿中，单击【审阅】选项卡→【比较】功能组→【比较】按钮，弹出【选择要与当前演示文稿合并的文件】对话框，浏览并选中素材文件夹下的"内容修订.pptx"文件，单击【合并】按钮。

在【修订】任务窗格的"详细信息"中检查幻灯片更改情况，没有对文字内容修改的可以忽略。选中第 6 张幻灯片，单击右侧【修订】任务窗格中的"内容占位符 2"，将左侧出现的下拉列表中所有选项全部勾选，如图 6.121(a)所示；按照同样的方法将第 14 和 15 张幻灯片中出现的列表框中所有选项全部勾选，如图 6.121(b)、(c)所示。

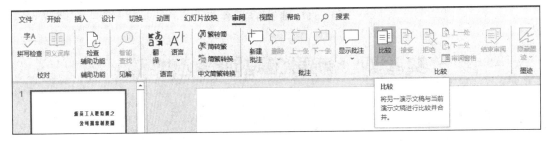

图 6.119　"比较"命令

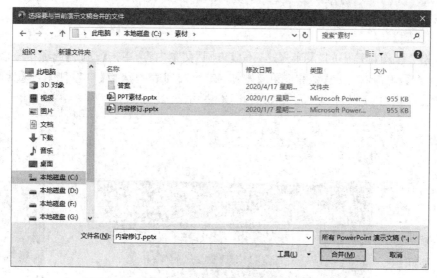

图 6.120　"选择要与当前演示文稿合并的文件"对话框

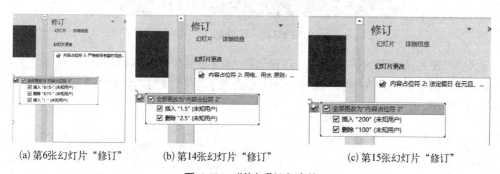

(a) 第6张幻灯片"修订"　　　(b) 第14张幻灯片"修订"　　　(c) 第15张幻灯片"修订"

图 6.121　"修订"任务窗格

　　然后单击【比较】功能组→【接受】按钮,在下拉列表中选择【接受对当前演示文稿所做的所有更改】,如图 6.122(a)所示;最后单击【比较】功能组→【结束审阅】按钮,如图 6.122(b)所示,在弹出的提示对话框中单击【是】按钮。

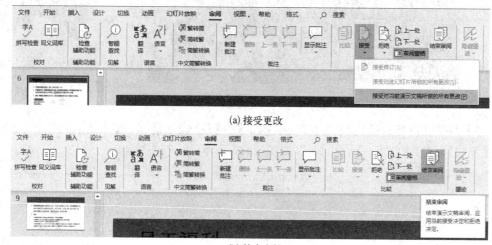

(a) 接受更改

(b) 结束审阅

图 6.122　接受审阅

3. 设置第 2 张幻灯片上的动画。

【操作步骤】

选中第 2 张幻灯片中的"没有规矩，不成方圆"文本内容，单击【动画】选项卡→【动画】功能组→【飞入】，单击右侧的【效果选项】按钮，在下拉列表中选择【自左侧】，将【计时】功能组→【开始】设置为"上一动画之后"，如图 6.123 所示。

图 6.123   设置动画

选中"行政规章制度宣讲"文本内容，单击【动画】选项卡→【动画】功能组→【飞入】，单击右侧的【效果选项】按钮，在下拉列表中选择【自右侧】，将【计时】功能组→【开始】设置为"与上一动画同时"，如图 6.124 所示。

图 6.124   设置动画

选中右侧橙色椭圆形状，单击【动画】选项卡→【动画】功能组→【缩放】，将【计时】功能组→【开始】设置为"与上一动画同时"，如图 6.125 所示。

图 6.125   设置动画

以上三个动画默认持续时间都是 0.5 秒,不做特殊设置。

继续选中橙色椭圆形状,单击【高级动画】功能组→【添加动画】按钮,在下拉列表中选择【强调/对象颜色】,将【计时】功能组→【开始】设置为"上一动画之后",如图 6.126 所示。

单击【动画】功能组右下角的对话框启动器按钮,打开【对象颜色】对话框,切换到【计时】功能组,将【期间】设置为"中速(2 秒)",将【重复】设置为"直到幻灯片末尾",设置结果如图 6.127 所示,最后单击【确定】按钮。

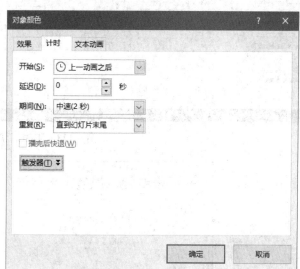

图 6.126　强调对象颜色　　　　　　　　　图 6.127　设置动画

4. 将第 3 张幻灯片标题下方的 3 个文本框的形状更改为 3 种不同的标注形状,并适当调整形状大小和其中文字的字号,使其更加美观。

【操作步骤】

选中第 3 张幻灯片中的第 1 个文本框对象"就觉得制度就是条框…",单击【绘图工具/格式】选项卡→【插入形状】功能组→【编辑形状】按钮,在下拉列表中选择"更改形状/标注/矩形标注"(可以任选一种),如图 6.128 所示。按照同样的方法将其他两个文本框更改为不同的标注形状。

适当调整形状大小和文字字号,使其更加美观,结果参考图 6.129 所示。

5. 在第 5 张幻灯片中,调整内容占位符中后 3 个段落的缩进设置,使得 3 个段落左侧的横线与首段的文本左对齐(注意:横线原始状态是与首段项目符号左对齐)。

【操作步骤】

选中第 5 张幻灯片中的后 3 段文本,单击【开始】选项卡→【段落】功能组右下角的对话框启动器按钮,弹出【段落】对话框,在【缩进和间距】选项卡下,将【缩进/文本之前】设置为"0.64 厘米",【特殊格式】设置为"无",如图 6.130 所示,单击【确定】按钮。

注意:此处先查看首段的段落设置,后 3 段落设置成一样即可。

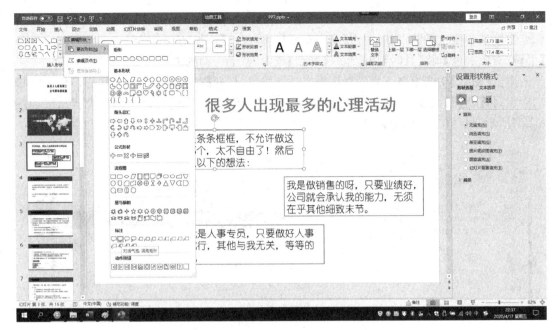

图 6.128　编辑形状

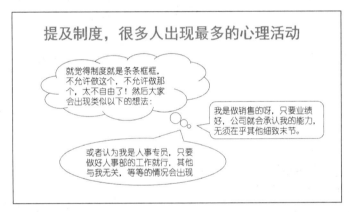

图 6.129　调整字号

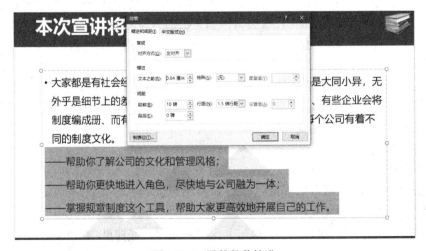

图 6.130　调整段落缩进

6. 在第 8 张幻灯片中，设置第一级编号列表，使其从 3 开始；在第 9 张幻灯片中，设置第一级编号列表，使其从 5 开始。

【操作步骤】

在第 8 张幻灯片中选中内容文本框中第一段内容（"离岗：无故不在当值……"），单击鼠标右键，在弹出的快捷菜单中选择【编号/项目符号和编号】，如图 6.131 所示，打开【项目符号和编号】对话框，在【编号】选项卡中将起始编号设置为"3"，如图 6.132 所示，单击【确定】按钮。

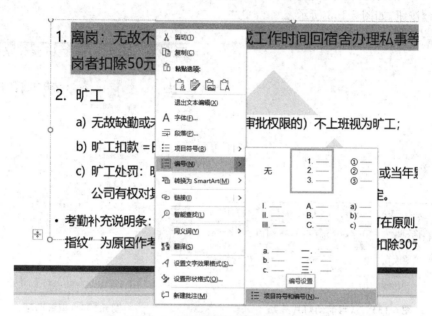

图 6.131　选择【项目符号和编号】

图 6.132　项目符号的编号对话框

类似地,在第9张幻灯片中选中内容文本框中第一段内容"事假请事假的最小单位为1小时…",单击鼠标右键,在弹出的快捷菜单中选择【编号/项目符号和编号】,打开"项目符号和编号"对话框,在【编号】选项卡中将"起始编号"设置为"5",单击【确定】按钮。

7. 放映演示文稿,并使用荧光笔工具圈住第6张幻灯片中的文本"请假流程"(需要保留墨迹注释)。

【操作步骤】

选中第6张幻灯片,单击【幻灯片放映】选项卡→【开始放映幻灯片】功能组→【从当前幻灯片开始】按钮,如图6.133所示。

图6.133　从当前幻灯片开始　　　　　　　图6.134　指针选项

在放映状态下,单击鼠标右键,在弹出的快捷菜单中选择【指针选项/荧光笔】,如图6.134所示,此时鼠标光标变成荧光笔样式,绘制一个图形将"请假流程:"文本圈住,如图6.135所示。

单击鼠标右键,在弹出的快捷菜单中选择【结束放映】命令,弹出【是否保留墨迹注释】消息框,单击【保留】按钮,如图6.136所示。

图6.135　圈住重点

图6.136　保留墨迹

8. 将演示文稿的内容转换为繁体,但不要转换常用的词汇用法。

【操作步骤】

单击【审阅】选项卡→【中文简繁转换】功能组→【简繁转换】按钮,如图6.137(a)所示,弹出【中文简繁转换】对话框,不勾选【转换常用词汇】复选框,如图6.137(b)所示,单击【确定】按钮完成转换。

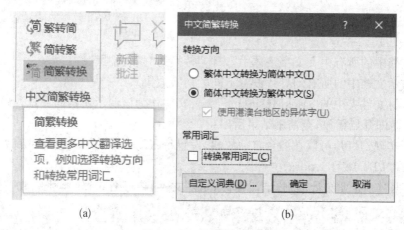

(a)　　　　　　　　　　　(b)

图 6.137　中文简繁转换

9. 保存并关闭"PPT.pptx"演示文稿文件。【操作步骤略】

综合练习

一、打开"PPT 练习 1 素材.pptx"文件,参考图 6.138 样张完成下列操作。

图 6.138　PPT 练习 1 样张

1. 将"PPT 练习 1 素材.pptx"文件另存为"PPT 练习 1.pptx"(".pptx"为扩展名),之后所有的操作均基于此文件。

2. 将演示文稿中第 1 页幻灯片的背景图片应用到第 2 页幻灯片。

3. 将第 2 页幻灯片中的"信息工作者"、"沟通"、"交付"、"报告"、"发现"5 段文字内容转换为"射线循环"SmartArt 布局,更改 SmartArt 的颜色为"透明渐变范围-强调文字颜色 1",并设置该 SmartArt 样式为"强烈效果"。调整其大小,并将其放置在幻灯片页的右侧位置。

4. 为上述 SmartArt 图设置由幻灯片中心进行"缩放"的进入动画效果,并要求上一动画开始之后自动、逐个展示 SmartArt 中的文字。

5. 在第 5 页幻灯片中插入"饼图"图形,用以展示如下沟通方式所占的比例。在饼图上添加类别名称和数据标签,调整大小并放于幻灯片适当位置。设置该图表的动画效果为按类别逐个扇区上浮进入效果。

消息沟通 24%

会议沟通 36%

语音沟通 25%

企业社交 15%

6. 将文档中的所有中文文字字体由"宋体"替换为"微软雅黑"。

7. 为演示文档中的所有幻灯片设置不同的切换效果。

8. 将素材文件夹中的"BackMusic.mid"声音文件作为该演示文档的背景音乐，并要求在幻灯片放映时即开始播放，至演示结束后停止。

9. 为了实现幻灯片可以在展台自动放映，设置每张幻灯片的自动放映时间为 10 秒钟。

10. 保存"PPT 练习 1.pptx"文件。

二、根据"《小企业会计准则》培训素材.docx"文件，参考图 6.139 样张完成下列操作。

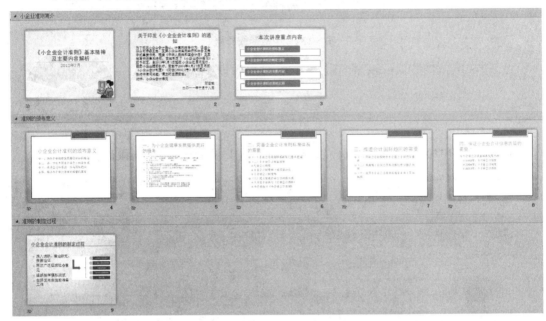

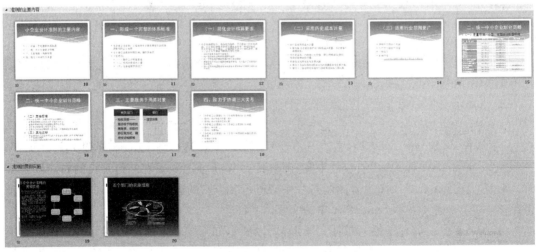

图 6.139　PPT 练习 2 样张

1. 新建一个名为"PPT 练习 2.pptx"的演示文稿，该演示文稿需要包含 Word 文档"《小企业会计准则》培训素材.docx"中的所有内容，每 1 张幻灯片对应 Word 文档中的 1 页，其中

Word 文档中应用了"标题 1""标题 2""标题 3"样式的文本内容分别对应演示文稿中的每页幻灯片的标题文字、第一级文本内容、第二级文本内容。

2. 将第 1 张幻灯片的版式设为"标题幻灯片",在该幻灯片的右下角插入任意一幅剪贴画,依次为标题、副标题和新插入的图片设置不同的动画效果,并且指定动画出现顺序为图片、标题、副标题。

3. 取消第 2 张幻灯片中文本内容前的项目符号,并将最后两行落款和日期右对齐。将第 3 张幻灯片中用绿色标出的文本内容转换为"垂直框列表"类的 SmartArt 图形,并分别将每个列表框链接到对应的幻灯片。将第 9 张幻灯片的版式设为"两栏内容",并在右侧的内容框中插入对应素材文档第 9 页中的图形。将第 14 张幻灯片最后一段文字向右缩进两个级别,并链接到文件"小企业准则适用行业范围.docx"。

4. 将第 15 张幻灯片自"(二)定性标准"开始拆分为标题同为"二、统一中小企业划分范畴"的两张幻灯片,并参考原素材文档中的第 15 页内容将前 1 张幻灯片中的红色文字转换为一个表格。

5. 将素材文档第 16 页中的图片插入到对应幻灯片中,并适当调整图片大小。将最后一张幻灯片的版式设为"标题和内容",将图片 pic1.gif 插入内容框中并适当调整其大小。将倒数第二张幻灯片的版式设为"内容与标题",参考素材文档第 18 页中的样例,在幻灯片右侧的内容框中插入 SmartArt 不定向循环图,并为其设置一个逐项出现的动画效果。

6. 将演示文稿按下列要求分为 5 节,并为每节应用不同的设计主题和幻灯片切换方式。

节名	包含的幻灯片
小企业准则简介	1—3
准则的颁布意义	4—8
准则的制定过程	9
准则的主要内容	10—18
准则的贯彻实施	19—20

7. 保存"PPT 练习 2.pptx"文件。

三、打开"PPT 练习 3 素材.pptx"文件,参考样张完成下列操作。

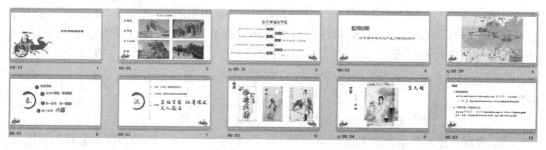

图 6.140　PPT 练习 3 样张

1. 将"PPT 练习 3 素材.pptx"文件另存为"PPT 练习 3.pptx"(".pptx"为扩展名),之后所有的操作均基于此文件。

2. 为该演示文稿应用素材文件"文明古国.thmx",新建主题字体"文明",中文标题为隶书,中文正文为华文行楷。

3. 在第2张幻灯片中,点击对应的文明古国名称,从右侧飞入对应的国家图片(图片顺序从左上角开始顺时针方向为古埃及,古印度,中国和古巴比伦)。

4. 为第3张幻灯片中的7个形状创建超链接,要求链接到相应幻灯片,为"更多……"文本创建超链接到素材文件"朝代简表.docx"。

5. 参考样张,新增一个名为"两栏文字"的版式(添加至幻灯片母版最后),插入两个"文本"占位符,上下排列;将该版式应用于第10张幻灯片。

6. 清除所有幻灯片中的计时,设置放映方式为"观众自行浏览(窗口)"。

7. 保存"PPT 练习 3.pptx"文件。

四、将素材文件夹中的 12 幅摄影作品制作成如图 6.141 样张的电子相册。

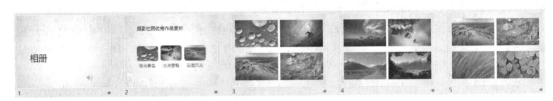

图 6.141　PPT 相册样张

1. 利用 PowerPoint 应用程序创建一个相册,并包含 Photo(1).jpg～Photo(12).jpg 共 12 幅摄影作品。在每张幻灯片中包含 4 张图片,并将每幅图片设置为"居中矩形阴影"相框形状。设置相册主题为素材文件夹中的"相册主题.pptx"样式。

2. 为相册中每张幻灯片设置不同的切换效果。

3. 在标题幻灯片后插入一张新的幻灯片,将该幻灯片设置为"标题和内容"版式。在该幻灯片的标题位置输入"摄影社团优秀作品赏析";并在该幻灯片的内容文本框中输入 3 行文字,分别为"湖光春色"、"冰消雪融"和"田园风光"。

4. 将"湖光春色"、"冰消雪融"和"田园风光"3 行文字转换为样式为"图片题注列表"的 SmartArt 对象,并将 Photo(1).jpg、Photo(6).jpg 和 Photo(9).jpg 定义为该 SmartArt 对象的显示图片。

5. 为 SmartArt 对象添加自左至右的"擦除"进入动画效果,并要求在幻灯片放映时该 SmartArt 对象元素可以逐个显示。

6. 在 SmartArt 对象元素中添加幻灯片跳转链接,使得单击"湖光春色"标注形状可跳转至第 3 张幻灯片,单击"冰消雪融"标注形状可跳转至第 4 张幻灯片,单击"田园风光"标注形状可跳转至第 5 张幻灯片。

7. 将素材文件夹中的"ELPHRG01.wav"声音文件作为该相册的背景音乐,并在幻灯片放映时即开始播放。

8. 将相册以"PPT 练习 4.pptx"文件名保存("pptx"为扩展名)。

五、根据某旅游产品推广文章"永定土楼.docx",参考样张图 6.142 完成演示文稿的制作。

1. 新建一个名为"PPT 练习 5.pptx"的演示文稿,该演示文稿需要包含"永定土楼.docx"文档中的内容,之后所有的操作均基于此文件。

2. 将"土楼主题.thmx"主题应用到本演示文稿,并设置演示文稿中的幻灯片大小为 16∶9。

3. 依据幻灯片顺序,将演示文稿分为 6 节,每节各包含一张幻灯片,节名分别为"标题"、"简介"、"人文历史"、"特点特色"、"代表建筑"和"相关趣闻"。

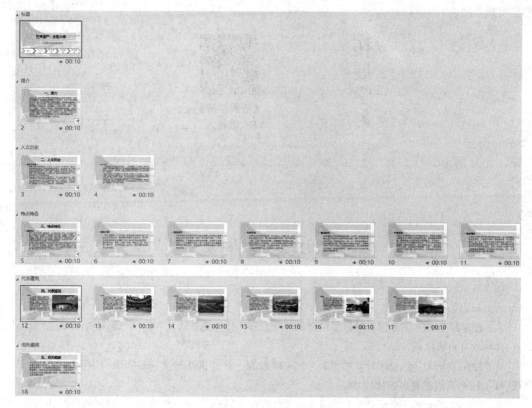

图 6.142　PPT 练习 5 样张

4. 依据幻灯片文本内容占位符中的一级标题,将"人文历史"节中的幻灯片拆分成 2 张幻灯片,将"特点特色"节中的幻灯片拆分成 7 张幻灯片,将"代表建筑"节中的幻灯片拆分成 6 张幻灯片。

5. 将"代表建筑"节中的所有幻灯片版式设置为"两栏内容",分别在该节每张幻灯片右侧的内容占位符中添加对应代表建筑的图片,图片以对应名称位于素材文件夹下。设置这些图片与左侧文本框大小相近(高 7 厘米、宽 11 厘米),图片样式均为"映像圆角矩形"。

6. 将第一张幻灯片的版式设置为标题幻灯片。在该幻灯片副标题的正下方添加一个"基本 V 型流程"SmartArt 图形,图形文本顺序为"简介"、"人文历史"、"特点特色"、"代表建筑"和"相关趣闻",将每个图形形状分别链接到对应节的第一张幻灯片。

7. 除"标题"节外,在其他各节第一张幻灯片的右下角添加返回第一张幻灯片的动作按钮,并确保将来任意调整幻灯片顺序后,依然可以在放映时单击该按钮即可返回到演示文稿首张幻灯片。

8. 分别为每节幻灯片设置不同的切换效果,其分别为:切出、覆盖、溶解、翻转、传送带和飞过。

9. 为"代表建筑"节每张幻灯片中的图片设置动画效果分别为:淡出、飞入、下浮、随机线条、形状:圆和弹跳,使得该幻灯片换片完成后图片自动进入。

10. 设置幻灯片为循环放映方式,如果不单击鼠标,每隔 10 秒钟自动切换至下一张幻灯片。

11. 保存"PPT 练习 5.pptx"文件。

【微信扫码】
参考答案 & 相关资源

拓展学习

【拓展学习】
VBA 编程入门

参考文献

［1］教育部考试中心.全国计算机等级考试一级教程·计算机基础及 MS Office 应用:2020 年版[M].北京:高等教育出版社,2019.

［2］教育部考试中心.全国计算机等级考试一级教程·计算机基础及 MS Office 应用上机指导:2020 年版[M].北京:高等教育出版社,2019.

［3］教育部考试中心.全国计算机等级考试二级教程·MS Office 高级应用:2020 年版[M].北京:高等教育出版社,2019.

［4］教育部考试中心.全国计算机等级考试二级教程·MS Office 高级应用上机指导:2020 年版[M].北京:高等教育出版社,2019.

［5］全国计算机等级考试命题研究中心,未来教育教学与研究中心.全国计算机等级考试一本通一级计算机基础及 MS Office 应用[M].北京:人民邮电出版社,2015.

［6］全国计算机等级考试教材编写组,未来教育教学与研究中心.全国计算机等级考试教程·二级 MS OFFICE 高级应用[M].北京:人民邮电出版社,2016.

［7］《试卷汇编与解析》编委会.计算机等级考试试卷汇编与解析(全真模拟)·二级 MS OFFICE 高级应用分册[M].苏州:苏州大学出版社,2016.

［8］未来教育教学与研究中心.全国计算机等级考试上机考试题库·二级 MS OFFICE 高级应用[M].成都:电子科技大学出版社,2018.

［9］翟双灿,金玉琴.新编大学计算机信息技术实践教程(第 3 版)[M].南京:南京大学出版社,2019.

［10］翟双灿,印志鸿.新编大学计算机信息技术实践教程(第 2 版)[M].南京:南京大学出版社,2016.

［11］郑宇,翟双灿.信息技术实践教程[M].北京:高等教育出版社,2011.

［12］张宁.玩转 Office 轻松过二级[M] 第 3 版.北京:清华大学出版社,2019.

［13］王海舜,刘师少.信息技术应用导论[M].北京:科学出版社,2012.

［14］刘瑞新.大学计算机基础[M].北京:机械工业出版社,2014.

［15］莫海芳,张慧丽.大学计算机应用基础实验指导(windows7＋office2010)[M].第 2 版.北京:电子工业出版社,2013.

［16］陆黎,王纪萍.Microsoft Office 高级应用试验教程[M].南京:南京大学出版社,2016.